ÜBER DEN AUTOR

Charles Pritchett baut seit 35 Jahren mit LEGO. Nebenbei ist er professioneller Grafiker, UI- und UX-Designer. Als Autor und Co-Autor ist er für die Entstehung zahlreicher LEGO-Bücher verantwortlich, darunter *Prehistoric Bricks: Building LEGO Dinosaurs & Other Extinct Beasts*; *Building LEGO BrickHeadz: Heroes*; *Building LEGO BrickHeadz: Villains*; sowie *Expanding the LEGO Winter Village*.

LEGO®-Eisenbahnmodelle

7 Anleitungen für Lokomotiven und Waggons

CHARLES PRITCHETT

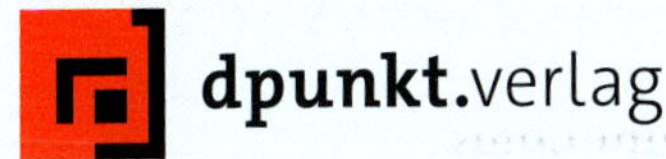

Charles Pritchett

Lektorat & Übersetzung: Gabriel Neumann
Copy-Editing: Anja Weimer
Satz: Veronika Schnabel
Herstellung: Stefanie Weidner
Umschlaggestaltung: Helmut Kraus, *www.exclam.de*
Druck und Bindung: mediaprint solutions GmbH, 33100 Paderborn

Bibliografische Information der Deutschen Nationalbibliothek
Die Deutsche Nationalbibliothek verzeichnet diese Publikation in der Deutschen Nationalbibliografie; detaillierte bibliografische Daten sind im Internet über *http://dnb.d-nb.de* abrufbar.

ISBN:
Print 978-3-86490-804-0
PDF 978-3-96910-105-6
ePub 978-3-96910-106-3
mobi 978-3-96910-107-0

1. Auflage 2021

Wieblinger Weg 17
69123 Heidelberg

Hinweis:
Der Umwelt zuliebe verzichten wir auf die Einschweißfolie.

Schreiben Sie uns:
Falls Sie Anregungen, Wünsche und Kommentare haben, lassen Sie es uns wissen: hallo@dpunkt.de.

5 4 3 2 1 0

INHALT

ZUR DEUTSCHEN AUSGABE

Der offizielle Webshop von LEGO wie auch die Teilebörse von *bricklink.com* verwenden englische Teilebezeichnungen. Die Materiallisten in diesem Buch enthalten daher ebenfalls vorrangig die englischen Beschreibungen. Die deutschen Bezeichnungen in den Listen haben nicht den Anspruch, Teile unverwechselbar zu definieren, sondern sollen den Spaß beim Bauen erhöhen.

Ein Glossar der englischsprachigen Steinebezeichungen und ihrer deutschen Übersetzungen findet sich auf folgender Webseite:

www.dpunkt.de/legoglossar

EINFÜHRUNG
Dem Licht entgegen

Es begann Mitte der 1980er Jahre, als meine Mutter über eine Kleinanzeige einen großen Müllsack voll von gebrauchten LEGO-Steinen kaufte. Die Tüte entpuppte sich als Fundgrube fantastischer Sets in ihren Einzelteilen: frühe Sets aus den Reihen LEGOLAND Stadt, Raumfahrt und Burg sowie LEGO Technic der ersten Generation, zusammen mit dem originalen 12-V-Eisenbahnmotor aus den 1970er Jahren und einem Batteriekasten.

Obwohl die nette Dame, die die Tasche an meine Mutter verkaufte, auch einen sehr großen Stapel Bedienungsanleitungen beigefügt hatte, war nichts dabei, was mit LEGO Eisenbahn zu tun hatte. Mit dem neuesten LEGO-Ideenbuch und druckfrischen Katalogen bewaffnet, machte ich mich an den Versuch, deren Zugdesigns aus dem vor mir liegenden Steinehaufen nachzubauen. Zu sehen, wie sich die Dinge, die ich gebaut hatte, auf den blauen Schienen durch mein Zimmer bewegten, begeisterte mich und hob das Bauen mit LEGO für mich auf eine neue Ebene der Kreativität.

Dann kamen die Dark Ages.

Wie bei den meisten jungen Menschen waren plötzlich andere Dinge für mich viel spannender. Mädchen, Musik und Videospiele hatten nun in meinem Leben Vorrang, und LEGO blieb auf der Strecke. Meine Mutter packte die LEGO-Steine weg. Ich schloss die Schule ab, ging auf die Uni, heiratete, bekam eine Tochter und kaufte ein Haus.

Dann kam der Tag, den jeder ehemalige LEGO-Fan liebt. Meine Tochter war endlich alt genug, um ihr erstes LEGO-Set zu bekommen! Als ich bei ihr saß und beim Bau von Olivias Ideenwerkstatt (3933) half, war mein Interesse wieder geweckt.

Mir wurde klar, was mir in all den Jahren gefehlt hatte. Kurz gesagt, ich war wieder ein Sammler und Erbauer – ein erwachsener Lego-Fan (Adult Fan Of Lego, AFOL).

Ich tauchte wieder ein in die LEGO-Welt, bewaffnet mit etwas mehr Zeit und etwas mehr verfügbarem Einkommen, und fing an, die neuesten Sets zu kaufen. Es gab jetzt mehr als sechs Farben! Neue Elemente, die ich noch nie zuvor gesehen hatte! Die Ziegel hatten jetzt mehrere Verbindungspunkte und Noppen an den Seiten! Bei so vielen neuen Möglichkeiten gab es für mich kein Halten mehr.

Seitdem ist eine weitere Tochter hinzugekommen, mit der ich die Liebe zu diesem Hobby teilen kann, und zwischen der Hilfe beim Bau von Elfen, Drachen und Tieren habe ich meine Liebe zu LEGO-Zügen und ihrer Bewegung wiederentdeckt.

Viel Spaß mit den Noppensteinen wünscht

Charles

WIE MAN DIESES BUCH BENUTZT

Die Art der Anleitungen in diesem Buch wird dir vertraut sein, wenn du schon einmal ein offizielles LEGO-Set zusammengebaut hast. Wie im offiziellen Format baust du die Waggons in einer Breite von sechs Noppen, und alle sollten auf deinen Gleisen fahren können, ohne zu entgleisen. Die Modelle werden Schritt für Schritt zusammengesetzt und sind meist von unten nach oben aufgebaut.

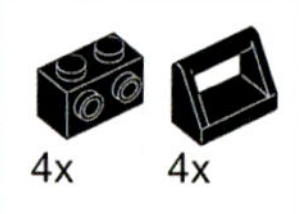

Jeder Schritt der Anleitungen enthält einen kleinen Kasten, in dem die benötigten Teile und Mengen angegeben sind.

Wann immer du dein Modell vor dem Hinzufügen von Steinen drehen oder wenden musst, zeigt dir dieses Symbol.

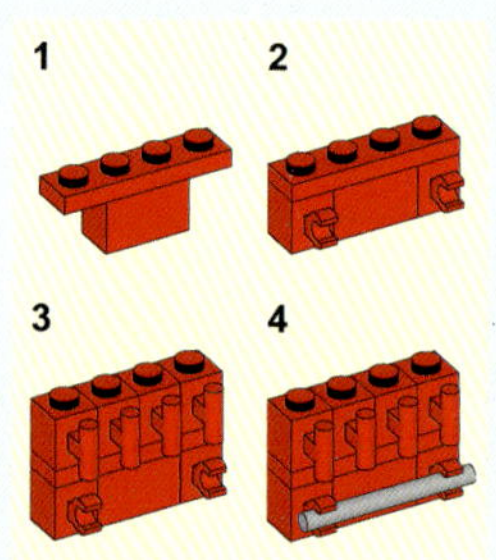

Manche Bauabschnitte enthalten Untermodelle.

Führe die Schritte zum Bau des Untermodells aus, bevor du es zum Hauptmodell hinzufügst.

TEILE FINDEN

Jedes der Modelle in diesem Buch wird mit einer umfassenden Materialliste geliefert, die dir hilft, alle benötigten Teile zu finden, bevor du zu bauen anfängst. Zuallererst prüfe deinen persönlichen Teilevorrat, um zu sehen, ob du die benötigten Teile besitzt. Wenn du, nachdem du deine persönliche Sammlung durchforstet hast, immer noch nicht alle benötigten Steine hast, kannst du die restlichen entweder direkt bei LEGO oder auf dem Gebrauchtmarkt kaufen.

Jeder LEGO-Laden hat eine Pick-A-Brick-Wand, an der einzelne LEGO-Elemente verkauft werden. Wenn du nicht das Glück hast, in der Nähe eines offiziellen LEGO-Ladens zu wohnen, gibt es auf der Website des LEGO Shops (*https://www.lego.com/de-de*) auch eine Pick-A-Brick-Funktion, bei der du spezielle Teile in bestimmten Farben bestellen kannst. LEGO bietet jedoch nicht alle Teile und Farben an, die in der Vergangenheit verfügbar waren, sondern nur diejenigen, die derzeit von LEGO hergestellt werden. Für ältere Teile, die nicht mehr produziert werden, kannst du auf den Secondhand-Markt umsteigen.

Bricklink (*http://www.bricklink.com*) ist eine Website, auf der du aus Hunderten von Verkäufern wählen kannst – und so ziemlich alles finden wirst, was LEGO jemals herausgebracht hat. Einige der Steine, die in meinen Anleitungen zu finden sind, können nicht mehr bei LEGO selbst gekauft werden, sind aber auf Bricklink in reichlichen Mengen zu finden.

Bevor du loslegst, um alle notwendigen Teile zu kaufen, schau dir die Anleitung an, um zu sehen, wo bestimmte Teile hinkommen.

Manche Steine sind tief im Inneren des Modells verborgen, und deren Farben sind nicht festgelegt (du kannst jede Farbe verwenden, die dir zur Verfügung steht). Manchmal kann es sinnvoll sein, für etwas am Modell eine andere Farbe zu wählen. Wenn der Stein an der Außenseite des Modells sichtbar ist, reicht es manchmal aus, eine Farbe zu verwenden, die der in der Anleitung ähnelt, z. B. das ältere Hellgrau (light grey) anstelle der neueren bläulich-hellgrauen Farbe (light bluish grey).

Du musst auch nicht unbedingt genau die gleichen Teile verwenden, die ich in den Anleitungen vorgebe. Manchmal sind die Anzahl der Noppen und die Abmessungen viel wichtiger als die einzelnen Steine, die zur Erzielung des Effekts verwendet werden. Solange ein Stein strukturell nicht wichtig ist, um das Modell zusammenzuhalten, sollte die Verwendung anderer Teile mit ähnlicher Form oder Größe funktionieren.

Digitale Versionen der Stücklisten stehen im Bricklink-kompatiblen XML-Format zum Herunterladen unter folgender Adresse zur Verfügung (in englischer Sprache): *http://www.brickmonster.toys/trains1*

HOCHBORD-WAGEN

»Mit einigen losen schwarzen 1×1-Platten erzeugst du den Eindruck einer schönen Kohleladung, die das Modell echter wirken lässt.«

Teile		144
Steintypen		36
Breite	2.3 in	5,8 cm
Höhe	2.5 in	6,4 cm
Länge	6.0 in	15,2 cm

1

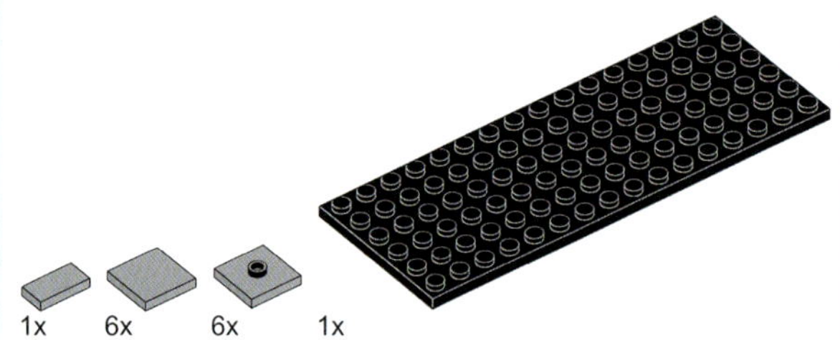

2

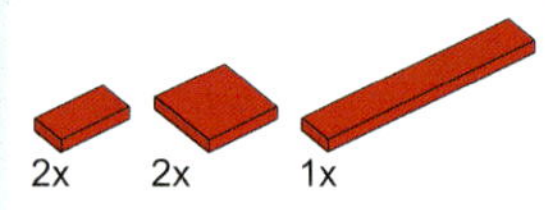

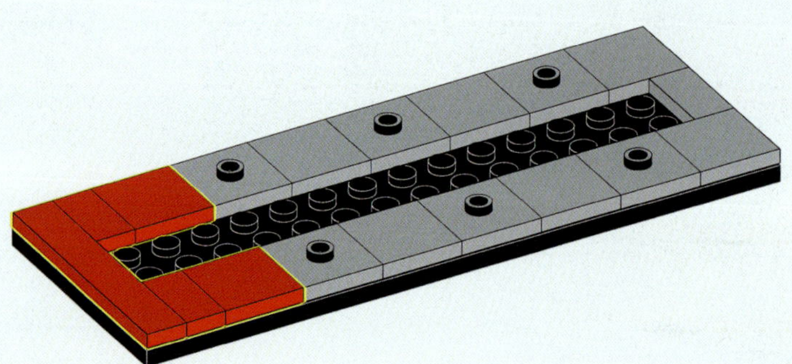

3

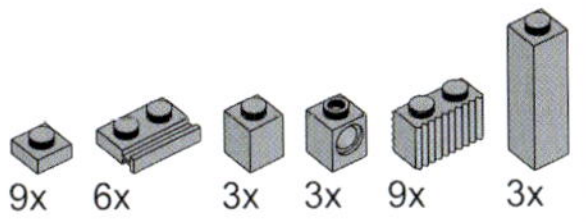

9x 6x 3x 3x 9x 3x

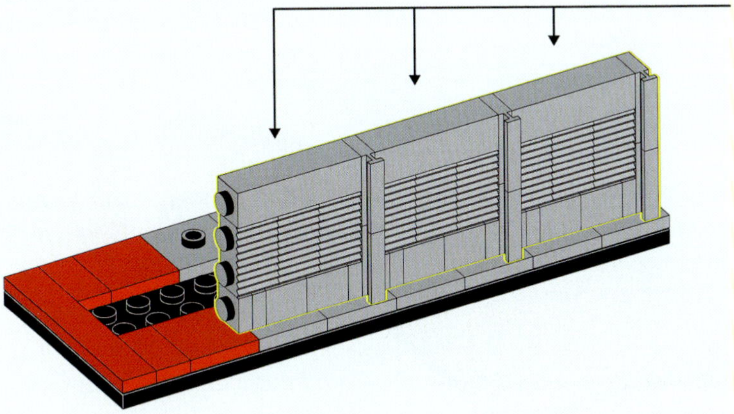

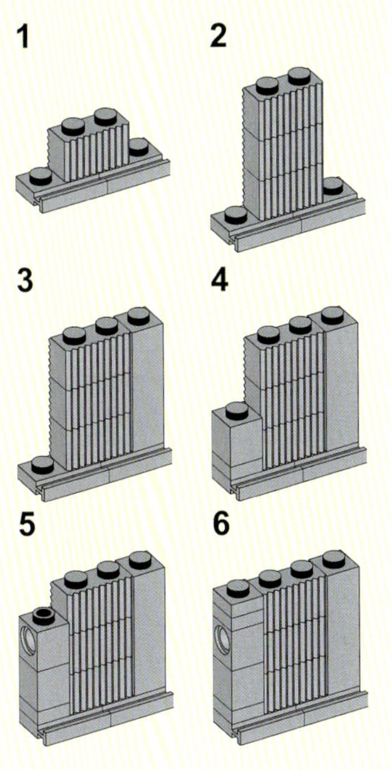

1 2

3 4

5 6

3x

4

9x 6x 3x 3x 9x 3x

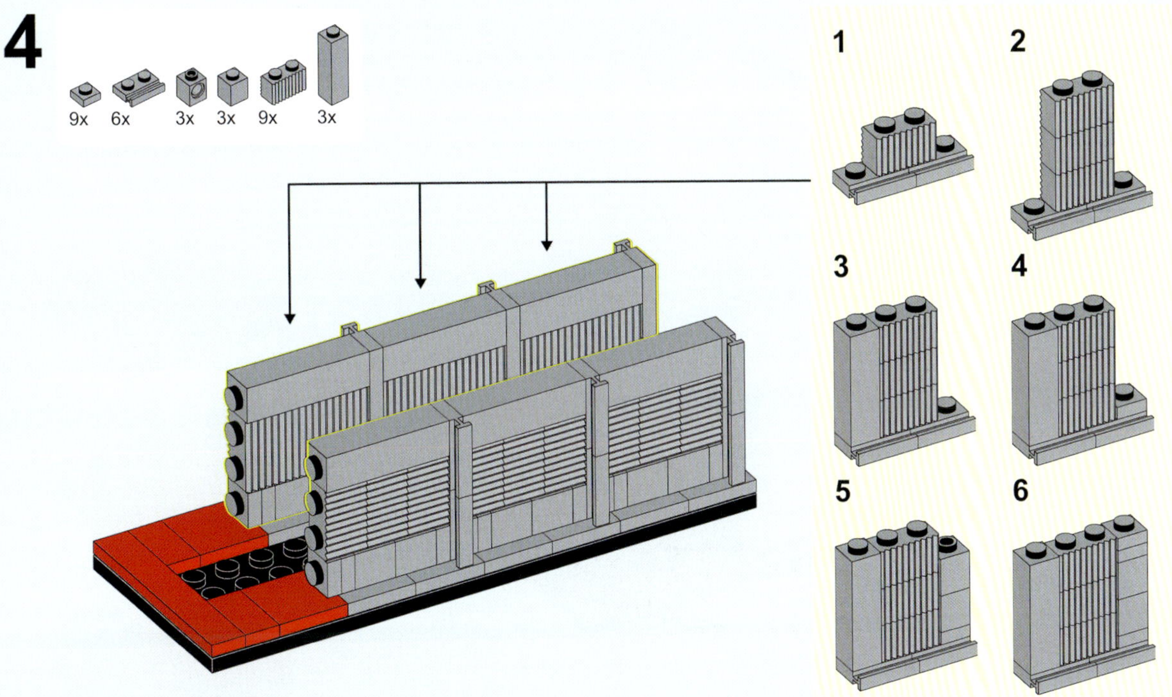

1 2

3 4

5 6

3x

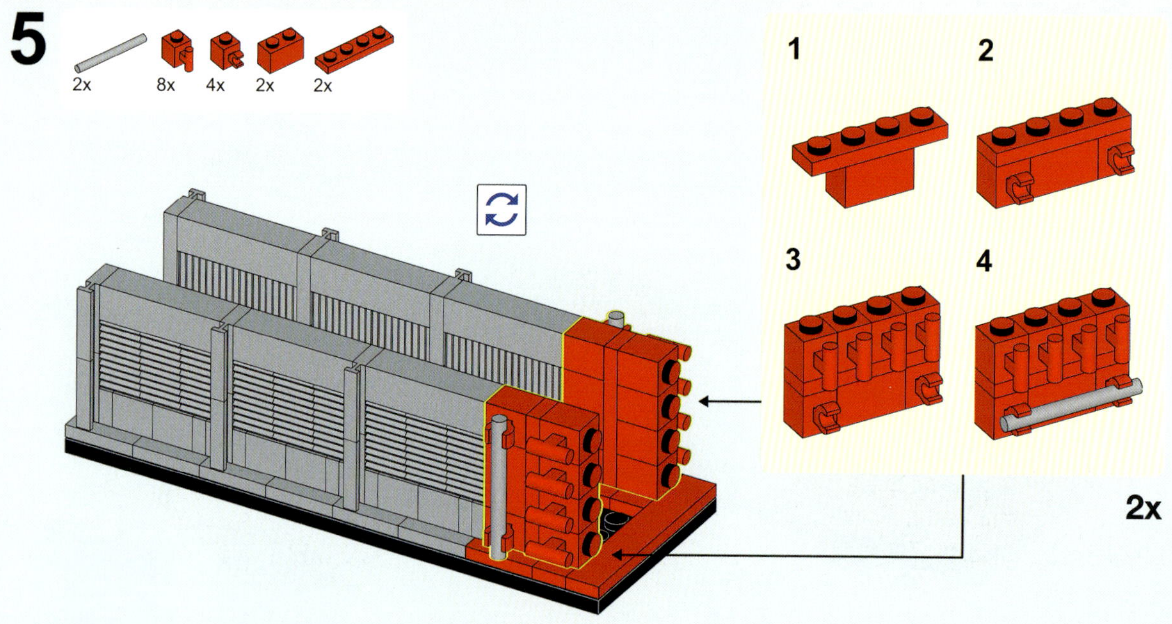
5
2x
8x
4x
2x
2x
1
2
3
4
2x

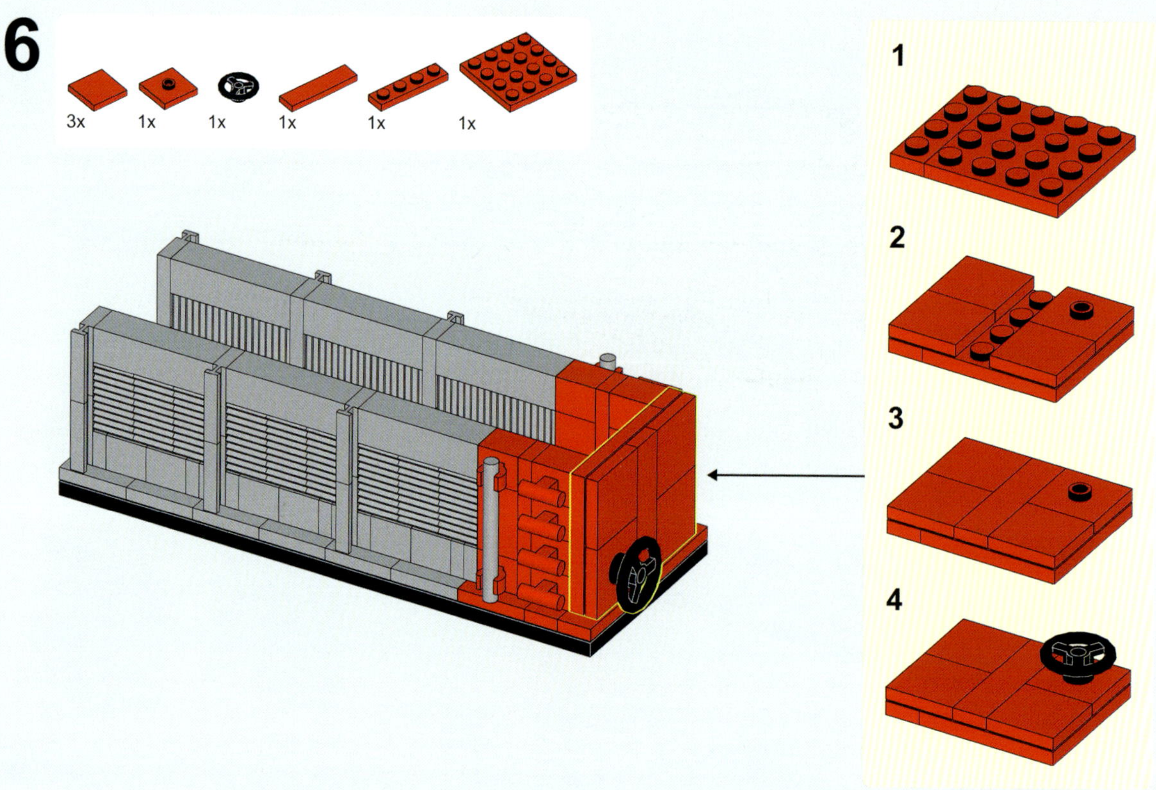
6
3x
1x
1x
1x
1x
1x
1
2
3
4

7

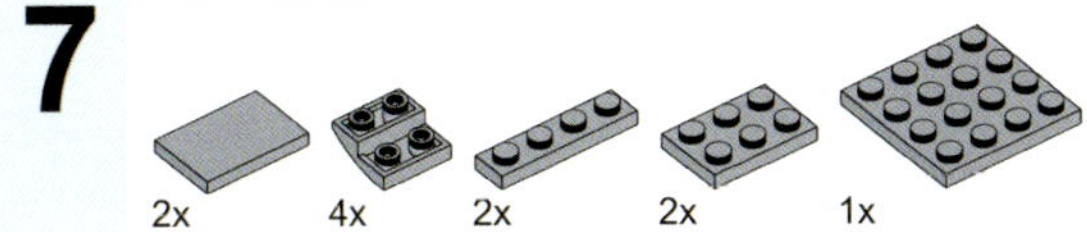

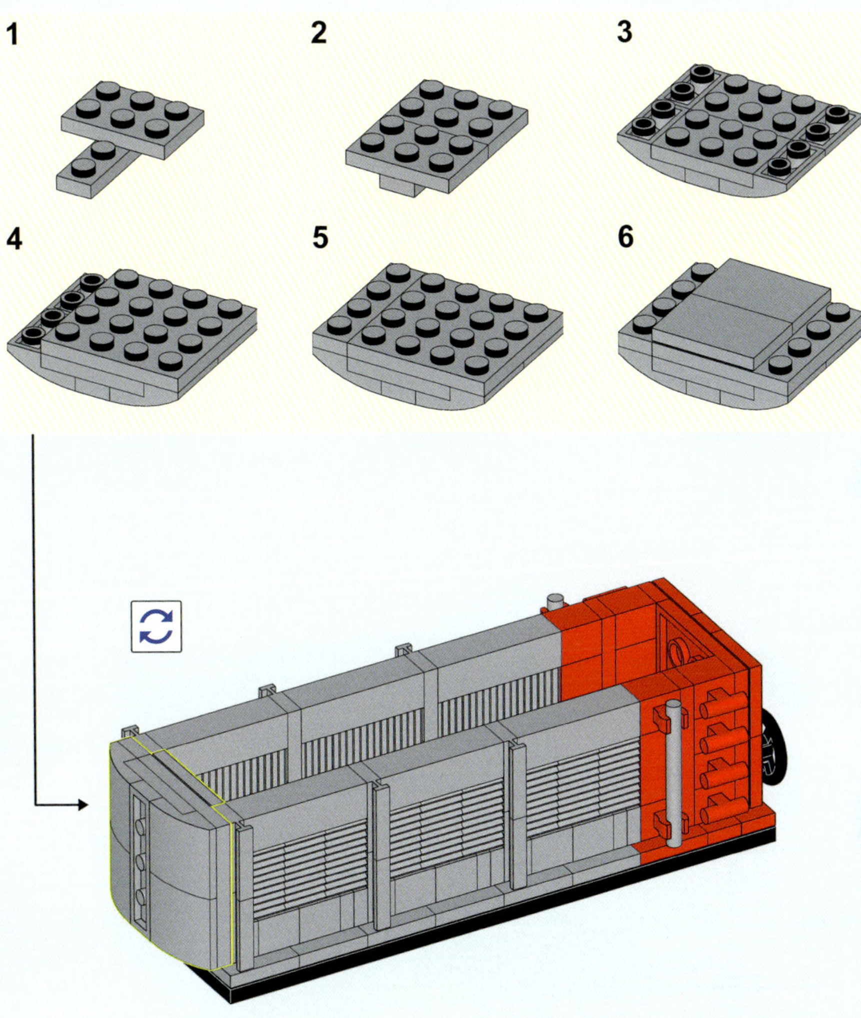

8

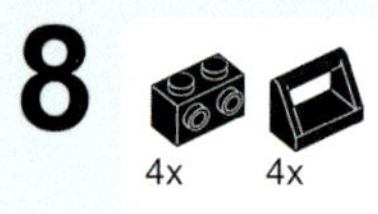

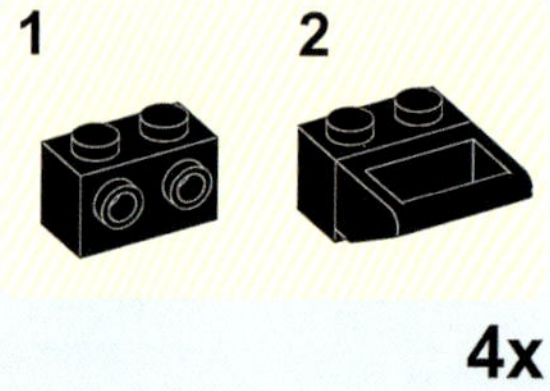

1

2

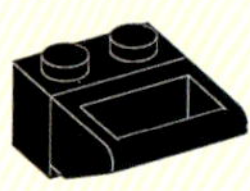

4x

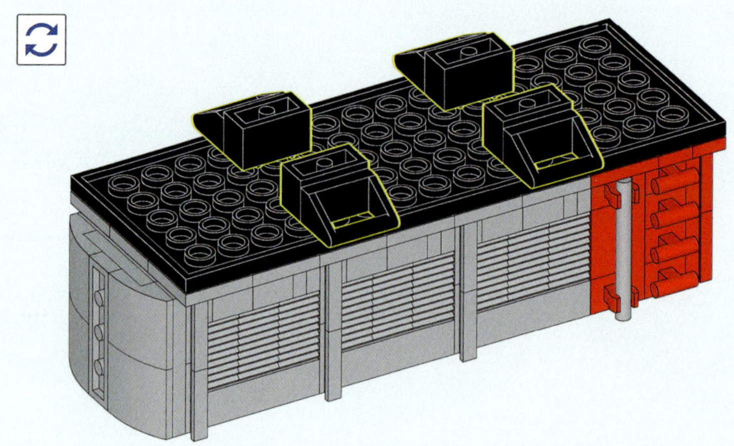

9

2x 1x 1x 2x

1

2

3

4

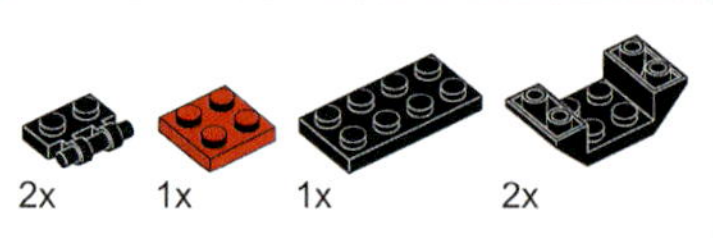

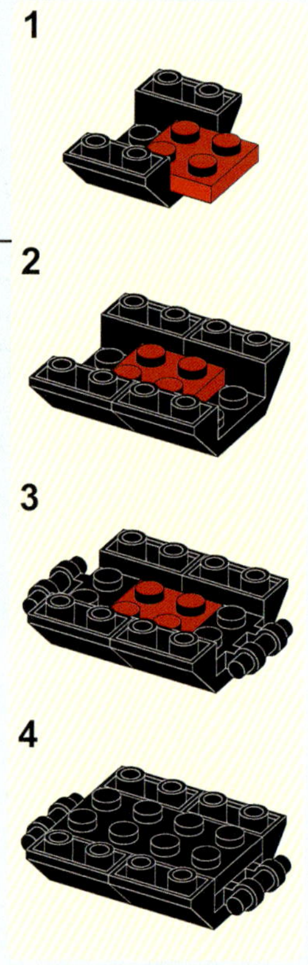

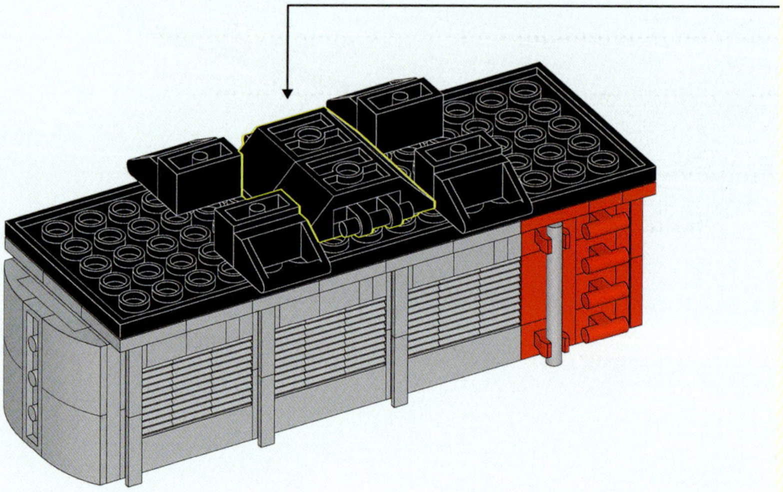

10

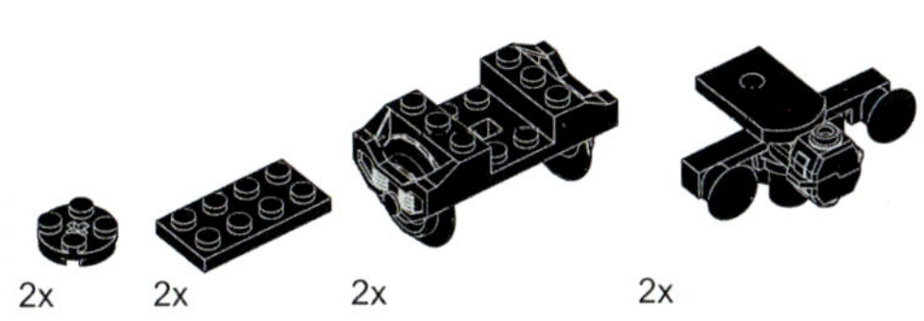

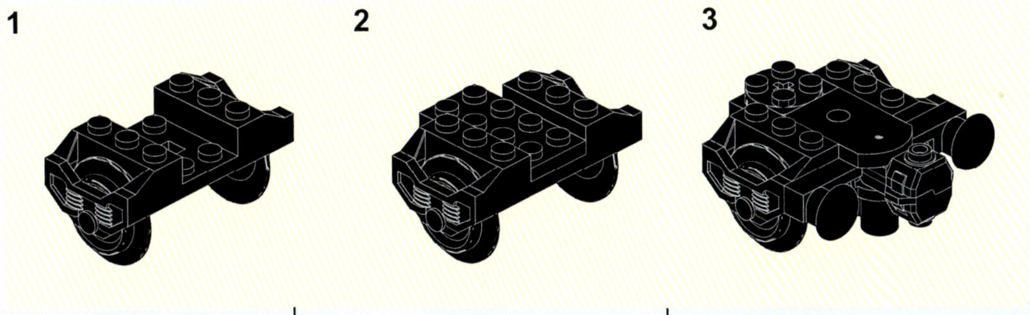

1

2

3

2x

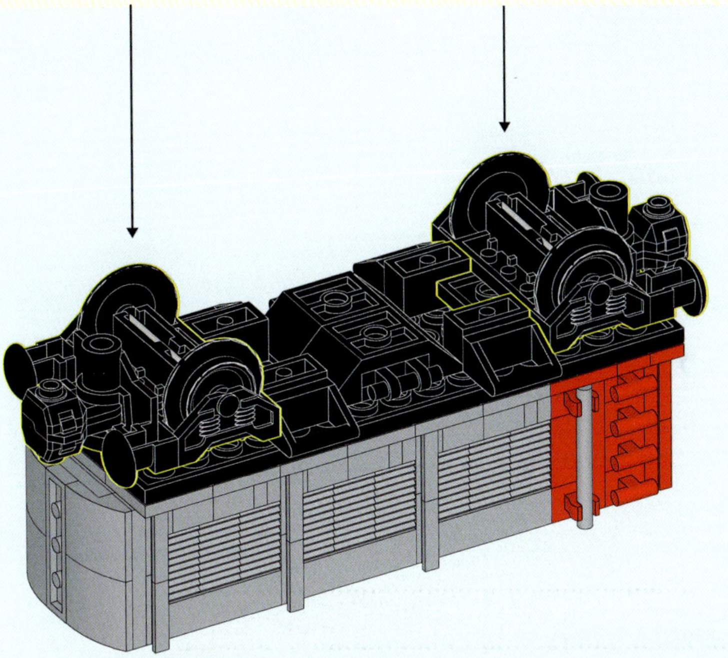

HOCHBORDWAGEN MATERIALLISTE

Teilenummer	Bezeichnung	Farbe	Menge
11211	Brick, Modified 1×2 with Studs on 1 Side (Stein mit 2 Noppen an einer Seite)	Black	4
3020	Plate (Platte) 2×4	Black	3
3027	Plate (Platte) 6×16	Black	1
2540	Plate, Modified 1×2 with Handle on Side - Free Ends (Platte mit Griff)	Black	2
4032	Plate, Round 2×2 with Axle Hole (Rundplatte mit Kreuzloch)	Black	2
4871	Slope, Inverted 45° 4×2 Double (doppelter inverser Schrägstein)	Black	2
2432	Tile, Modified 1×2 with Handle (Fliese mit Griff)	Black	4
64424c01	Train Buffer Beam with Sealed Magnets - Type 1 (Puffer mit Magnet)	Black	2
2878c02	Train Wheel RC Train, Holder with 2 Black Train Wheel RC Train and Chrome Silver Train Wheel RC Train, Metal Axle (2878 / 57878 / x1687) (Eisenbahnachse)	Black	2
30663	Vehicle, Steering Wheel Small, 2 Studs Diameter (Lenkrad)	Black	1
30374	Bar 4L (Lightsaber Blade / Wand) (Stab)	Light Bluish Gray	2
3005	Brick (Stein) 1×1	Light Bluish Gray	6
14716	Brick (Stein) 1×1×3	Light Bluish Gray	6
2877	Brick, Modified 1×2 with Grille (Flutes) (Riffelstein)	Light Bluish Gray	18
3024	Plate (Platte) 1×1	Light Bluish Gray	18
3710	Plate (Platte) 1×4	Light Bluish Gray	2
3021	Plate (Platte) 2×3	Light Bluish Gray	2
3031	Plate (Platte) 4×4	Light Bluish Gray	1
32028	Plate, Modified 1×2 with Door Rail (Platte mit Führungsschiene)	Light Bluish Gray	12
87580	Plate, Modified 2×2 with Groove and 1 Stud in Center (Jumper)	Light Bluish Gray	6
32803	Slope, Curved 2×2 Inverted (inverse Rundschräge)	Light Bluish Gray	4
6541	Technic, Brick 1×1 with Hole (Technic-Stein)	Light Bluish Gray	6
3069b	Tile (Fliese) 1×2 with Groove	Light Bluish Gray	1
3068b	Tile (Fliese) 2×2 with Groove	Light Bluish Gray	6
26603	Tile (Fliese) 2×3	Light Bluish Gray	2
3004	Brick (Stein) 1×2	Red	2
60476	Brick, Modified 1×1 with Clip Horizontal (Stein mit Clip)	Red	4
2921	Brick, Modified 1×1 with Handle (Stein mit Griff)	Red	8
3710	Plate (Platte) 1×4	Red	3
3022	Plate (Platte) 2×2	Red	1
3031	Plate (Platte) 4×4	Red	1
87580	Plate, Modified 2×2 with Groove and 1 Stud in Center (Jumper)	Red	1
3069b	Tile (Fliese) 1×2 with Groove	Red	2
2431	Tile (Fliese) 1×4	Red	1
6636	Tile (Fliese) 1×6	Red	1
3068b	Tile (Fliese) 2×2 with Groove	Red	5

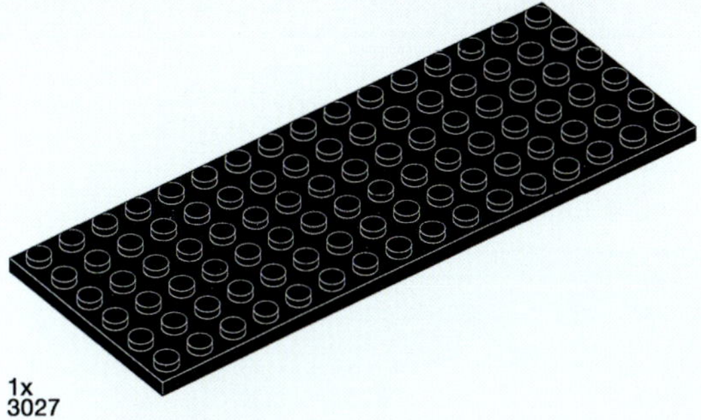
1x
3027

2x
64424c01

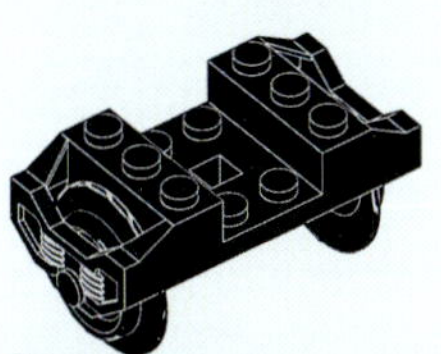
2x
2878c02

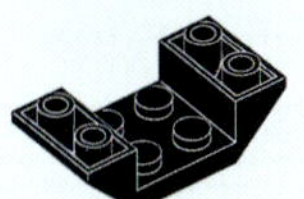
2x
4871

3x
3020

2x
4032

1x
30663

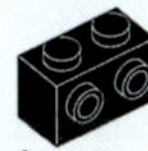
4x
11211

2x
2540

4x
2432

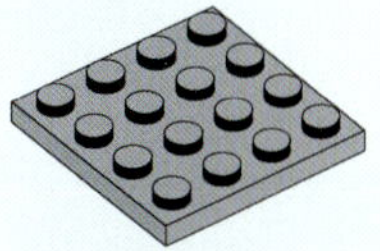
1x
3031

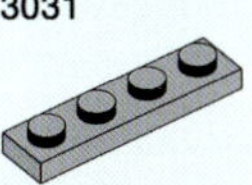
2x
3710

2x
30374

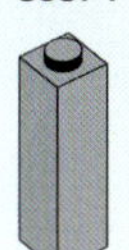
6x
14716

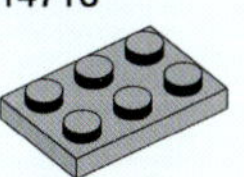
2x
3021

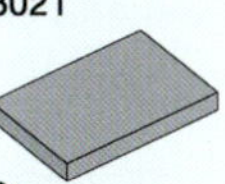
2x
26603

4x
32803

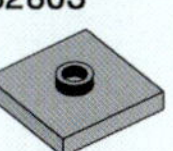
6x
87580

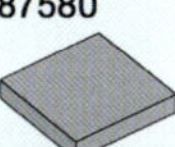
6x
3068b

18x
2877

12x
32028

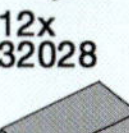
1x
3069b

6x
3005

6x
6541

18x
3024

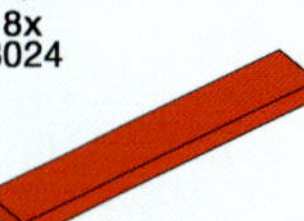
1x
6636

1x
3031

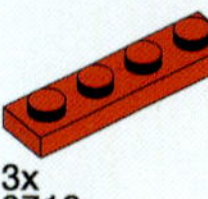
3x
3710

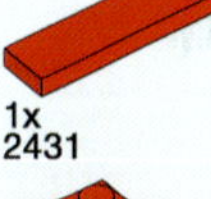
1x
2431

1x
3022

1x
87580

5x
3068b

2x
3004

4x
60476

8x
2921

2x
3069b

HOCHBORDWAGEN ALTERNATIVE FARBSCHEMATA

MILCHTANK-WAGEN

»Indem du die Farbe der Streifen oder die des ganzen Behälters veränderst, kannst du sehr einfach jeden Kesselwagen gestalten, den dein Zug braucht.«

Teile		**188**
Steintypen		**63**
Breite	**3.2 in**	**8,1 cm**
Höhe	**4.8 in**	**12,2 cm**
Länge	**9.1 in**	**23,1 cm**

1

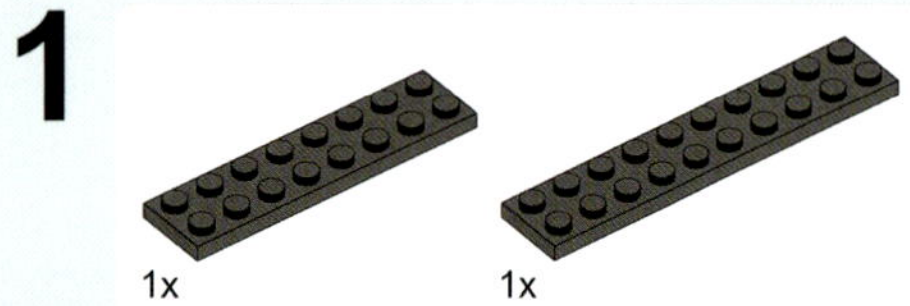

2

3

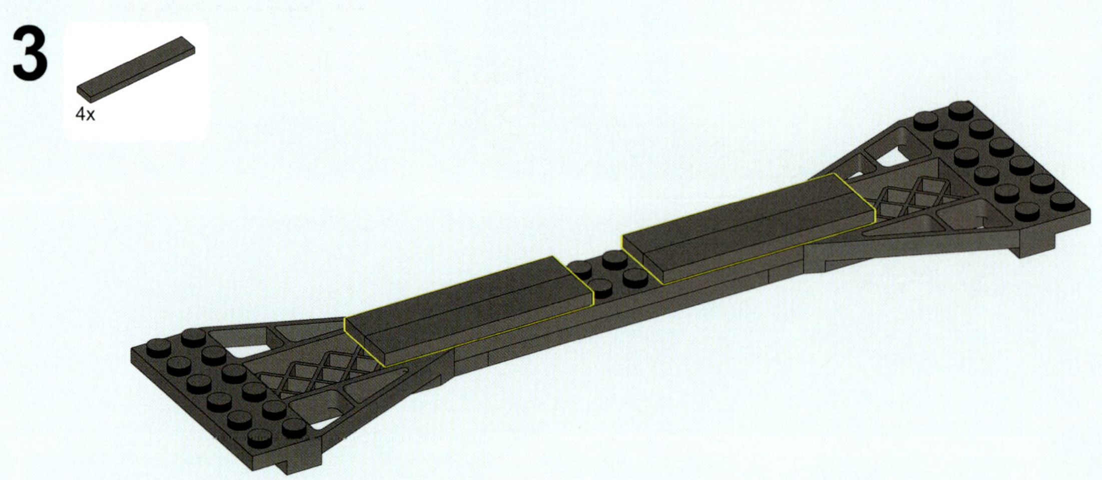

4

4x 2x

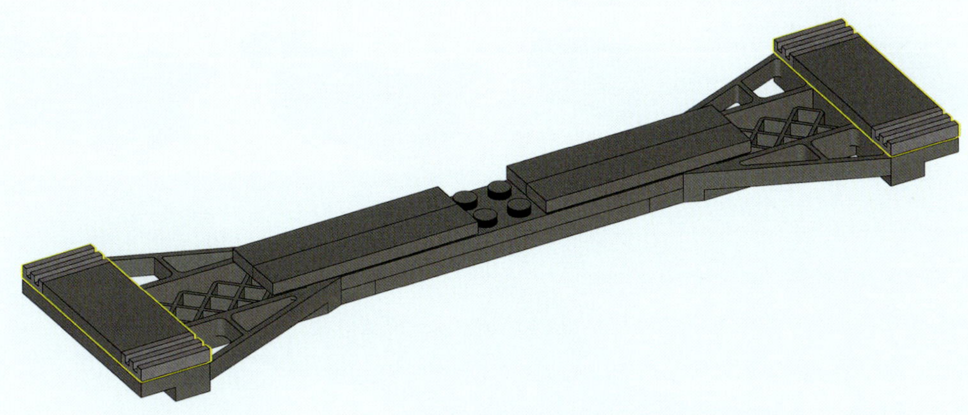

5

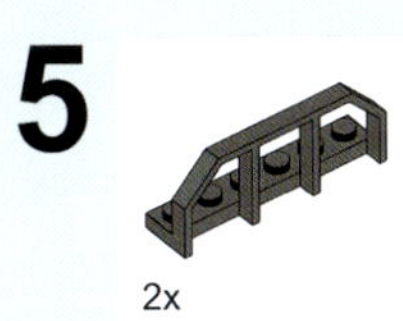

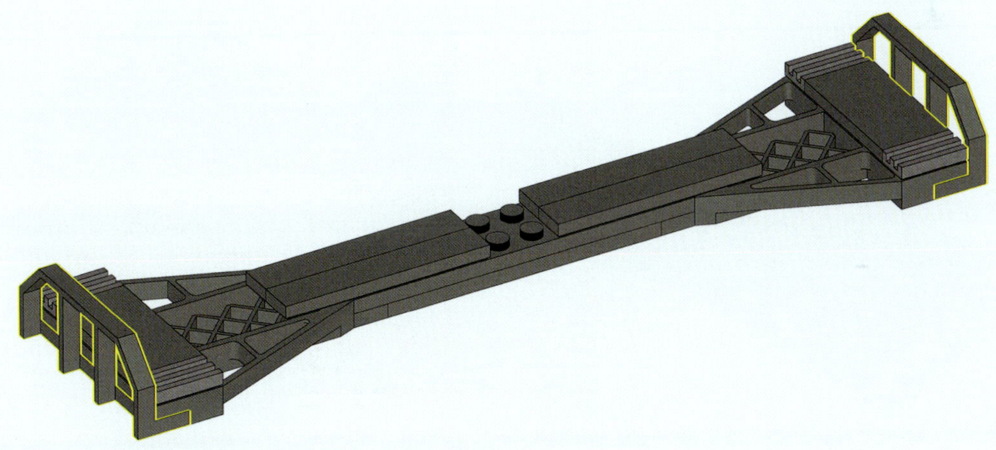

6

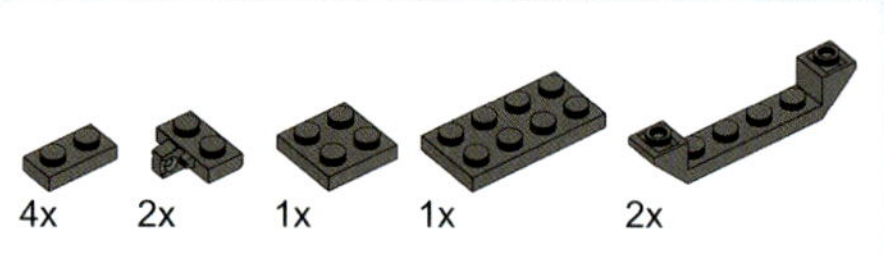

4x 2x 1x 1x 2x

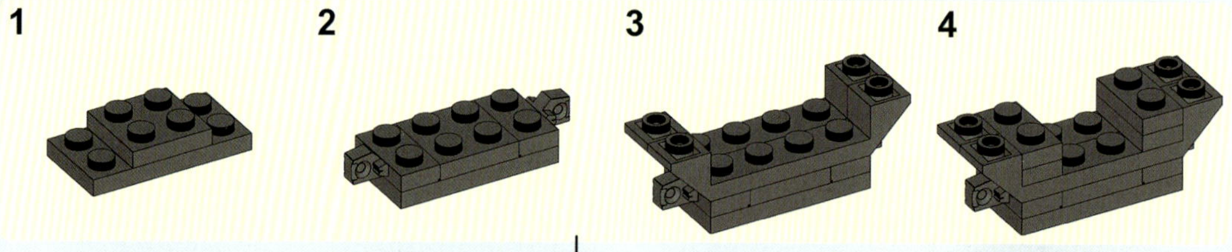

1 2 3 4

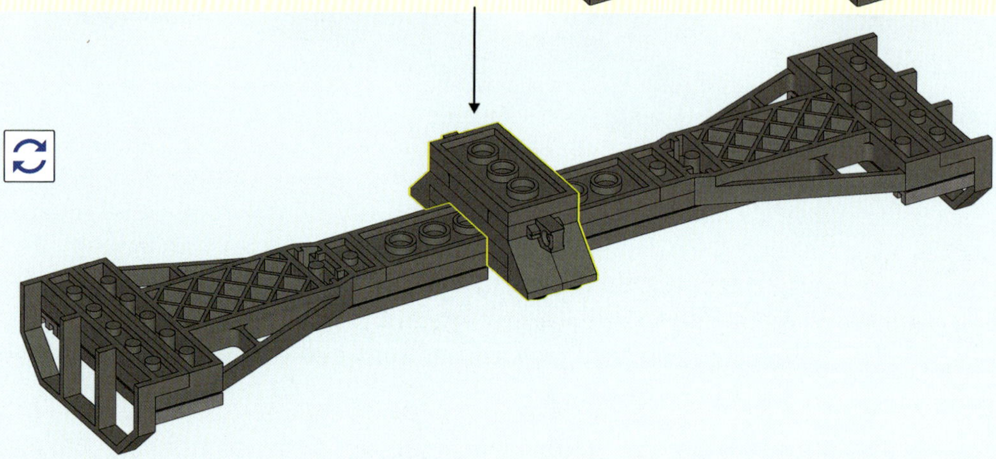

7

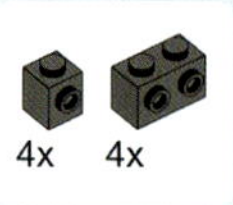

4x 4x

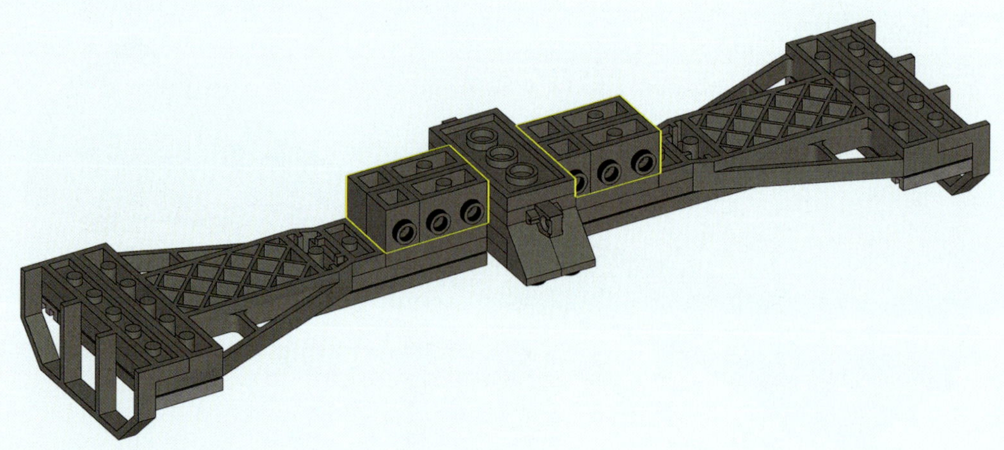

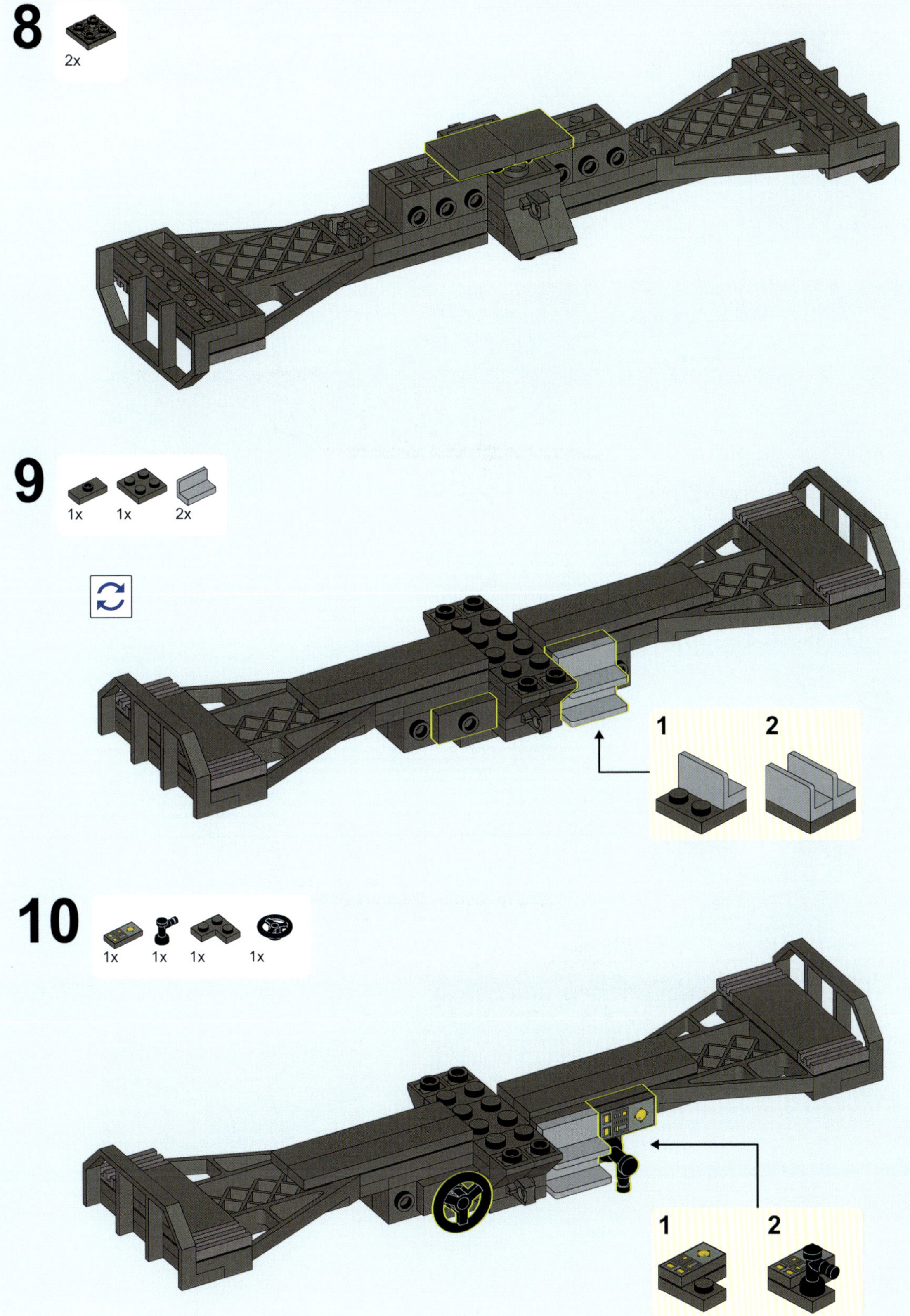
8
2x
9
1x
1x
2x
1
2
10
1x
1x
1x
1x
1
2

11

1x 1x 2x

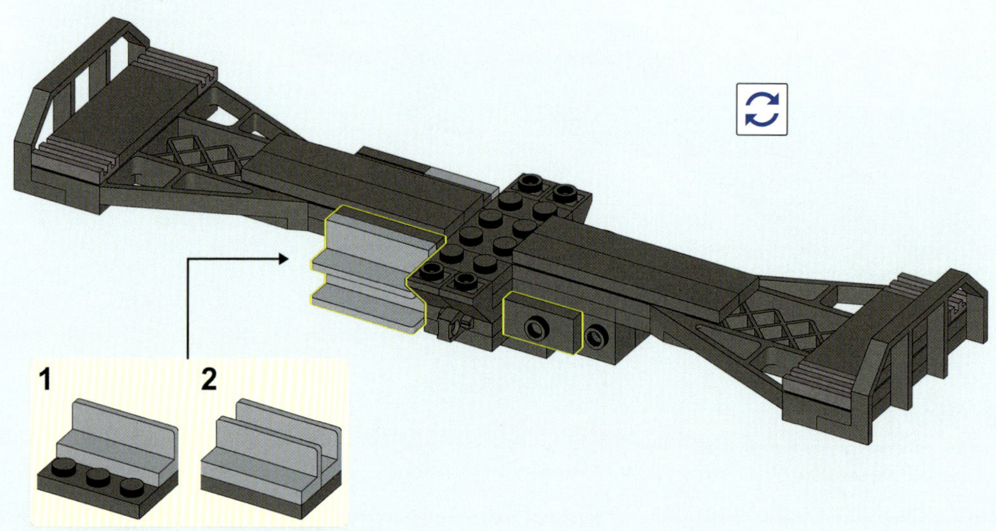

12

1x

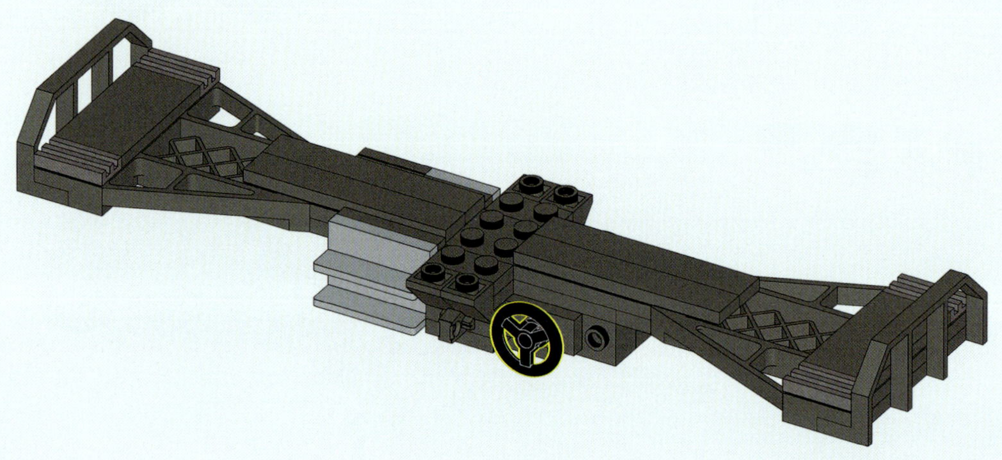

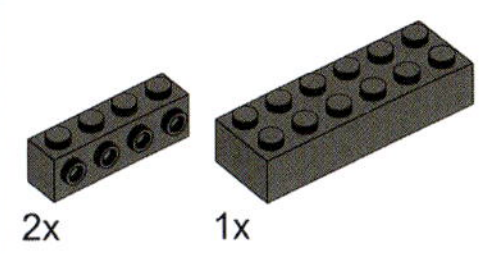

14

2x

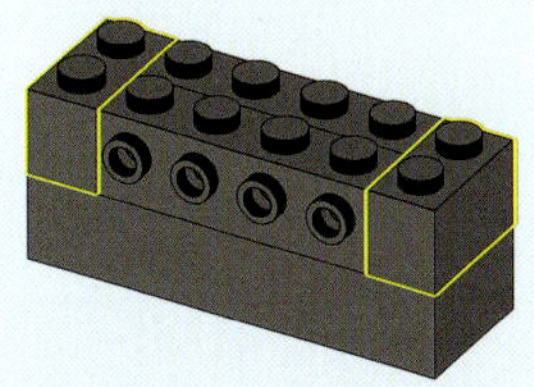

15

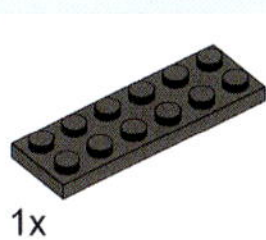

16

17

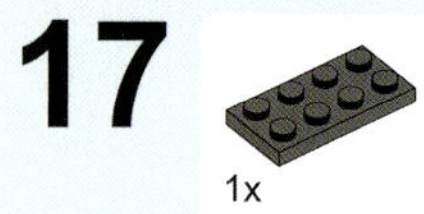

18

4x

19

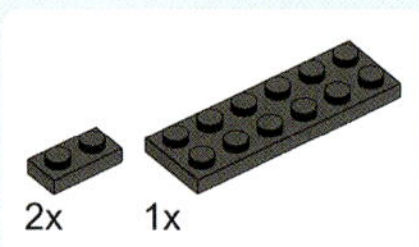

20

4x 2x

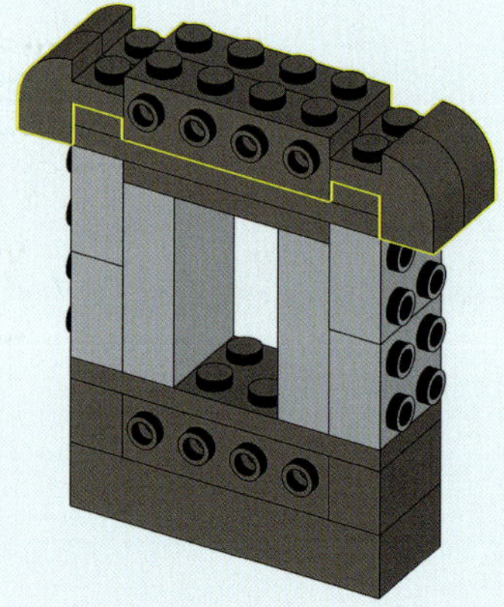

21

2x

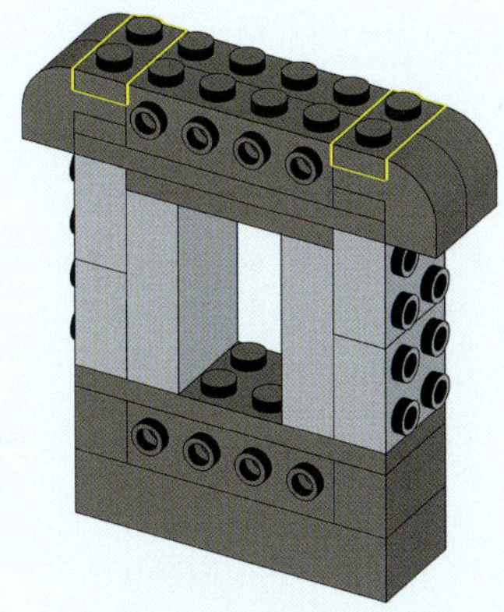

22

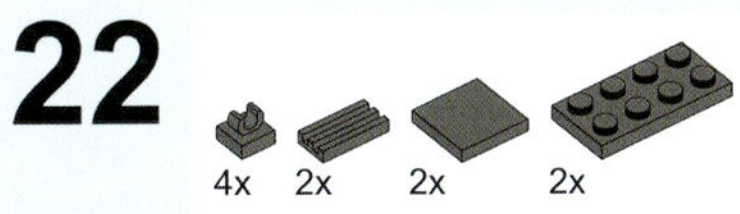

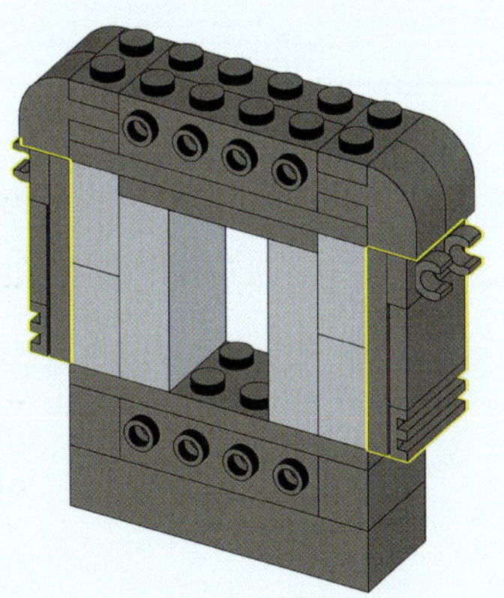

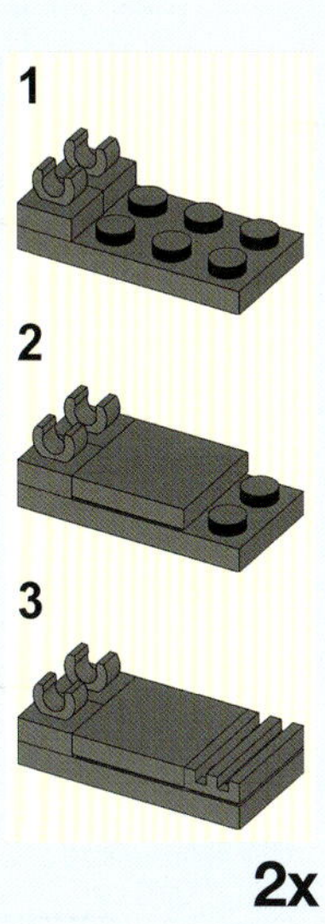

23

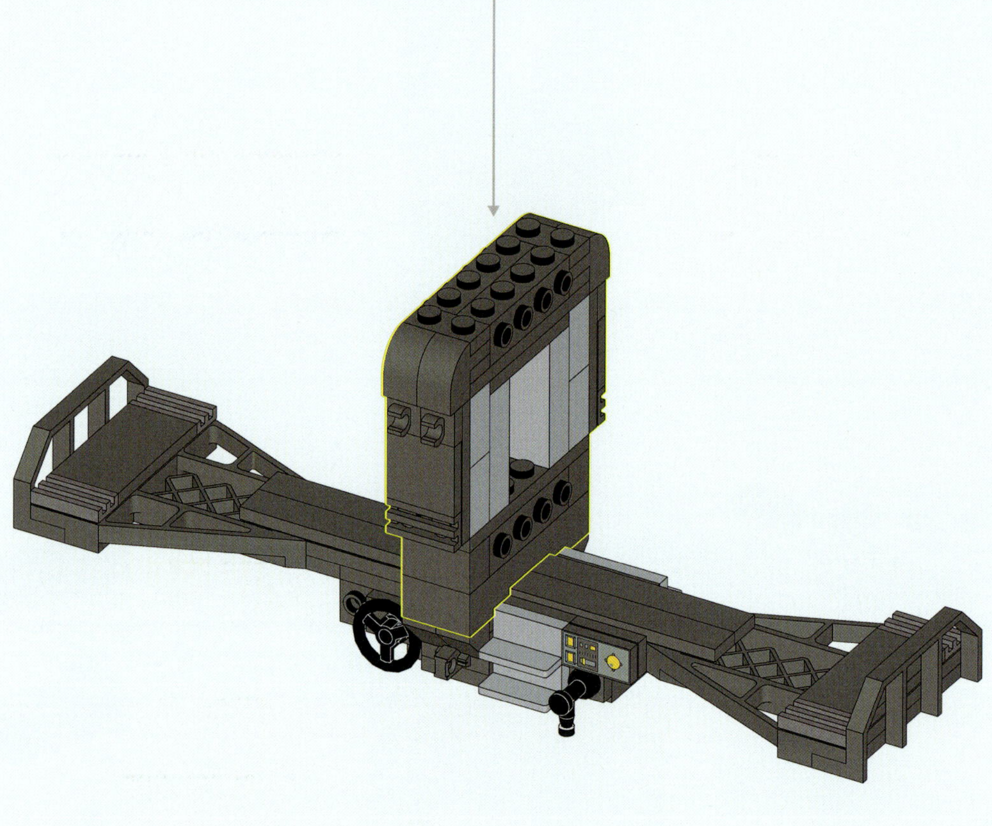

24

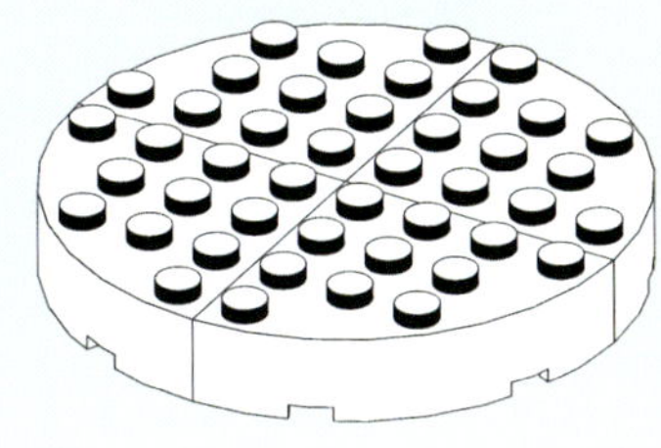

25

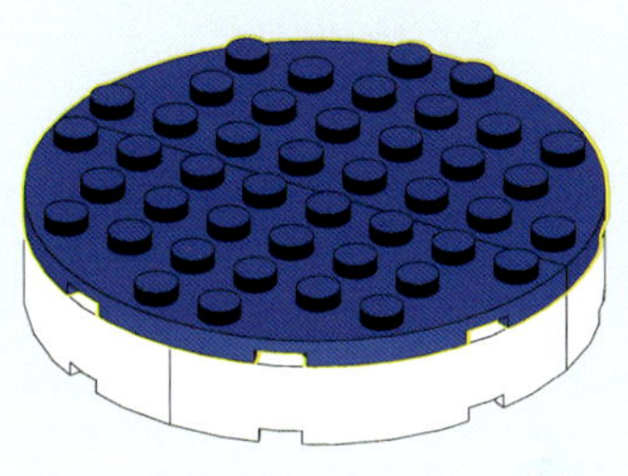

26

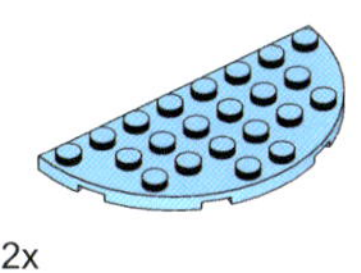

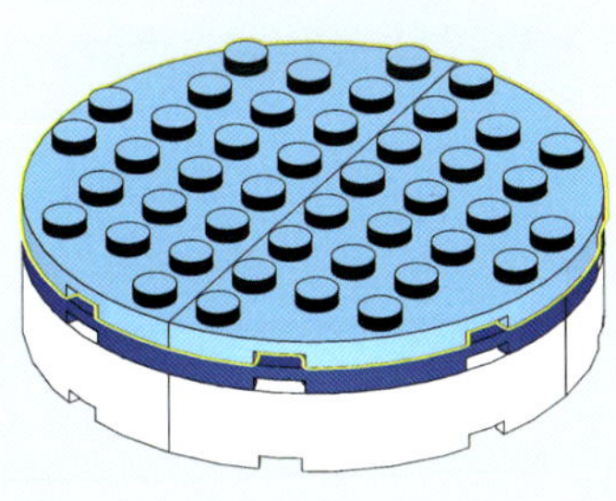

27

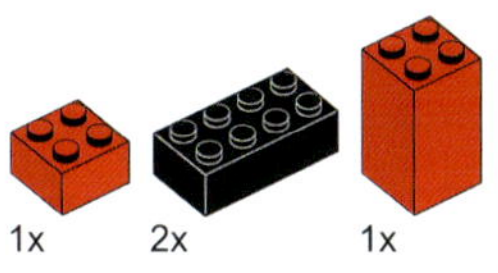

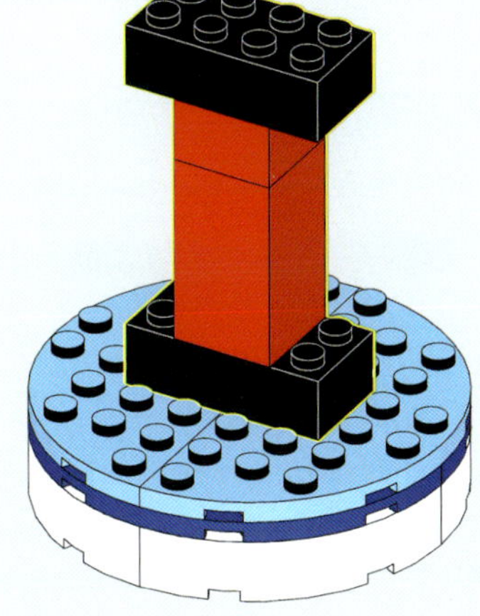

28

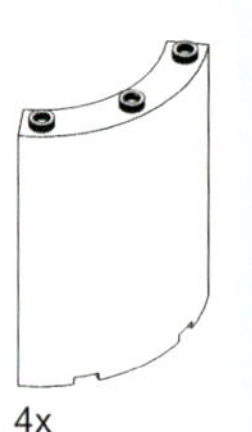

4x

29

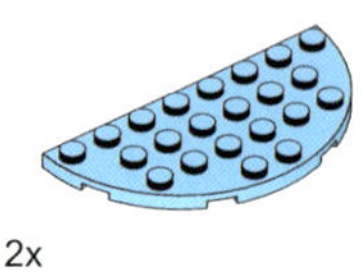

2x

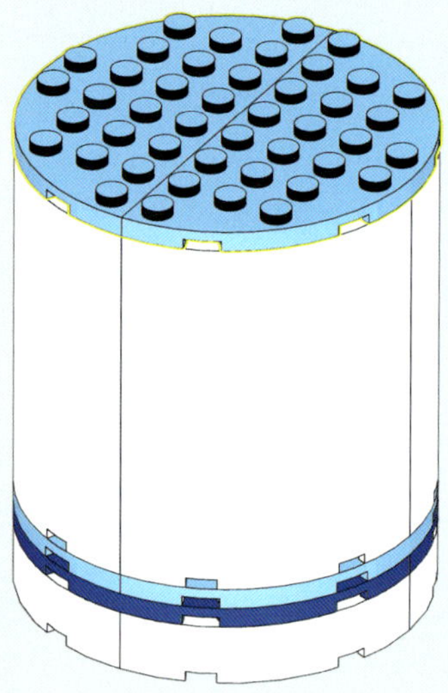

30

2x

31

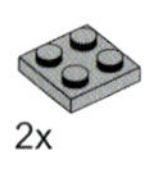

2x

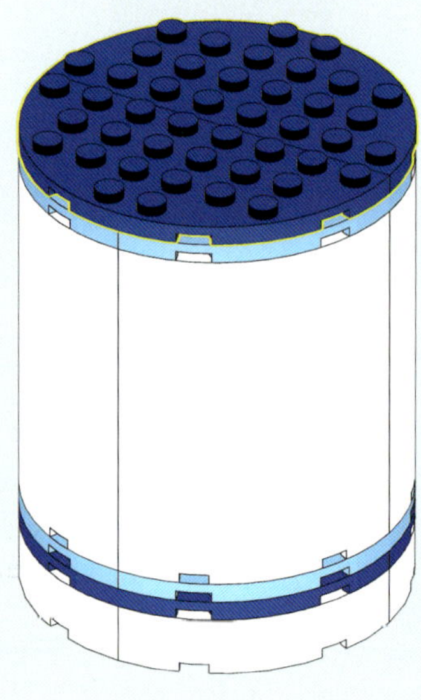

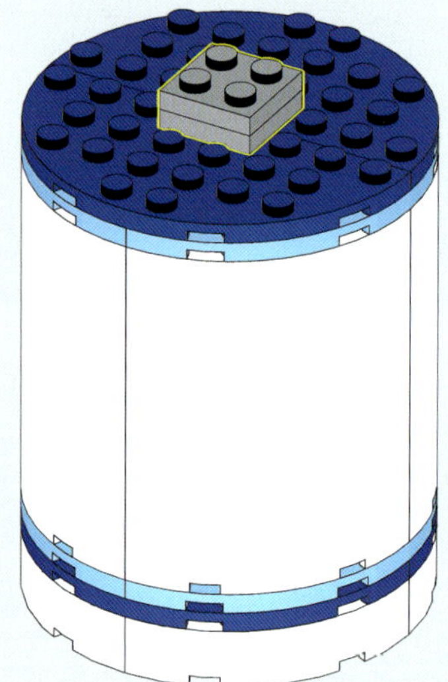

32

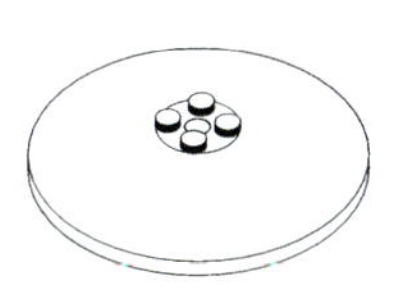

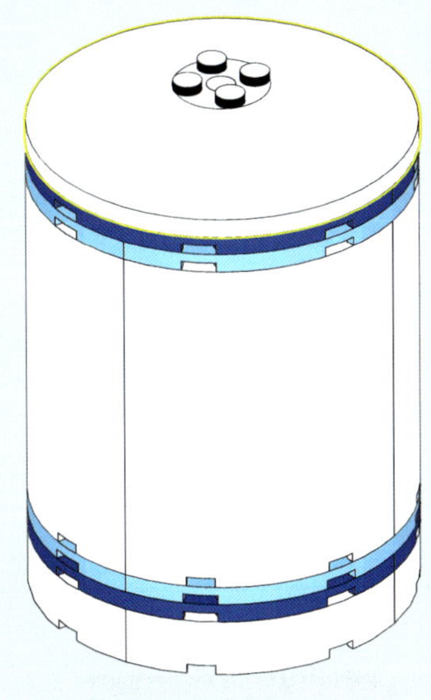

33

1x

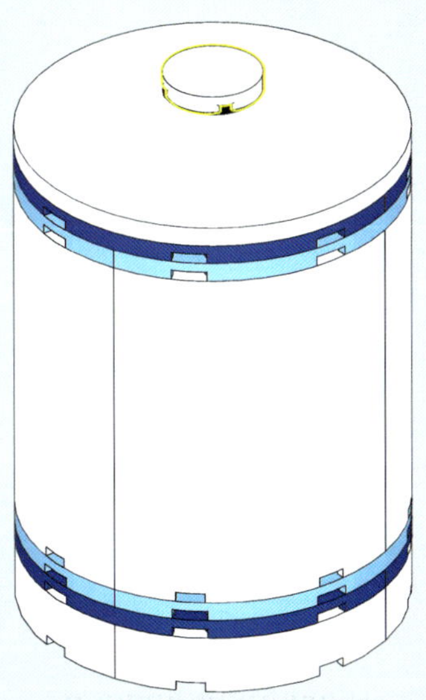

2x

34

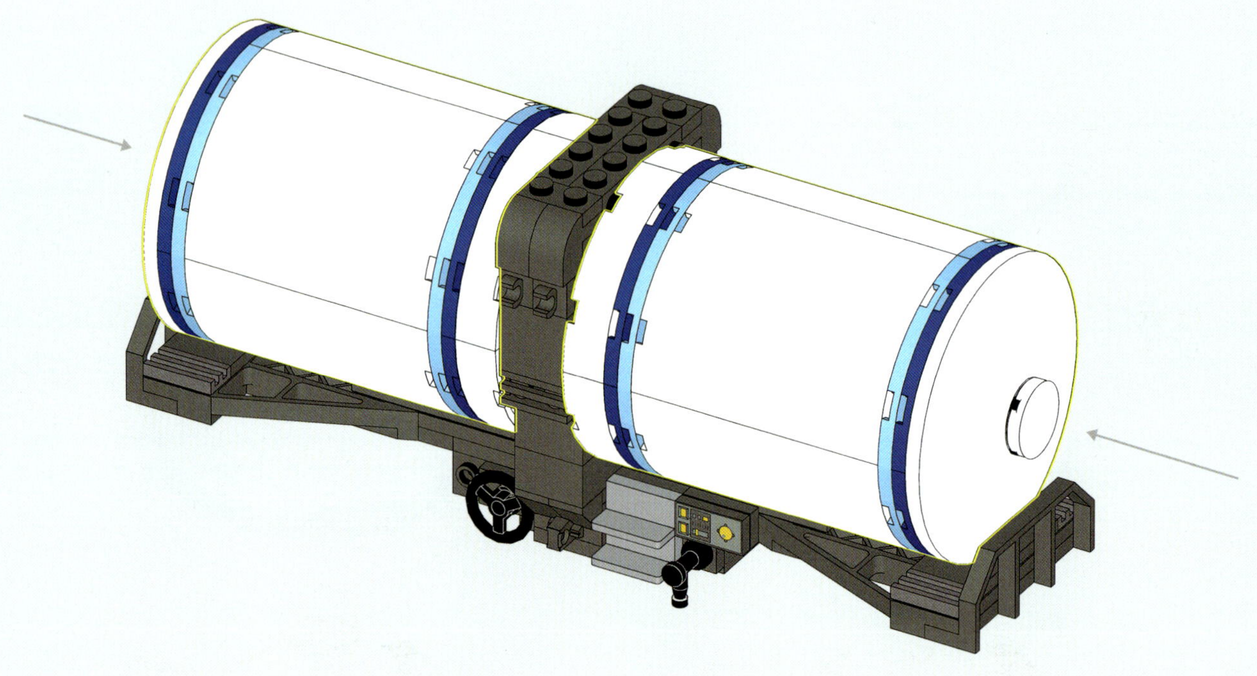

35

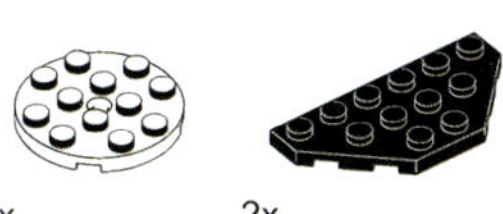

1x 2x

36

2x

37

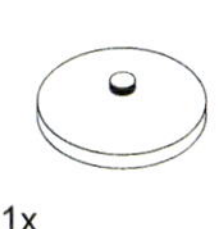

1x

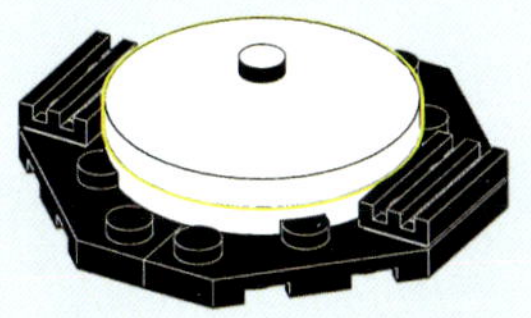

38

1x

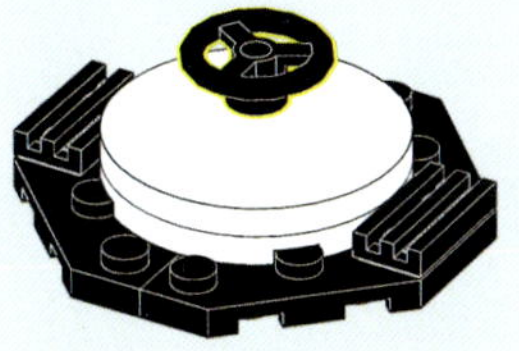

39

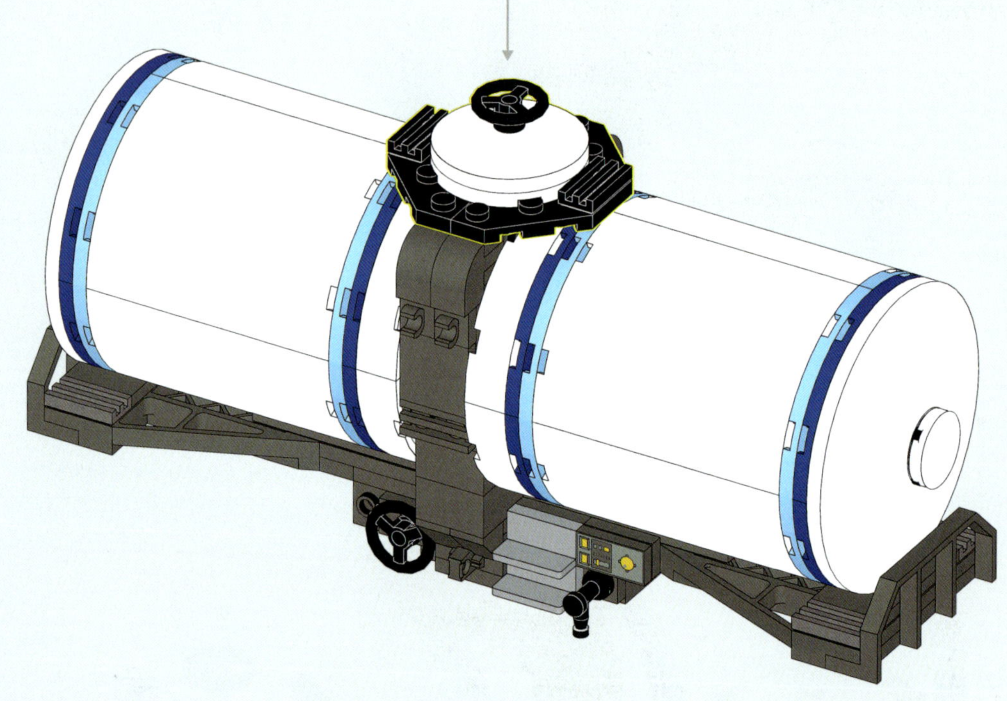

40

1x 1x

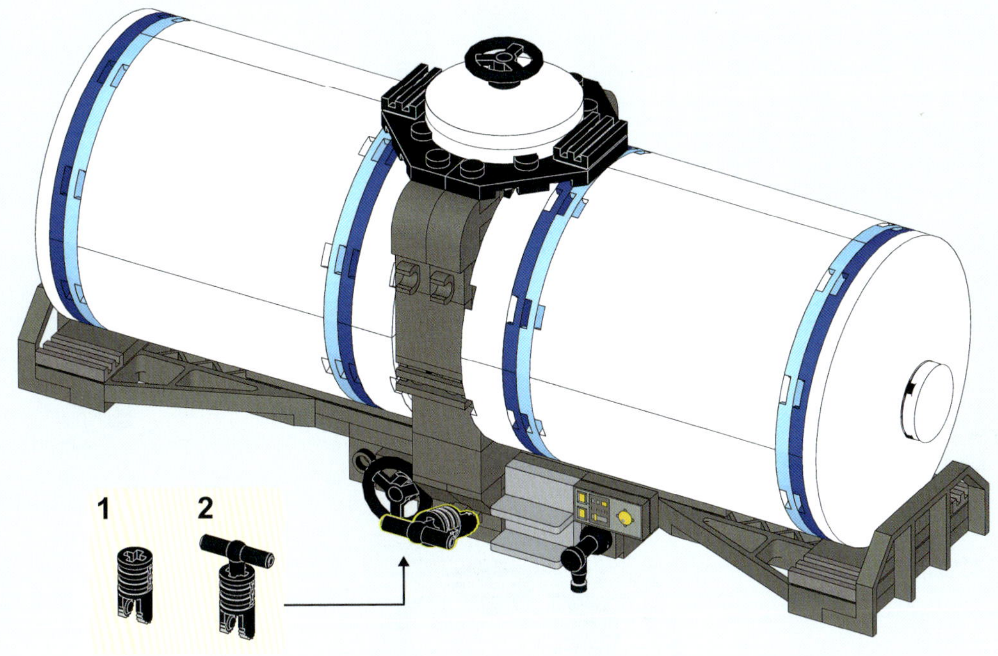

41

1x

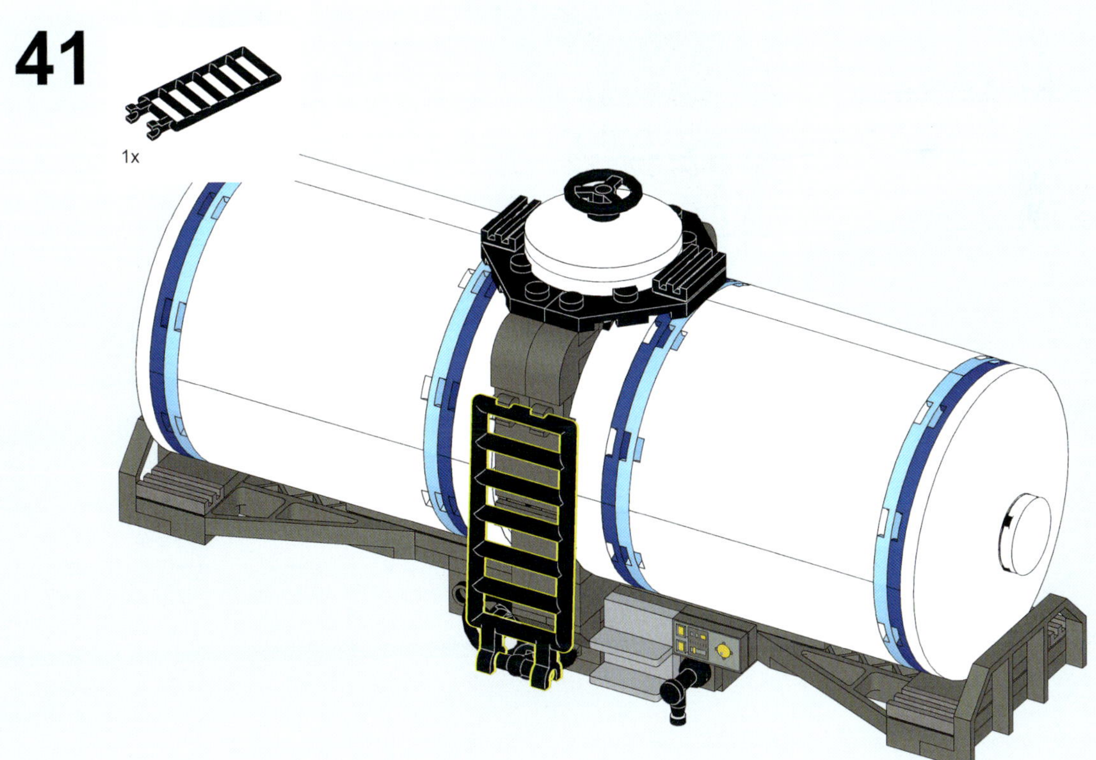

42

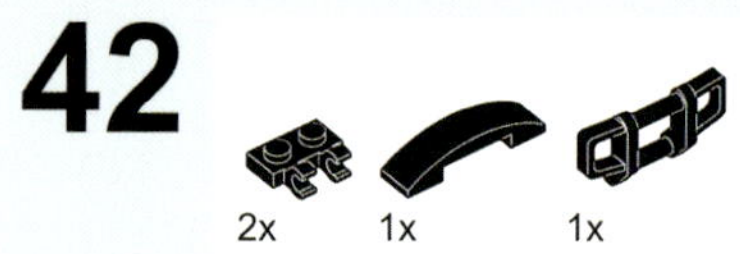

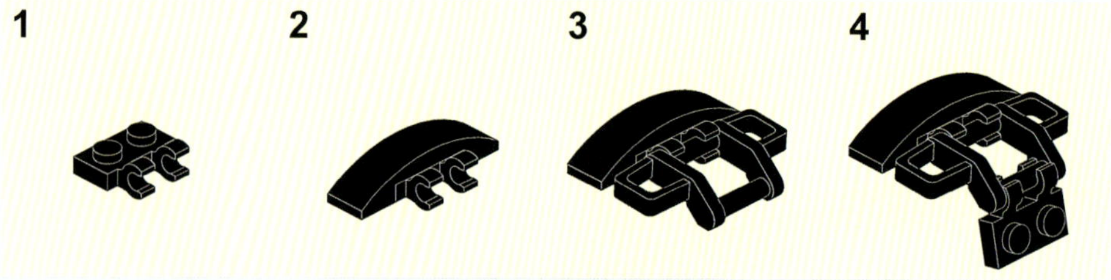

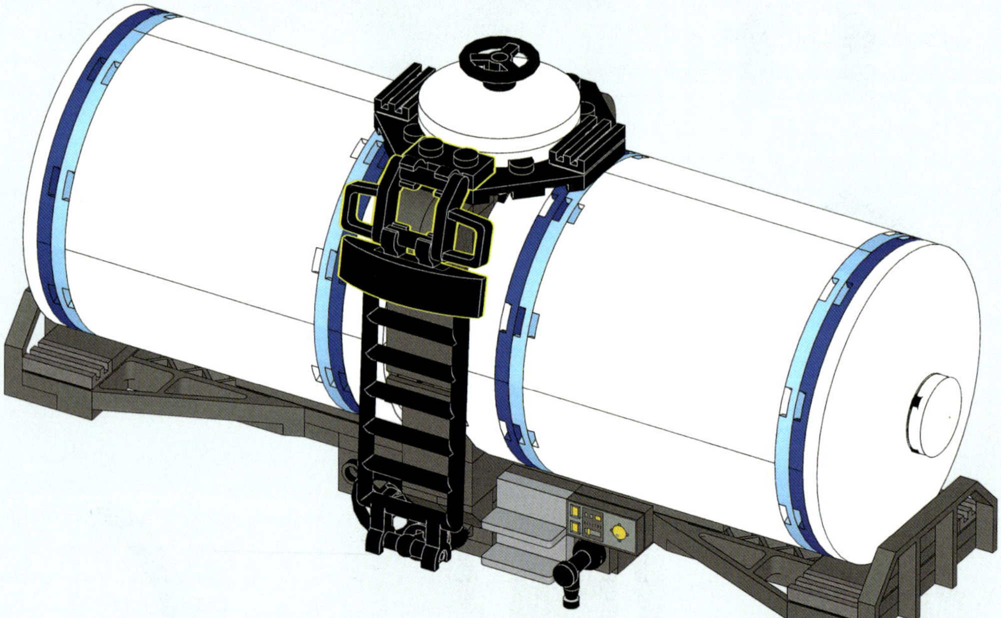

1 2 3 4

43

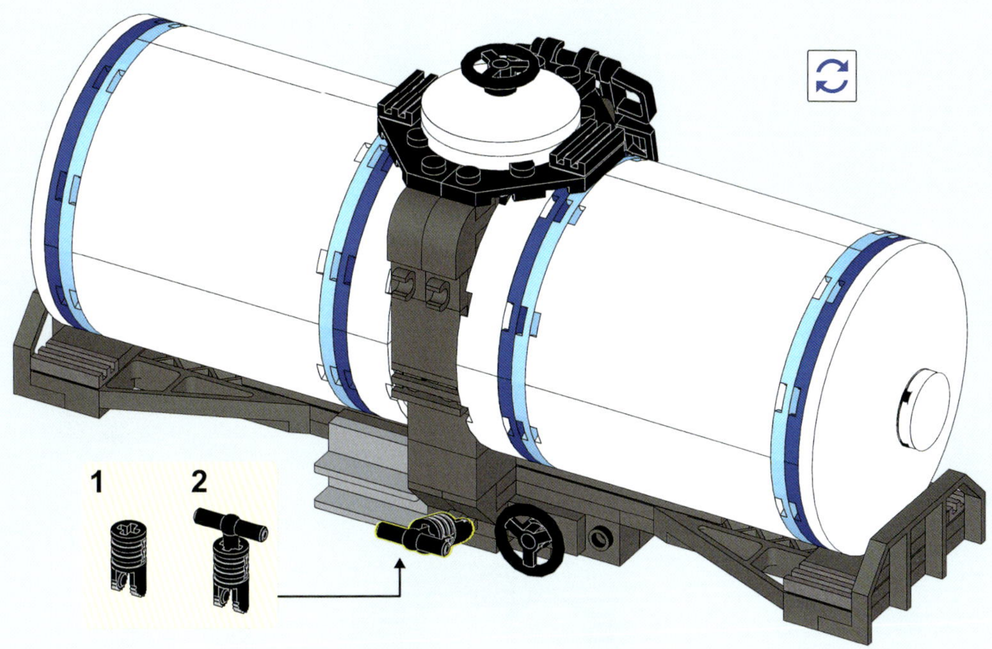

44

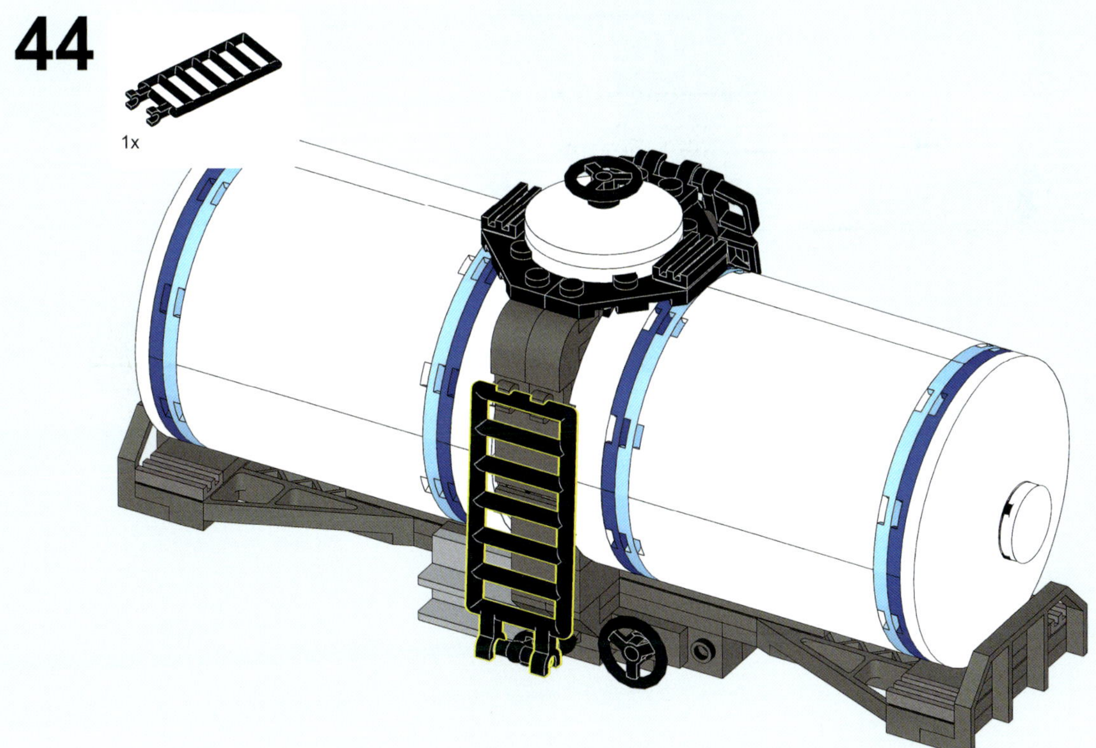

45

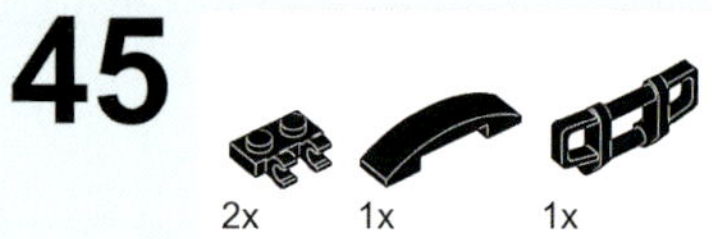

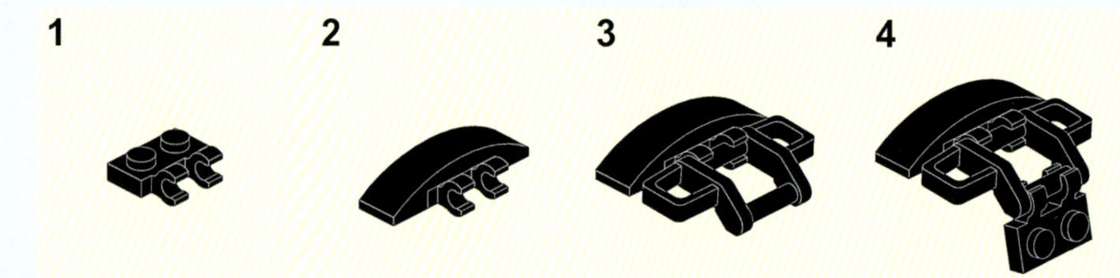

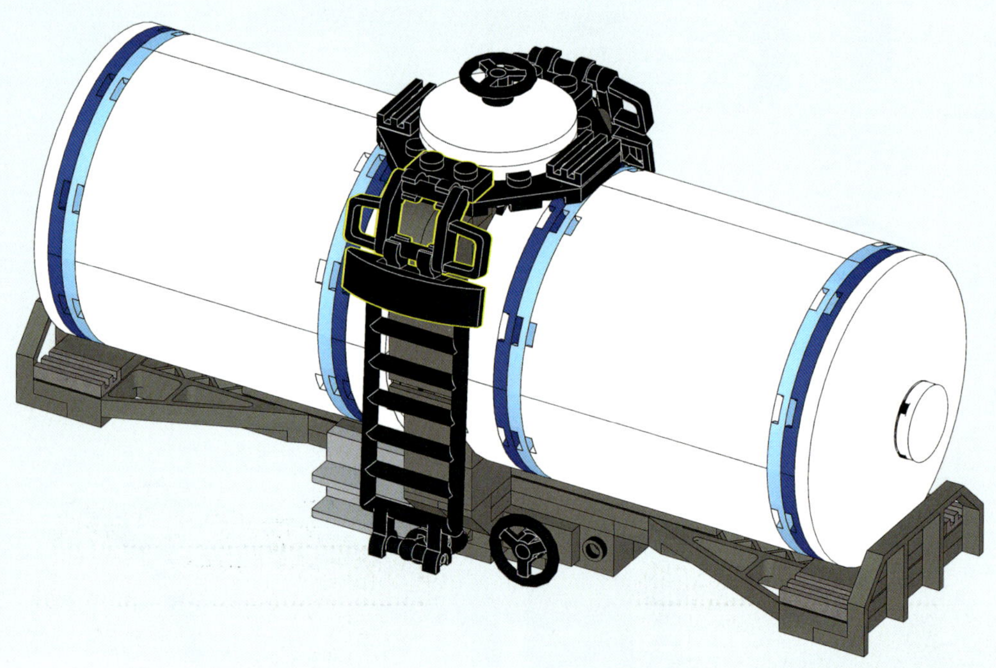

46

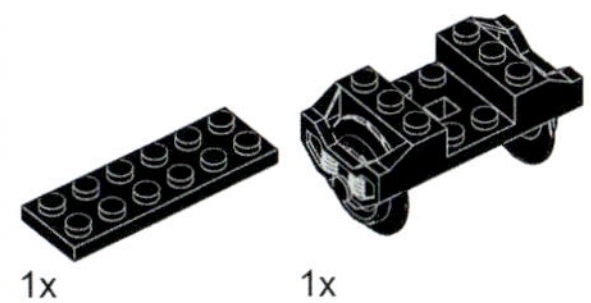

47

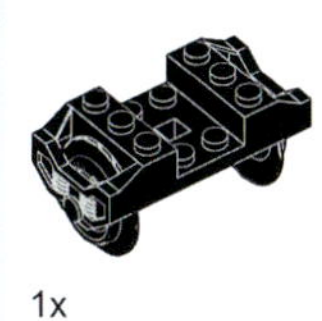

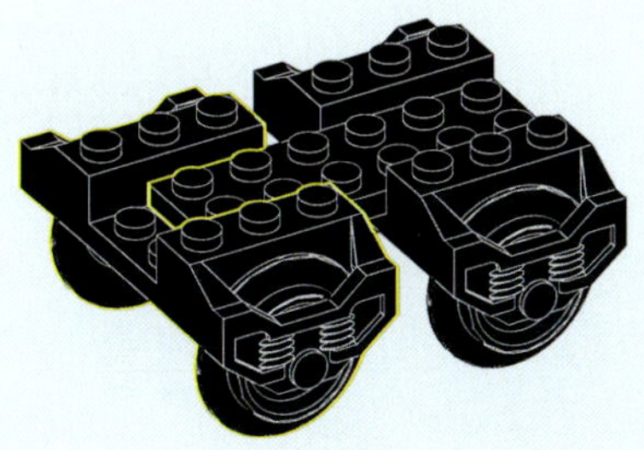

48

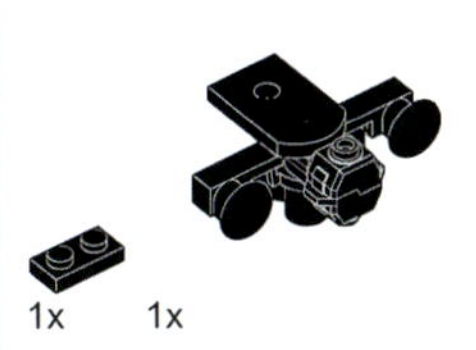

49

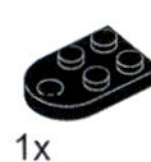

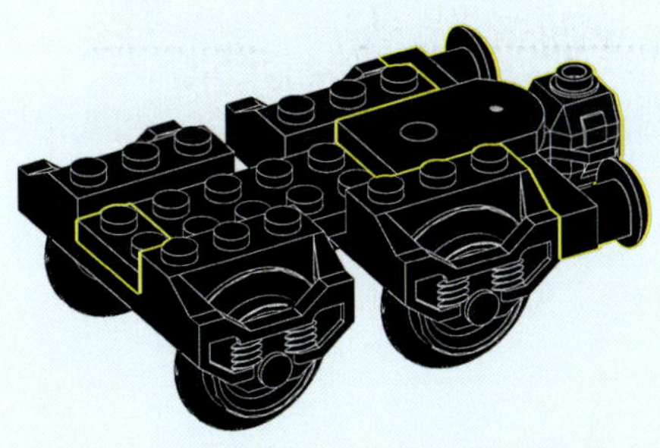

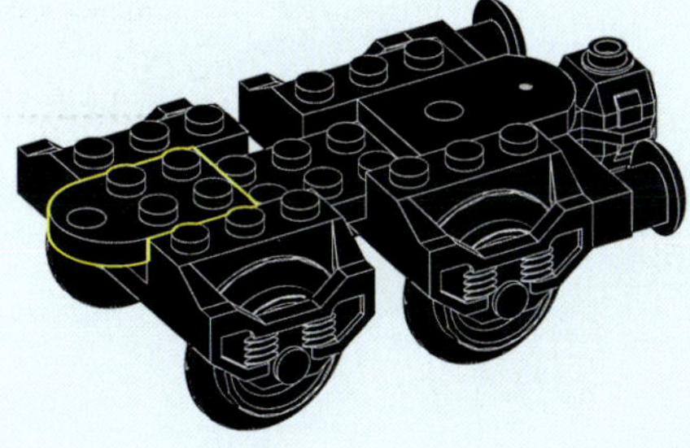

50

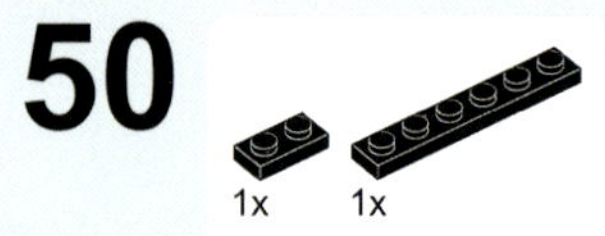

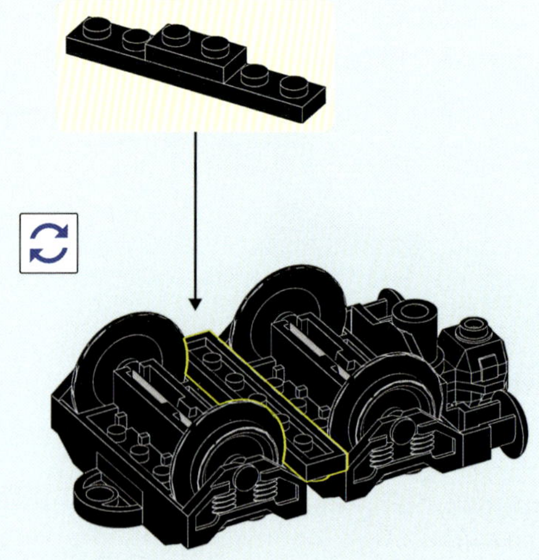

51

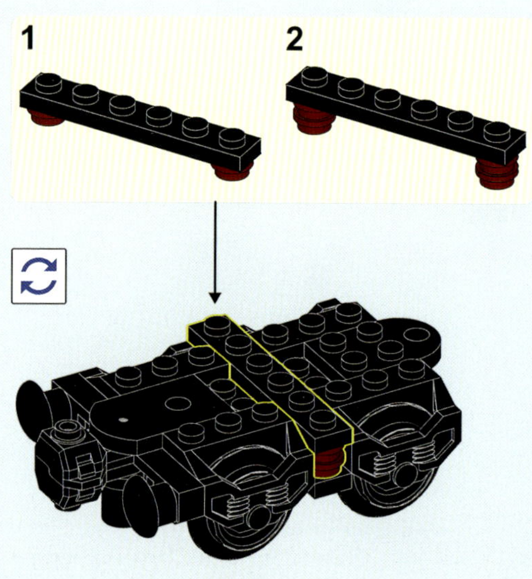

52

2x

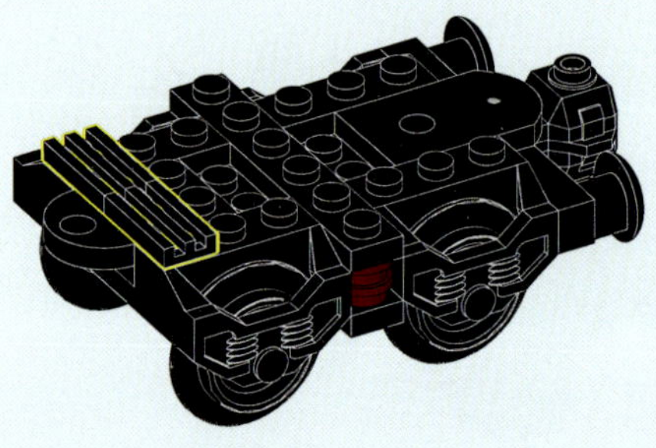

53

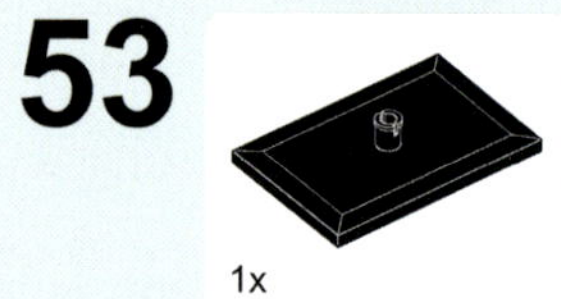

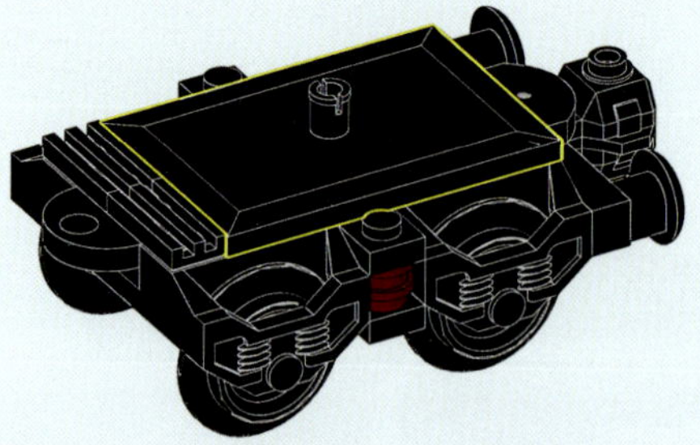

54

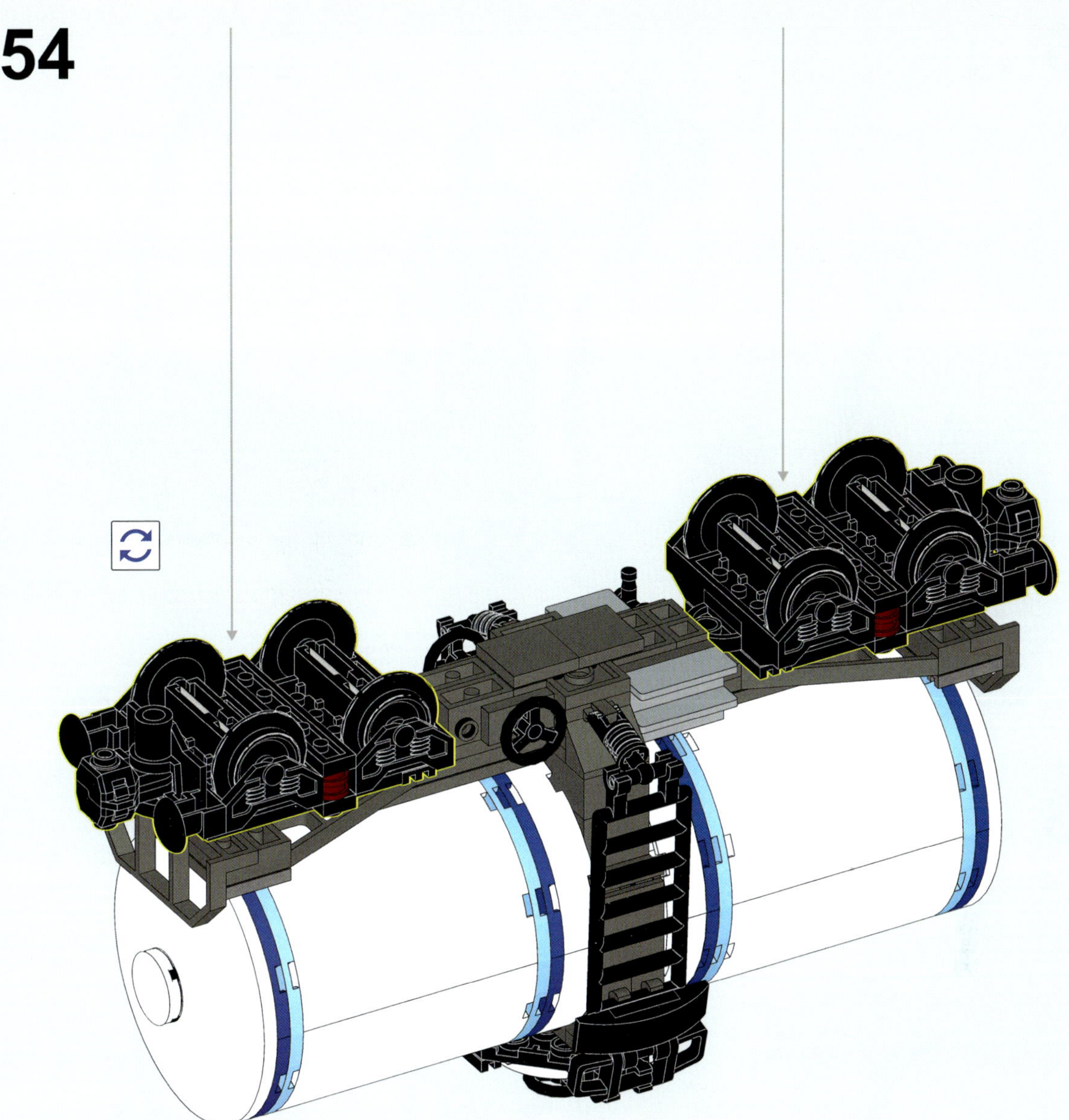

55

1x 1x

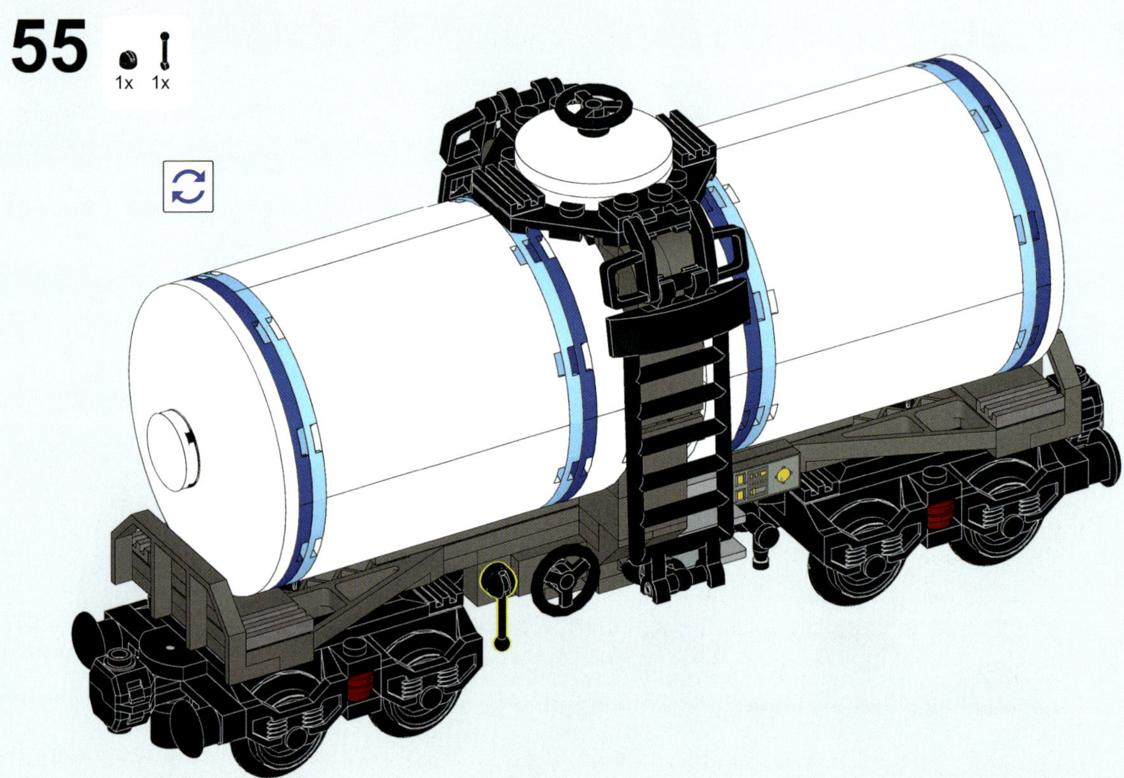

56

1x 1x

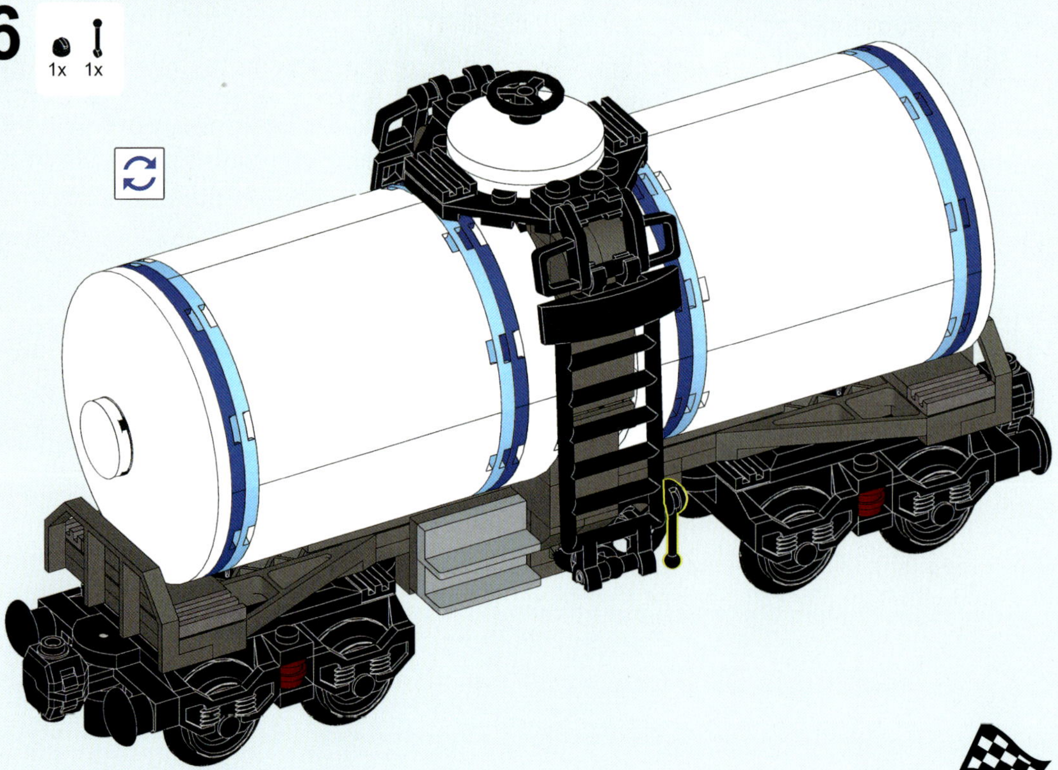

MILCHTANKWAGEN MATERIALLISTE

Teilenummer	Bezeichnung	Farbe	Menge
35654	Bar 1×4×1 2/3 (Grille Guard / Push Bumper) (Schutzgitter)	Black	2
6020	Bar 7×3 with Double Clips (Ladder) (Leiter)	Black	2
3001	Brick (Stein) 2×4	Black	4
30553	Hinge Cylinder (Scharnierzylinder) 1×2 Locking with 2 Fingers and Axle Hole on Ends	Black	2
4593	Lever Small (Hebel, klein)	Black	2
4592	Lever Small Base (Hebel-Basis, klein)	Black	2
3023	Plate (Platte) 1×2	Black	4
3666	Plate (Platte) 1×6	Black	4
3795	Plate (Platte) 2×6	Black	2
60470b	Plate (Platte), Modified 1×2 with Clips Horizontal (thick open O clips)	Black	4
3176	Plate (Platte), Modified 3×2 with Hole	Black	2
4697b	Pneumatic T Piece Second Version (T Bar with Ball in Center) (T-Rohr)	Black	2
93273	Slope, Curved 4×1 Double (Rundschräge)	Black	2
4599b	Tap 1×1 without Hole in Nozzle End (Hahn)	Black	1
2412b	Tile, Modified 1×2 Grille with Bottom Groove / Lip (Gitterfliese)	Black	6
4025	Train Bogie Plate (Tile, Modified 6×4 with 5mm Pin) (Zugdrehplatte)	Black	2
64424c01	Train Buffer Beam with Sealed Magnets - Type 1 (Puffer mit Magnet)	Black	2
2878c02	Train Wheel RC Train, Holder with 2 Black Train Wheel RC Train and Chrome Silver Train Wheel RC Train, Metal Axle (2878 / 57878 / x1687) (Eisenbahnachse)	Black	4
30663	Vehicle, Steering Wheel Small, 2 Studs Diameter (Lenkrad)	Black	3
2419	Wedge, Plate 3×6 Cut Corners (Keilplatte)	Black	2
22888	Plate, Round Half (Halbkreisplatte) 4×8	Blue	8
22888	Plate, Round Half (Halbkreisplatte) 4×8	Bright Light Blue	8
3004	Brick (Stein) 1×2	Dark Bluish Gray	2
2456	Brick (Stein) 2×6	Dark Bluish Gray	1
87087	Brick, Modified 1×1 with Stud on 1 Side (Stein mit Noppe an einer Seite)	Dark Bluish Gray	4
11211	Brick, Modified 1×2 with Studs on 1 Side (Stein mit 2 Noppen an einer Seite)	Dark Bluish Gray	4
6091	Brick, Modified 1×2×1 1/3 with Curved Top (Waggondachkante 1×2)	Dark Bluish Gray	4
30414	Brick, Modified 1×4 with 4 Studs on 1 Side (Stein mit 4 Noppen an einer Seite)	Dark Bluish Gray	4
44567a	Hinge Plate (Scharnierplatte) 1×2 Locking with 1 Finger on Side with Bottom Groove	Dark Bluish Gray	2
3023	Plate (Platte) 1×2	Dark Bluish Gray	8
3832	Plate (Platte) 2×10	Dark Bluish Gray	1
3022	Plate (Platte) 2×2	Dark Bluish Gray	2
2420	Plate 2×2 Corner (Winkelplatte)	Dark Bluish Gray	1
3021	Plate (Platte) 2×3	Dark Bluish Gray	1
3020	Plate (Platte) 2×4	Dark Bluish Gray	4

Teilenummer	Bezeichnung	Farbe	Menge
3795	Plate (Platte) 2×6	Dark Bluish Gray	2
3034	Plate (Platte) 2×8	Dark Bluish Gray	1
3794	Plate, Modified 1×2 with 1 Stud without Groove (Jumper)	Dark Bluish Gray	2
6583	Plate, Modified 1×6 with Train Wagon End (Eisenbahngeländer)	Dark Bluish Gray	2
52501	Slope, Inverted 45 6×1 Double with 1×4 Cutout (doppelt inverser Schrägstein)	Dark Bluish Gray	2
3069bpc1	Tile (Fliese) 1×2 with Groove with Vehicle Control Panel Pattern	Dark Bluish Gray	1
6636	Tile (Fliese) 1×6	Dark Bluish Gray	4
3068b	Tile (Fliese) 2×2 with Groove	Dark Bluish Gray	2
87079	Tile (Fliese) 2×4	Dark Bluish Gray	2
15712	Tile, Modified 1×1 with Clip - Rounded Edges (Fliese mit Clip)	Dark Bluish Gray	4
2412b	Tile, Modified 1×2 Grille with Bottom Groove / Lip (Gitterfliese)	Dark Bluish Gray	2
11203	Tile, Modified 2×2 Inverted (Fliese, invers)	Dark Bluish Gray	2
30036	Wedge, Plate 8×6×2/3 with Grille (Keilplatte mit Gitter)	Dark Bluish Gray	2
85861	Plate, Round (Rundplatte) 1×1 with Open Stud	Dark Red	8
22886	Brick (Stein) 1×2×3	Light Bluish Gray	2
22885	Brick, Modified 1×2×1 2/3 with Studs on 1 Side (SNOT-Konverter)	Light Bluish Gray	4
4865b	Panel (Paneel) 1×2×1 with Rounded Corners	Light Bluish Gray	2
23950	Panel (Paneel) 1×3×1	Light Bluish Gray	2
3022	Plate (Platte) 2×2	Light Bluish Gray	4
3003	Brick (Stein) 2×2	Red	2
30145	Brick (Stein) 2×2×3	Red	2
2577	Brick, Round Corner 4×4 Full Brick (Viertelkreisstein)	White	8
30562	Cylinder Quarter 4×4×6 (Kreispaneel (Zylinder))	White	8
3960	Dish 4×4 Inverted (Radar) - Solid Stud (Satellitenschüssel)	White	1
3961	Dish 8×8 Inverted (Radar) - Solid Studs (Satellitenschüssel)	White	2
60474	Plate, Round 4×4 with Hole (Rundplatte mit Loch)	White	1
14769	Tile, Round 2×2 with Bottom Stud Holder (Rundfliese)	White	2
2412b	Tile, Modified 1×2 Grille with Bottom Groove / Lip (Gitterfliese)	Flat Silver	4

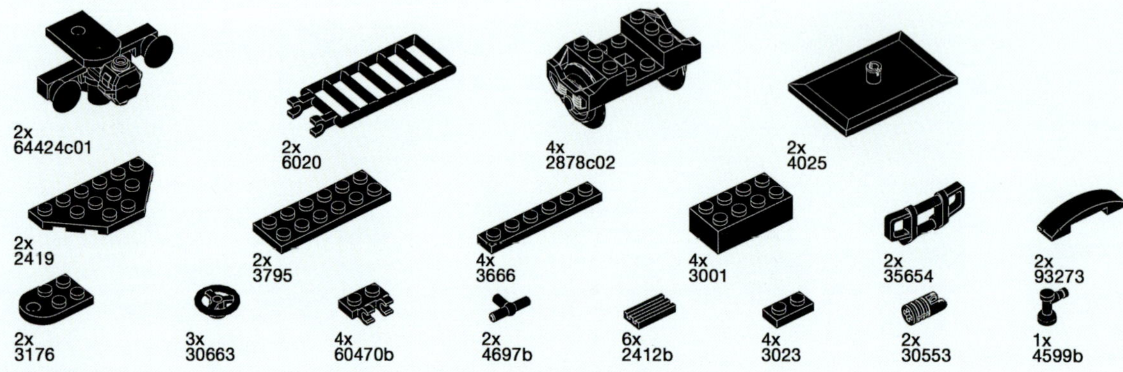

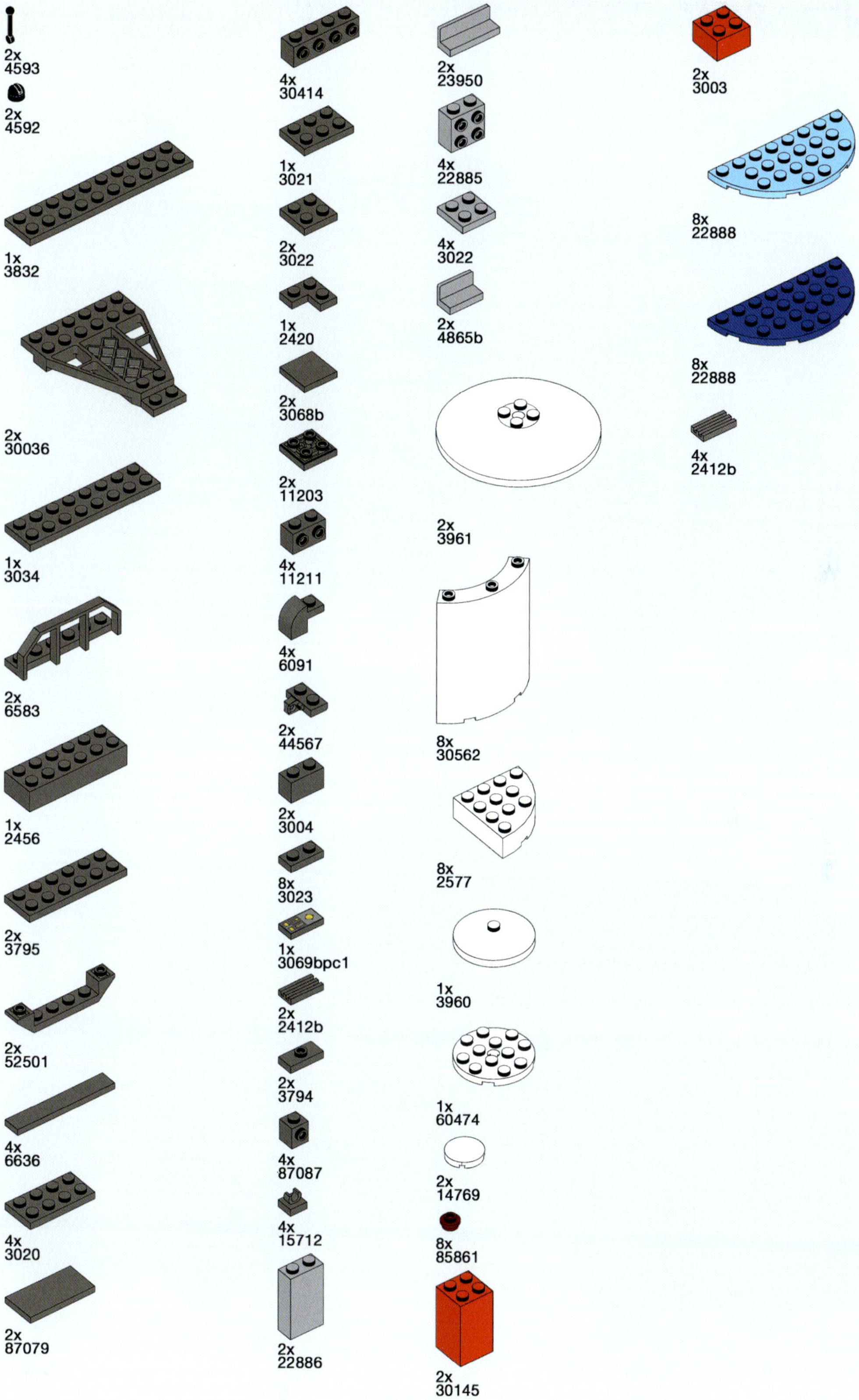

2x
4593

2x
4592

1x
3832

2x
30036

1x
3034

2x
6583

1x
2456

2x
3795

2x
52501

4x
6636

4x
3020

2x
87079

4x
30414

1x
3021

2x
3022

1x
2420

2x
3068b

2x
11203

4x
11211

4x
6091

2x
44567

2x
3004

8x
3023

1x
3069bpc1

2x
2412b

2x
3794

4x
87087

4x
15712

2x
22886

2x
23950

4x
22885

4x
3022

2x
4865b

2x
3961

8x
30562

8x
2577

1x
3960

1x
60474

2x
14769

8x
85861

2x
30145

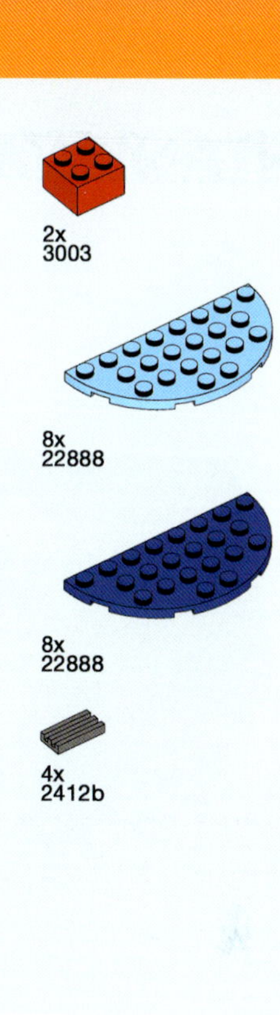

2x
3003

8x
22888

8x
22888

4x
2412b

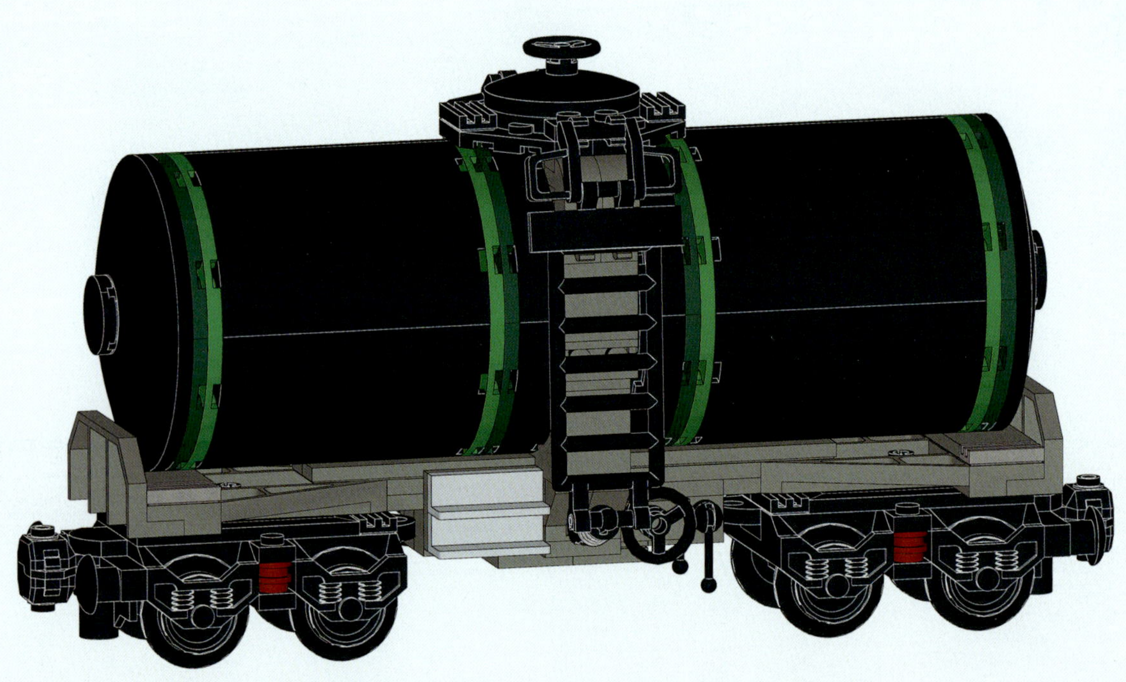

SCHÜTTGUT-WAGEN

»Denk daran: Du kannst für diese Modelle jederzeit alle Farben einsetzen, die du hast. Dieses würde zum Beispiel auch mit einem roten Streifen klasse aussehen!«

Teile		310
Steintypen		64
Breite	3.3 in	8,4 cm
Höhe	3.6 in	9,1 cm
Länge	9.8 in	24,9 cm

1

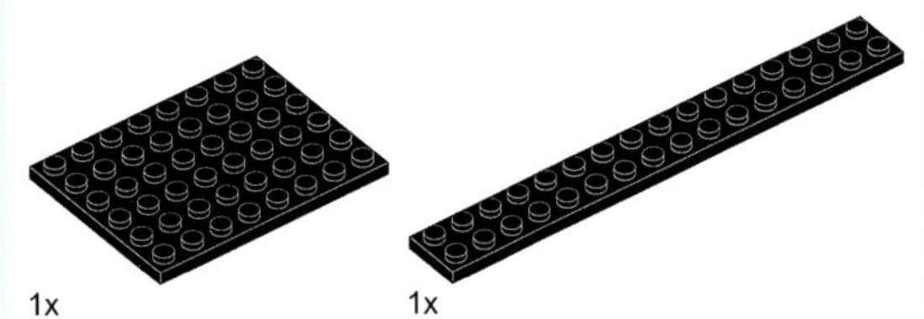

2

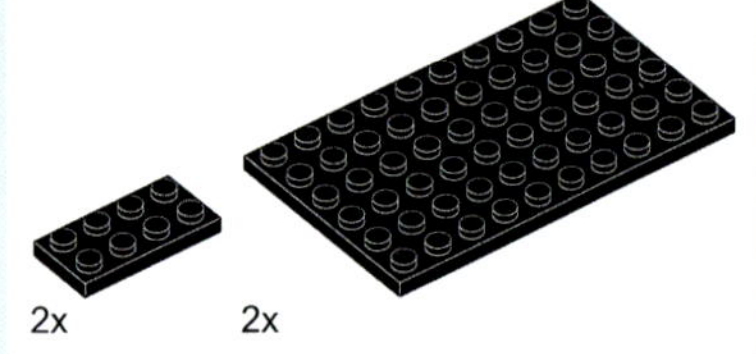

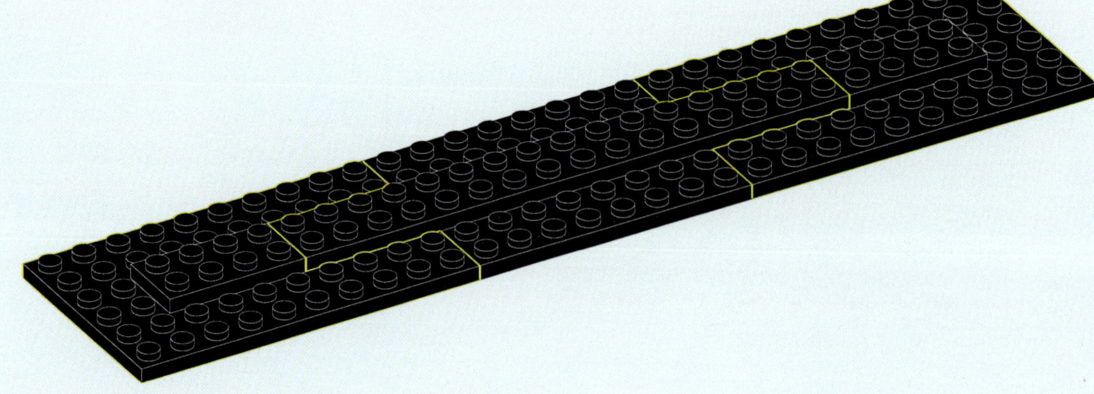

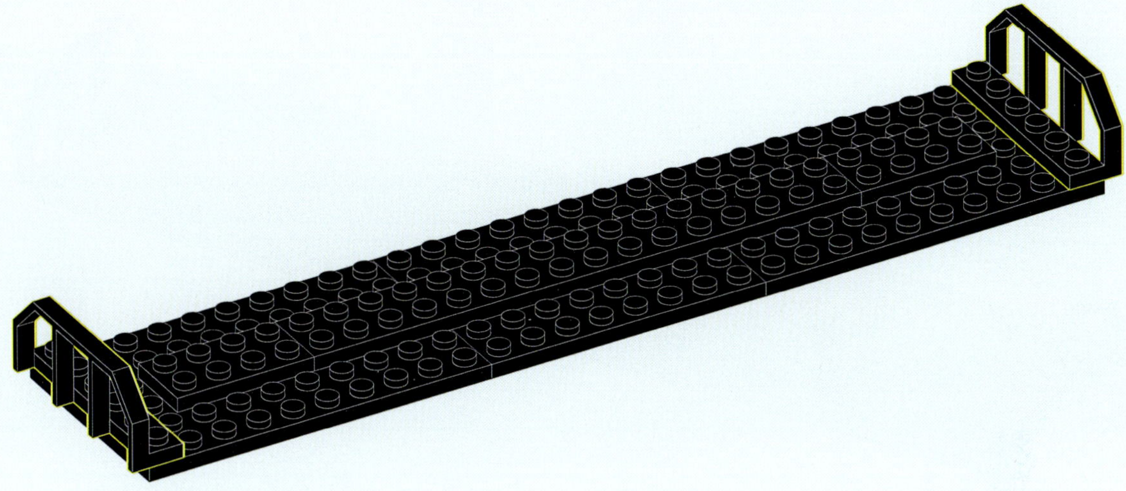

4

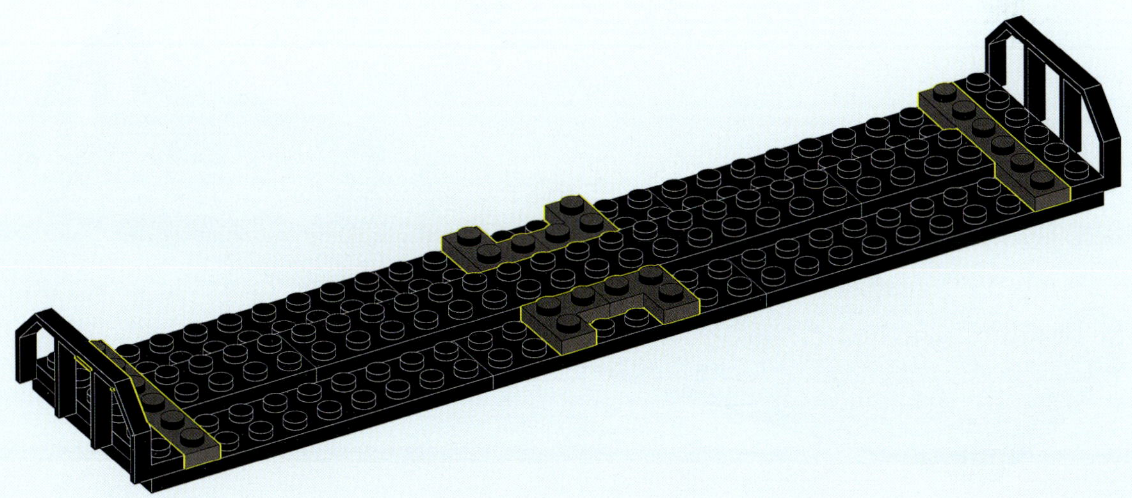

5

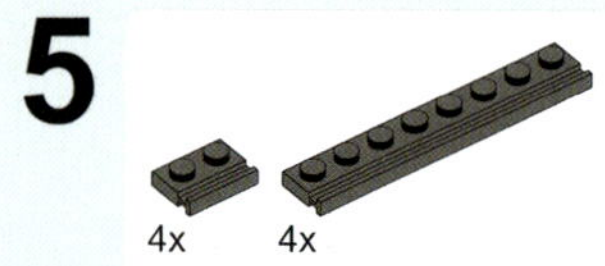

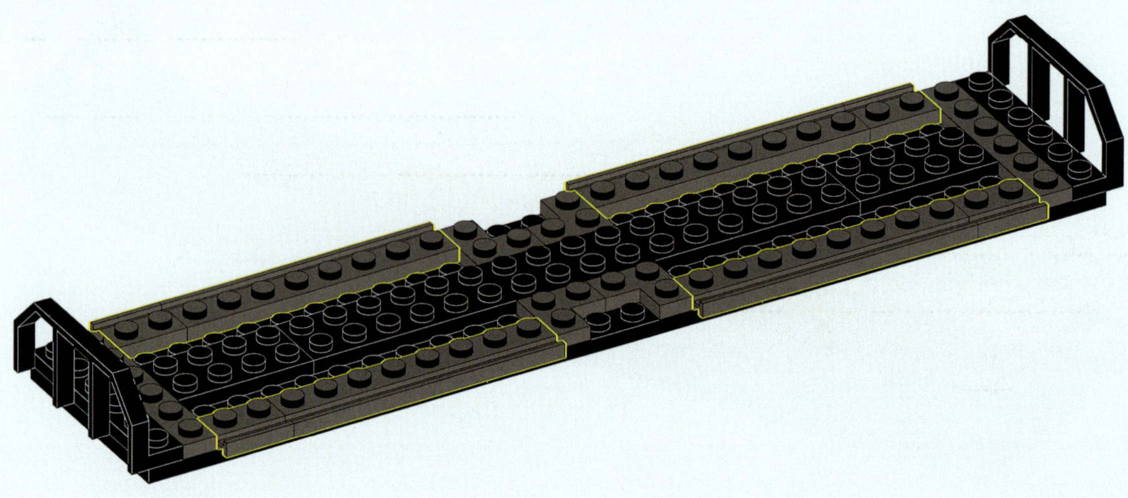

6

2x 20x 2x

1

2

2x

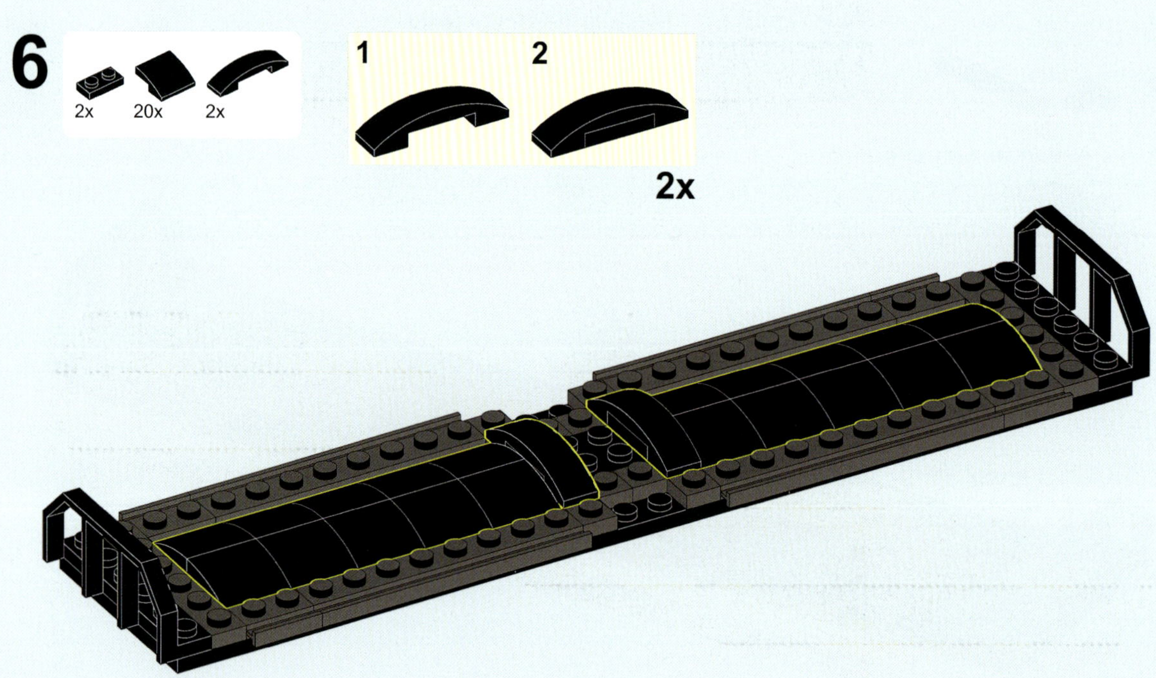

7

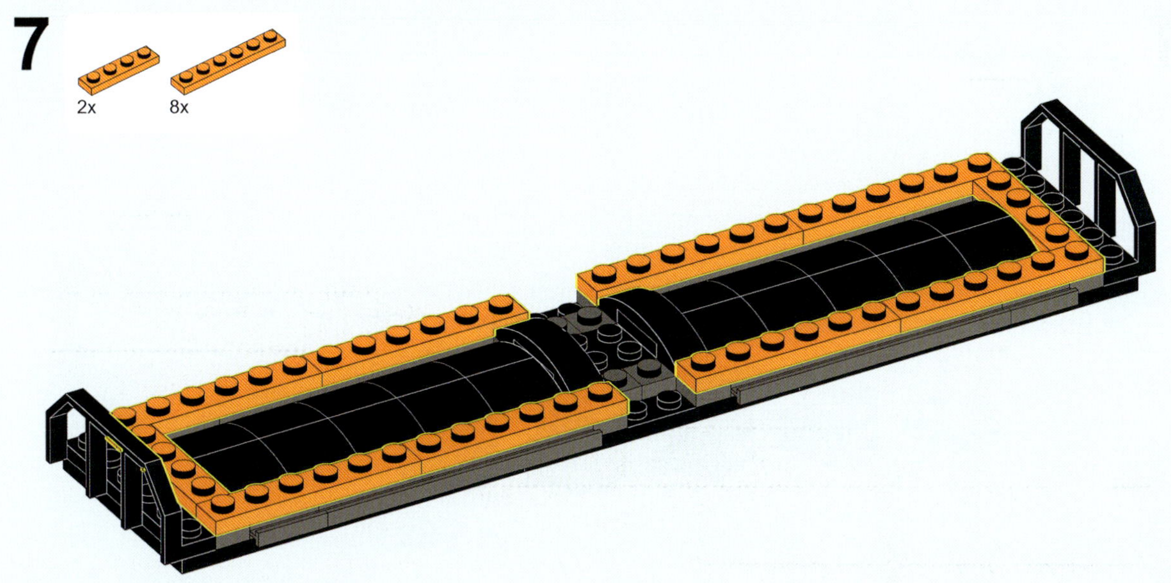

8

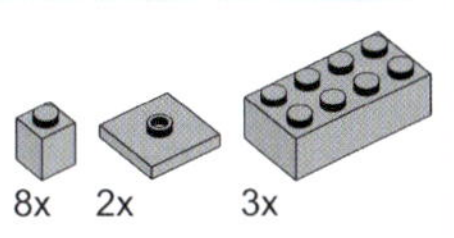

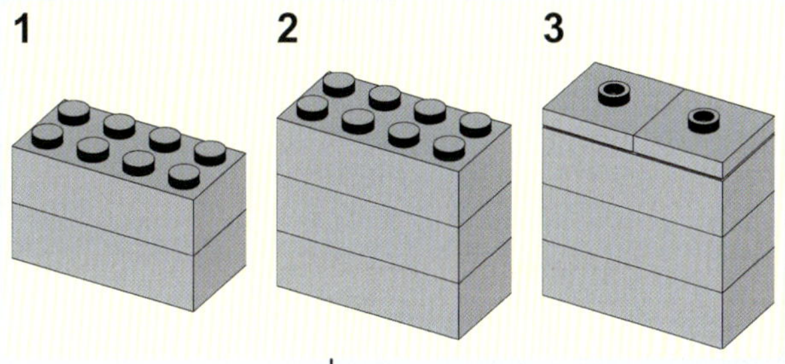

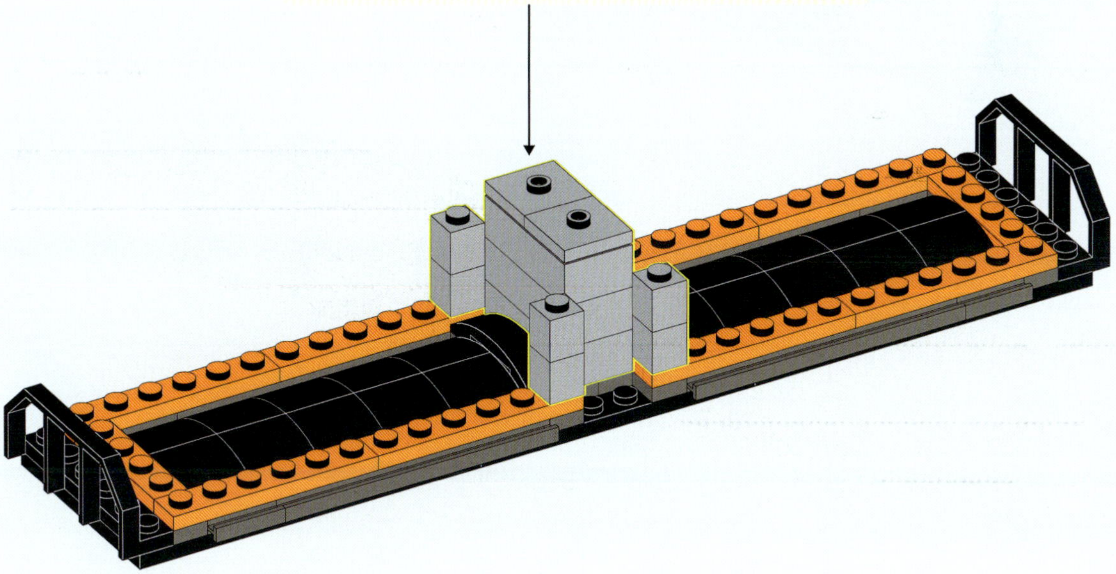

8x 2x 3x

1 2 3

9

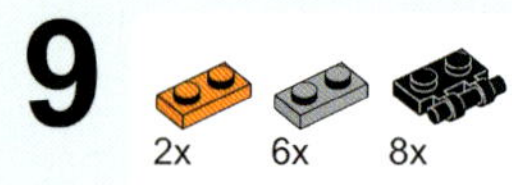

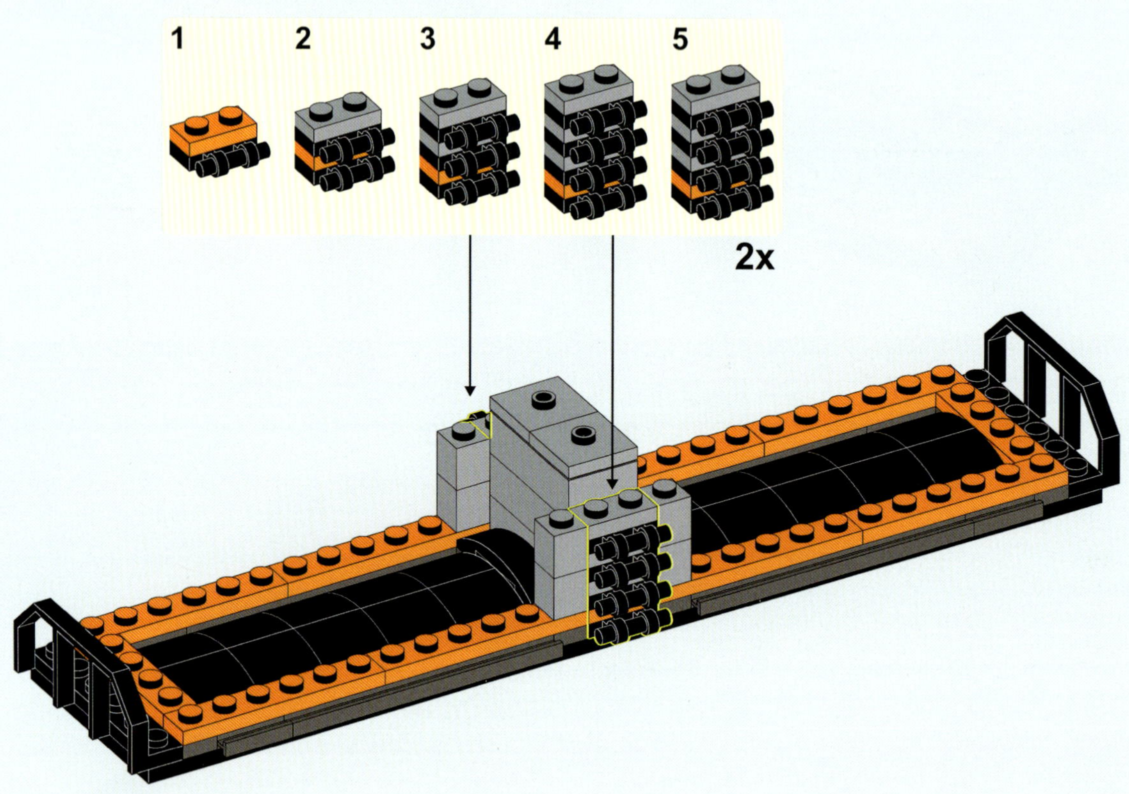

10

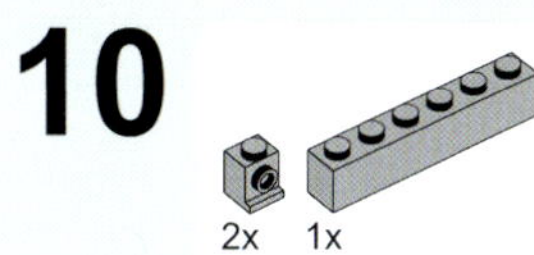

11

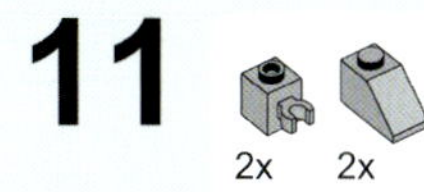

12

2x

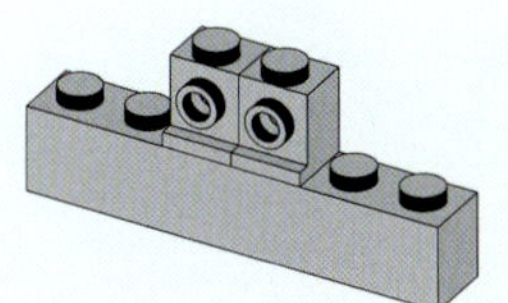

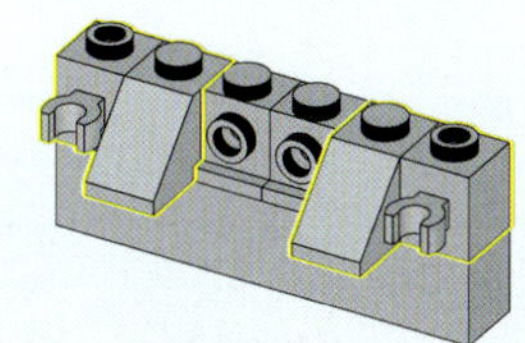

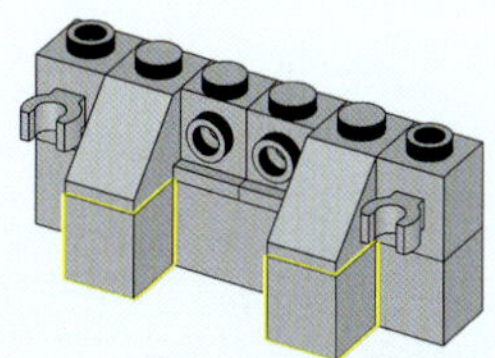

13

1x

14

2x

15

1x

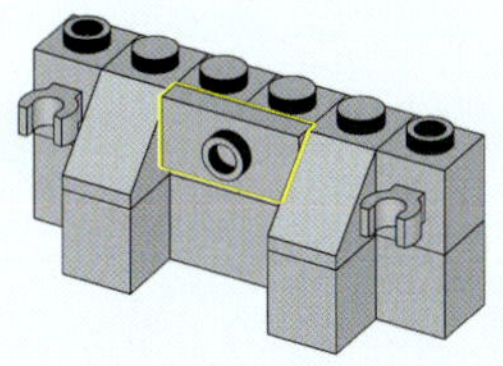

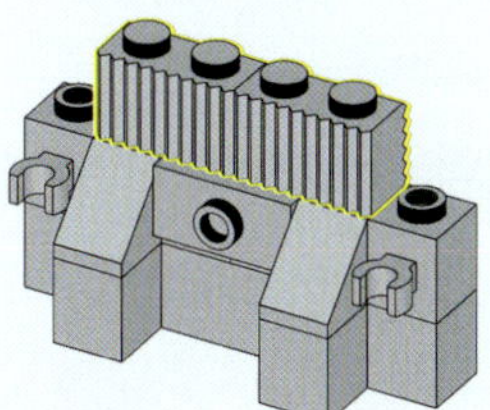

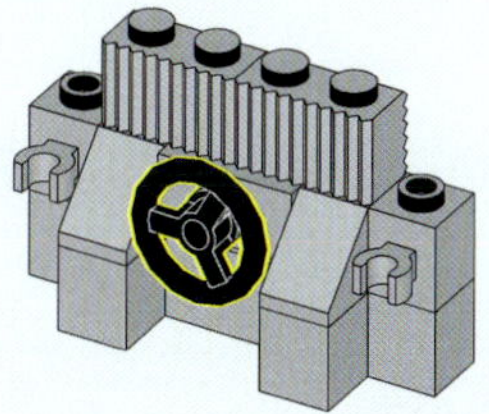

2x

16

17

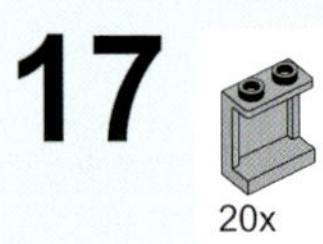

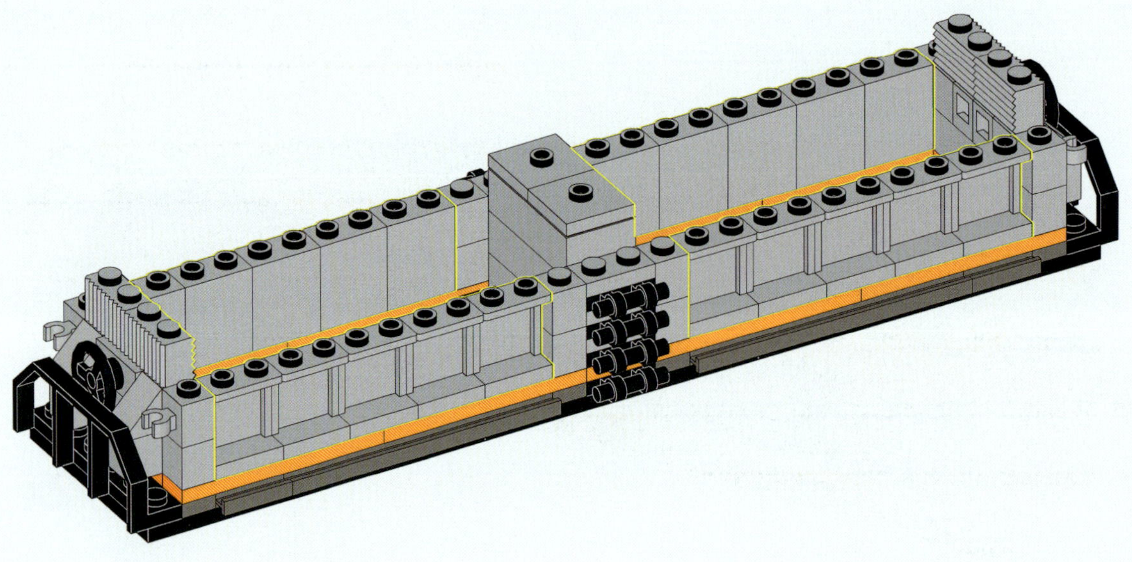

18

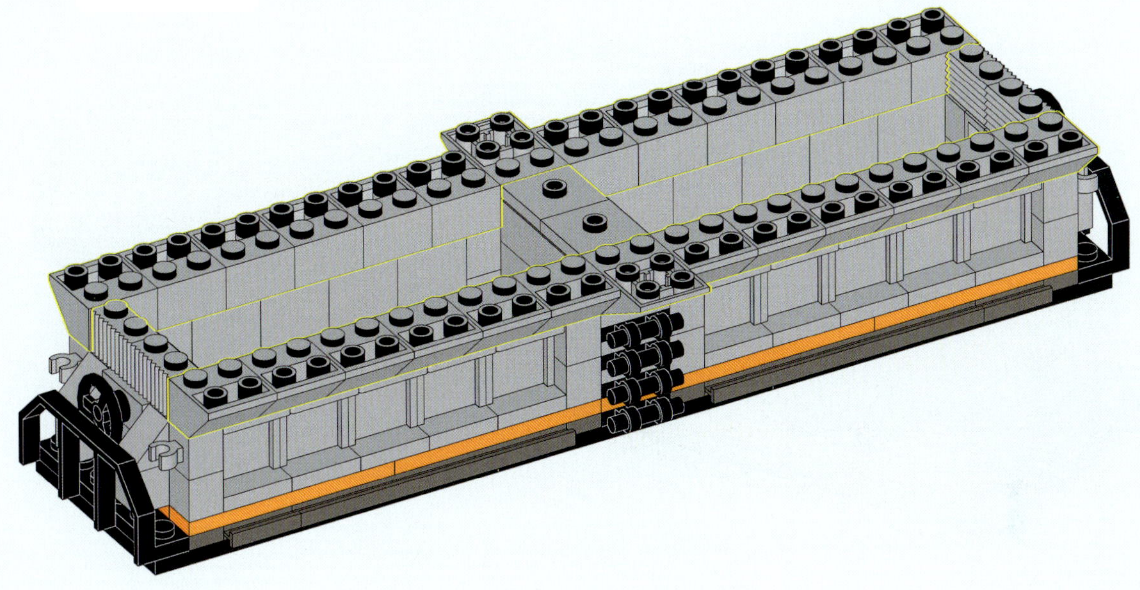

19

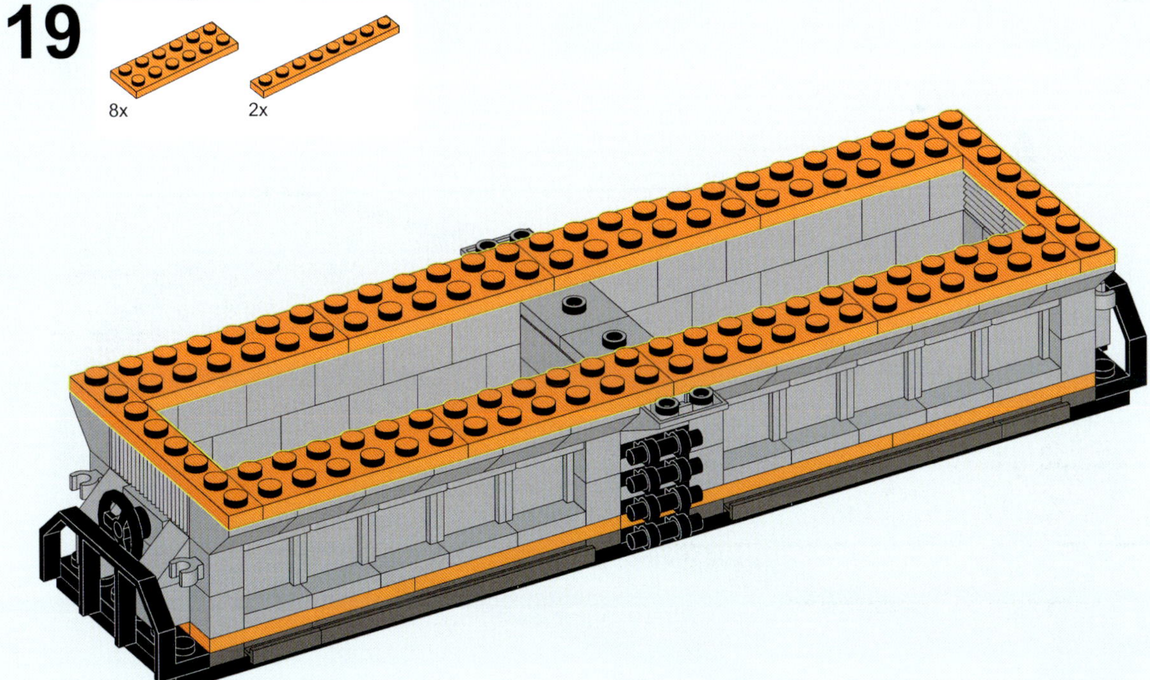

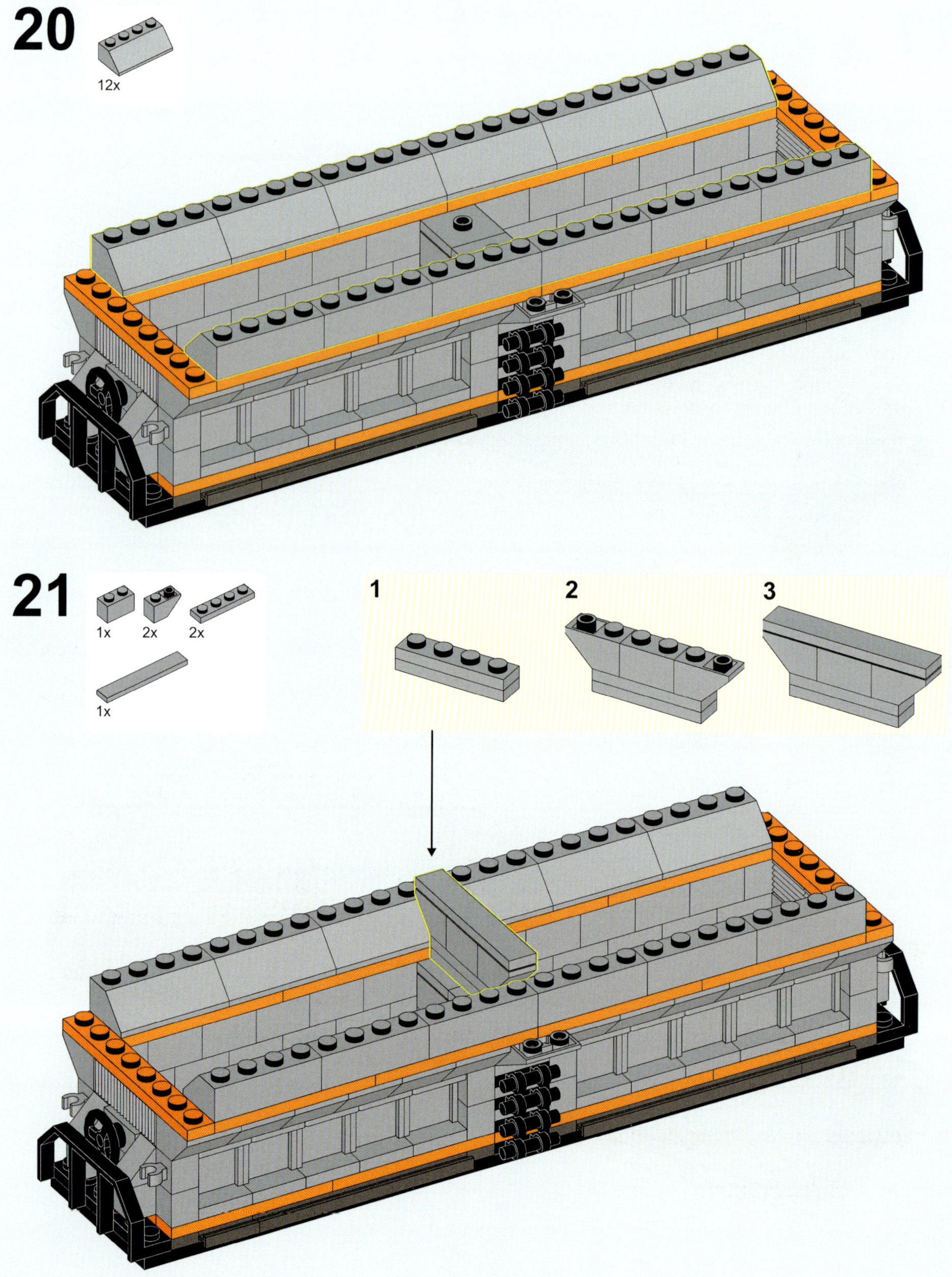
20
12x
21
1x
2x
2x
1x
1
2
3

22

4x 2x

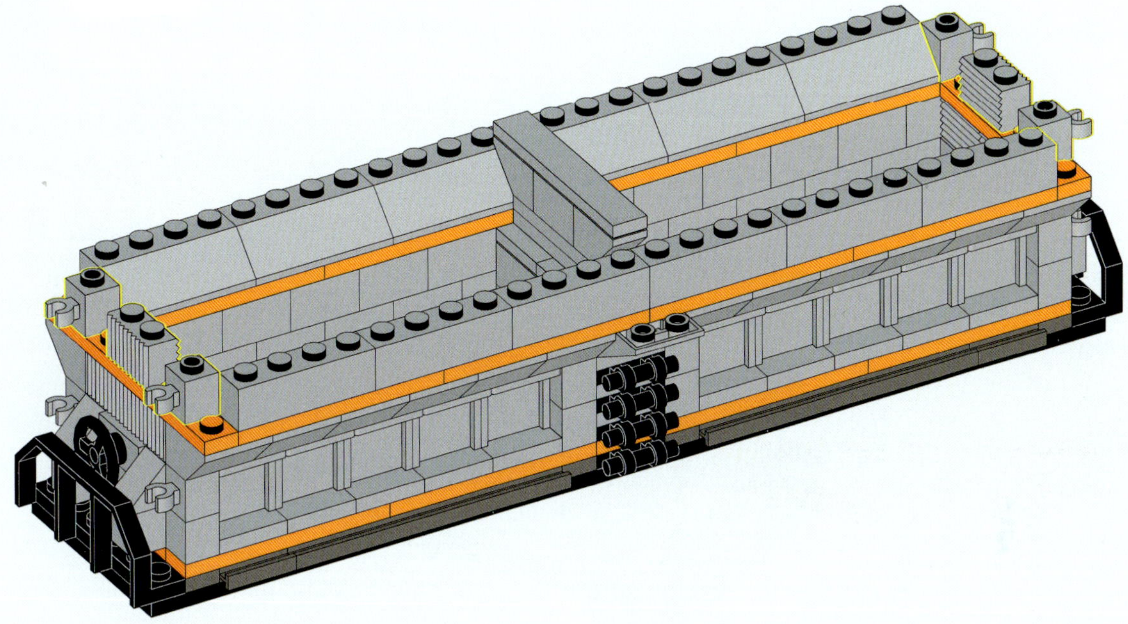

23

8x

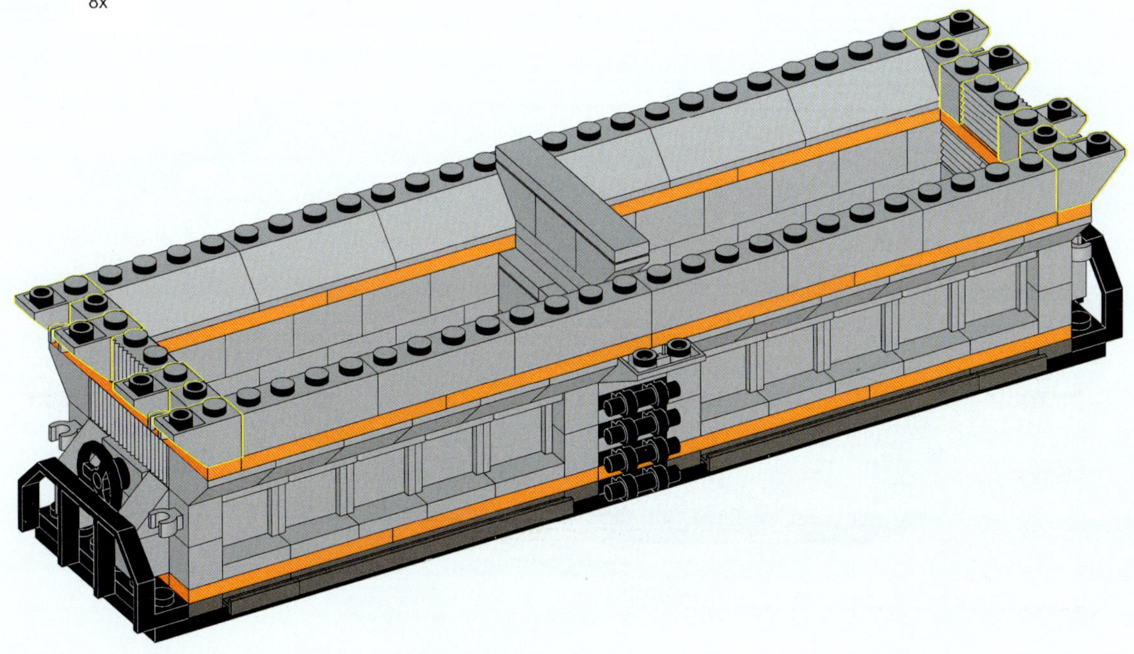

24

1x 2x 2x 2x

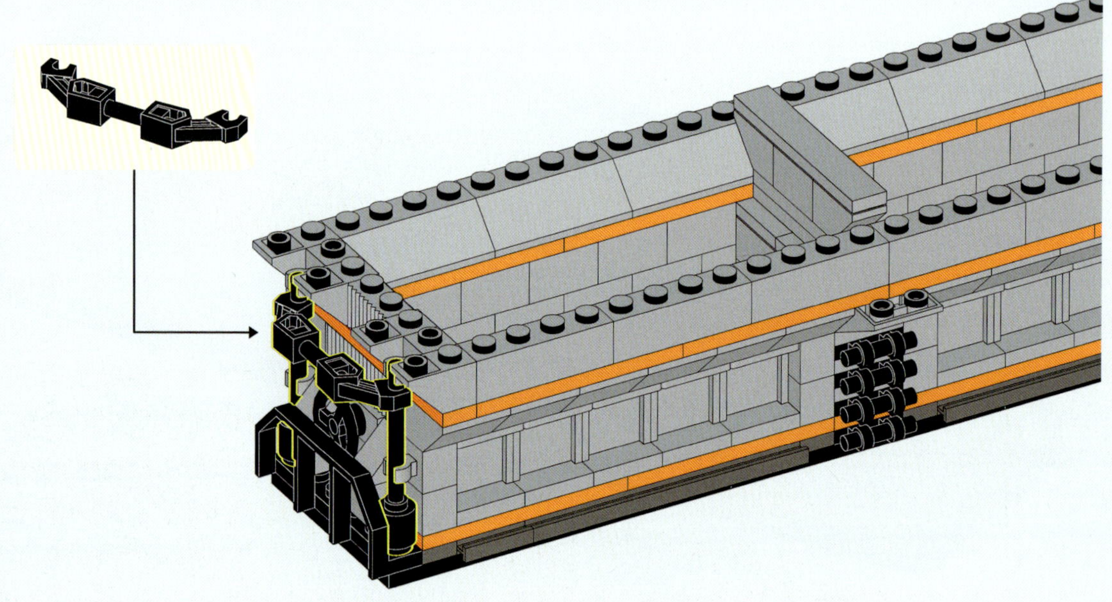

25

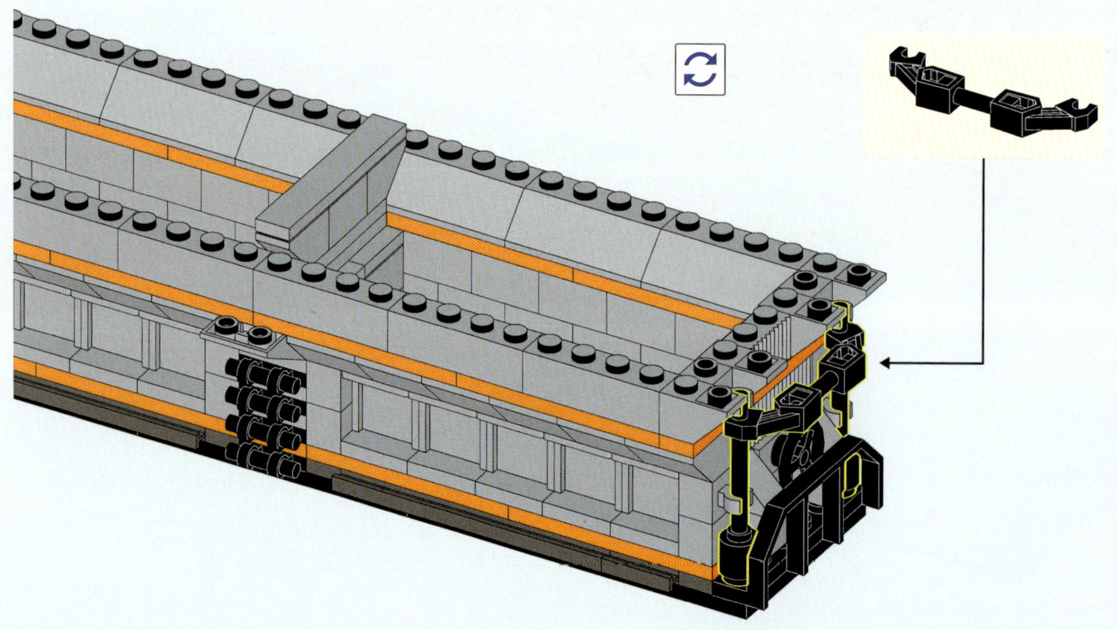

26

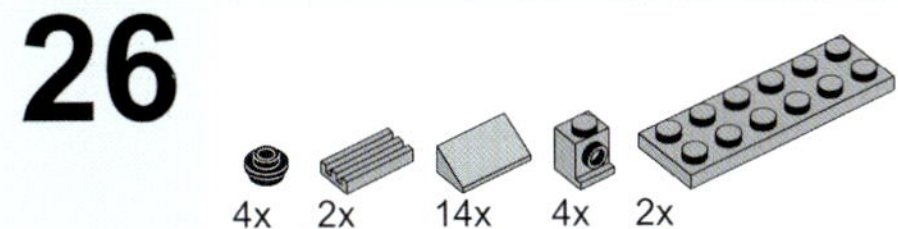

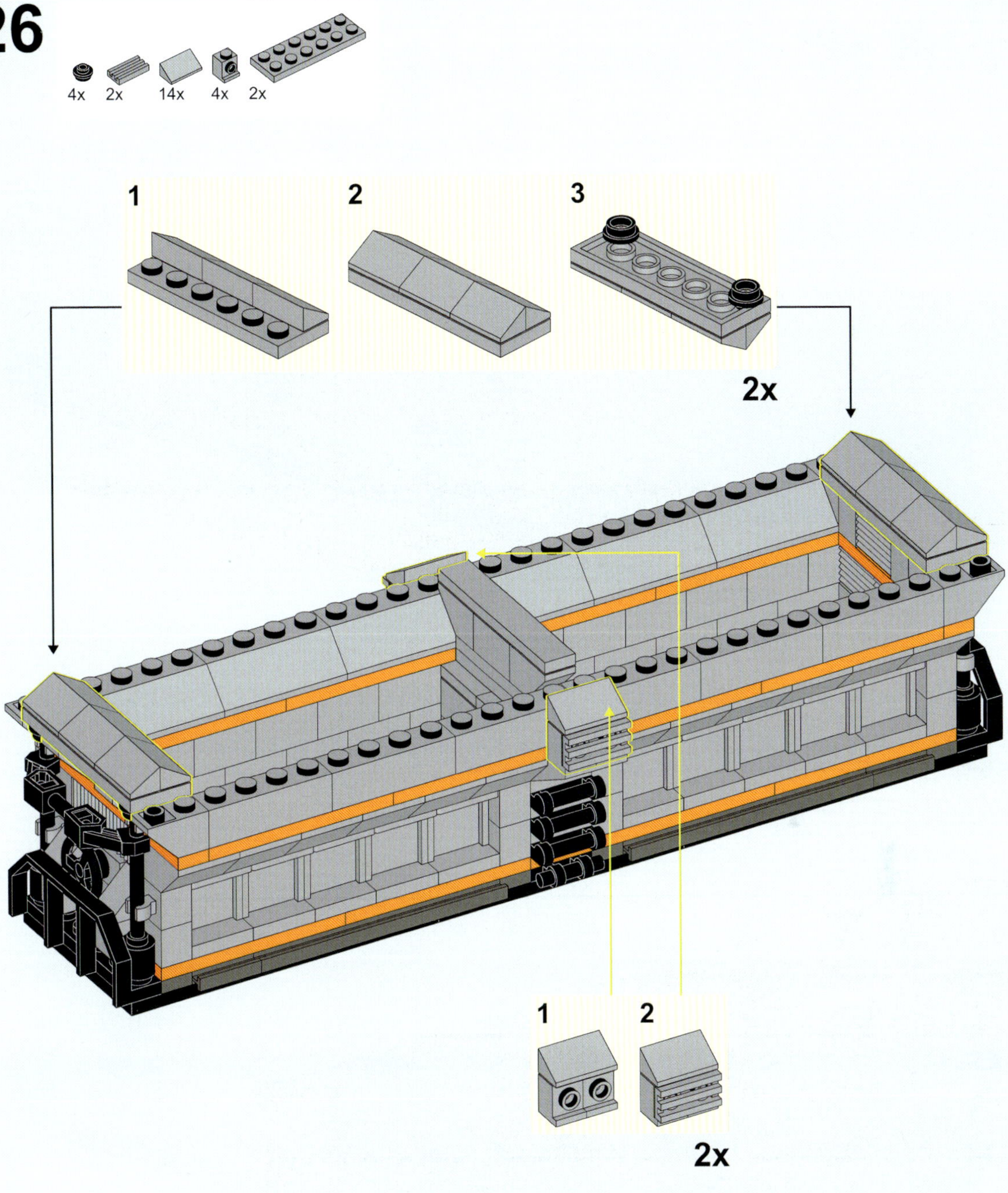

1 2 3

2x

1 2

2x

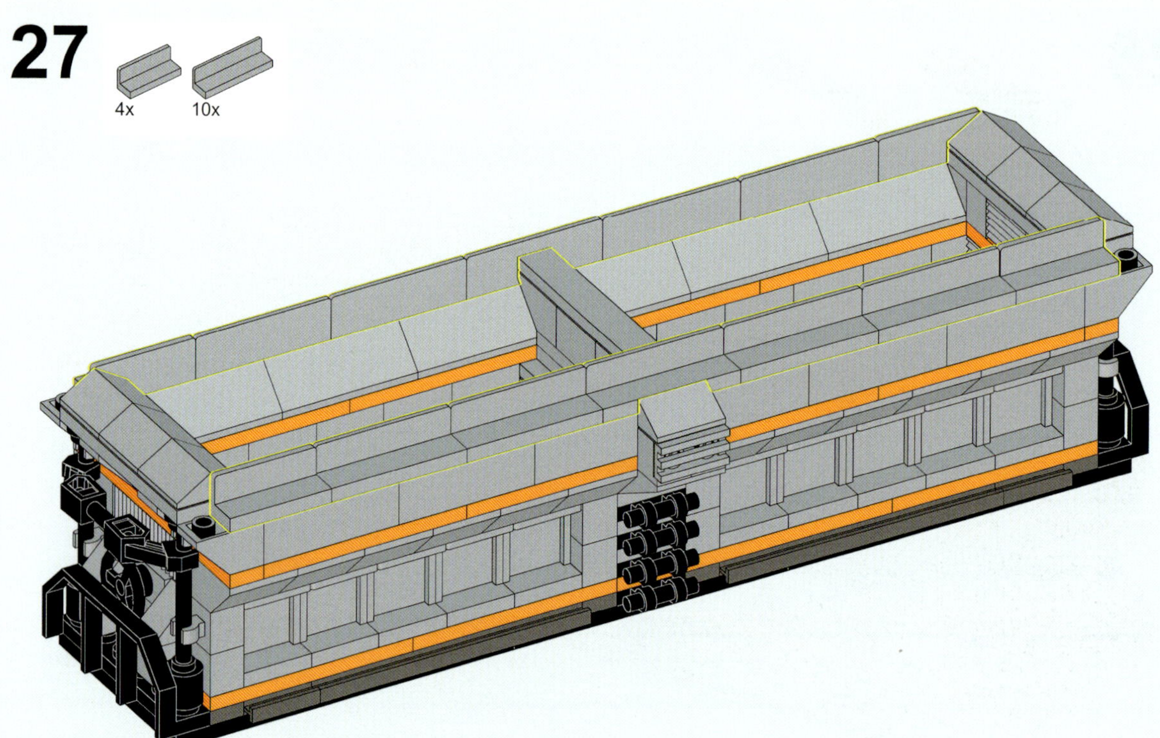
27
4x
10x

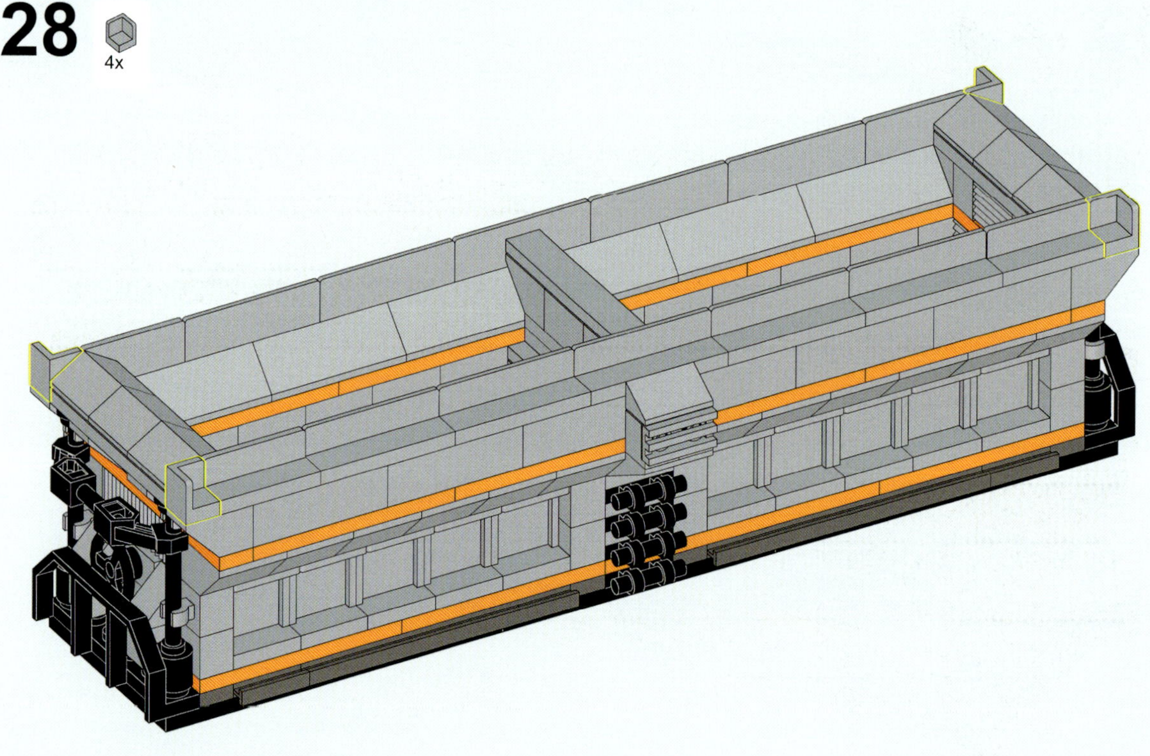
28
4x

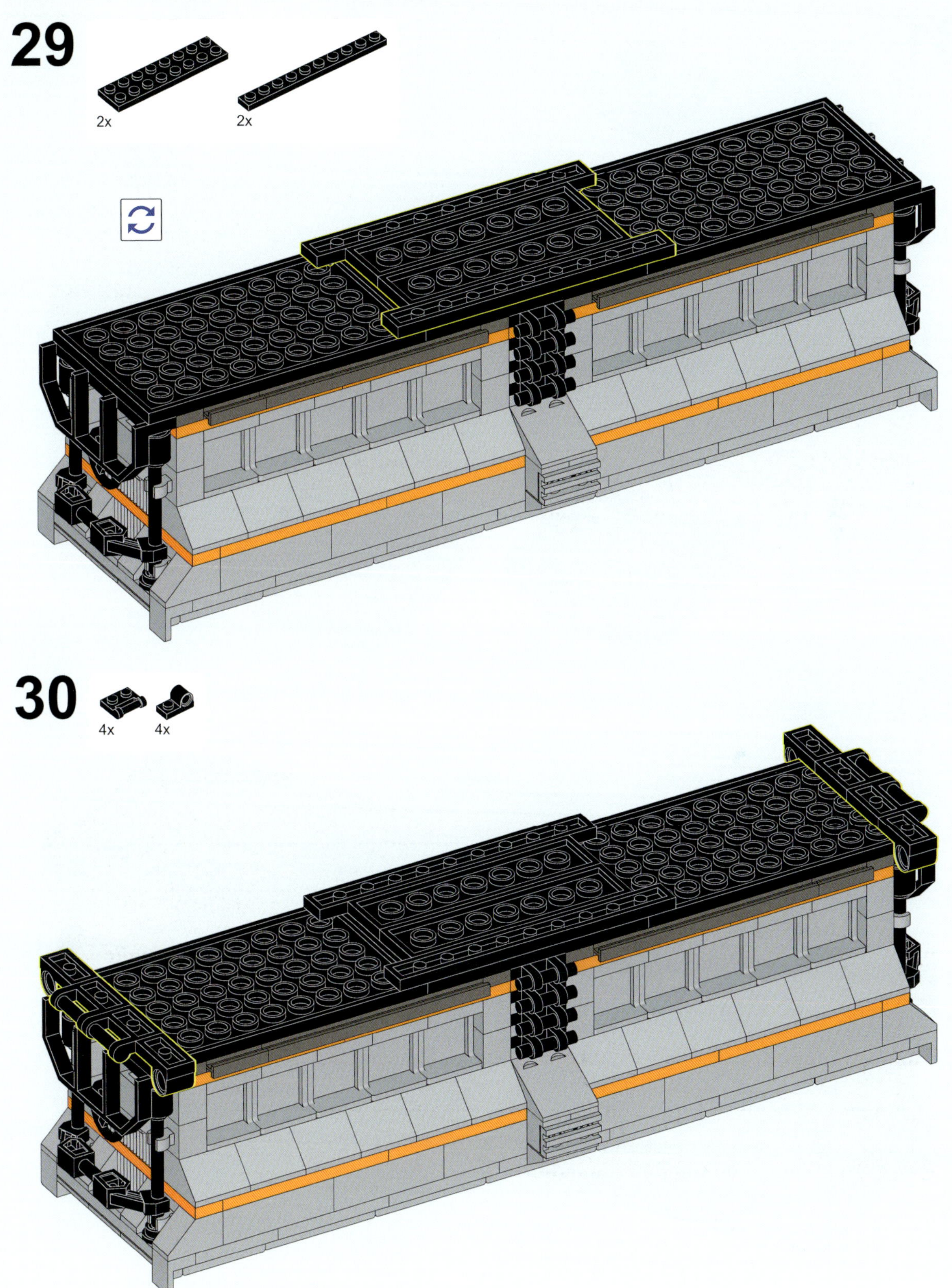

29
2x
2x
30
4x
4x

31

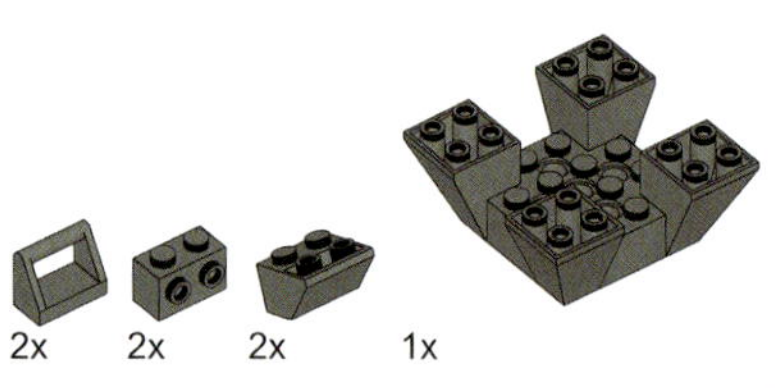

1

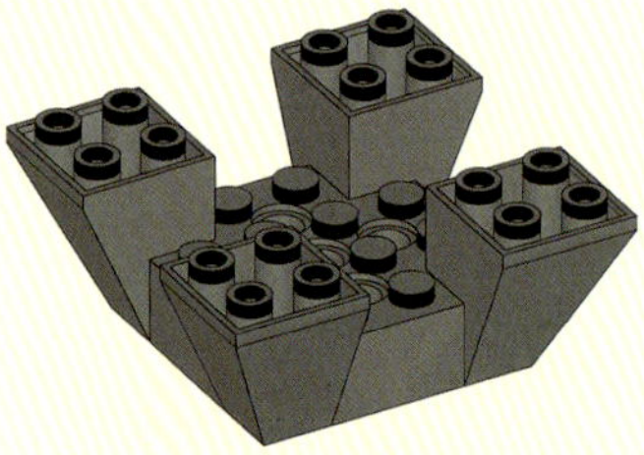

2

3

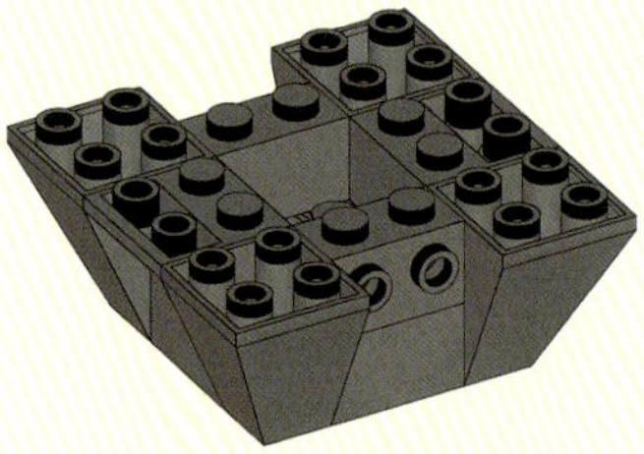

4

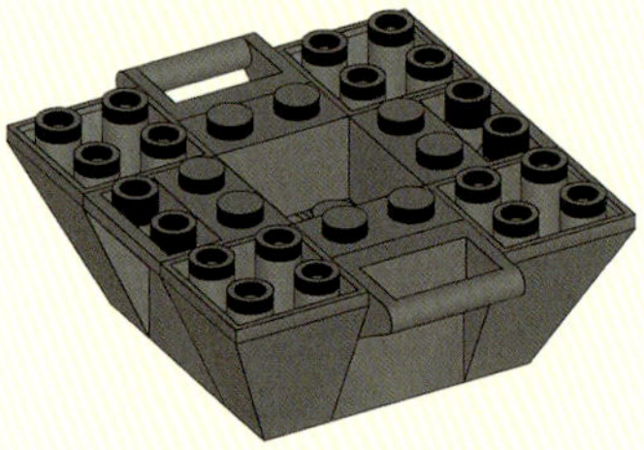

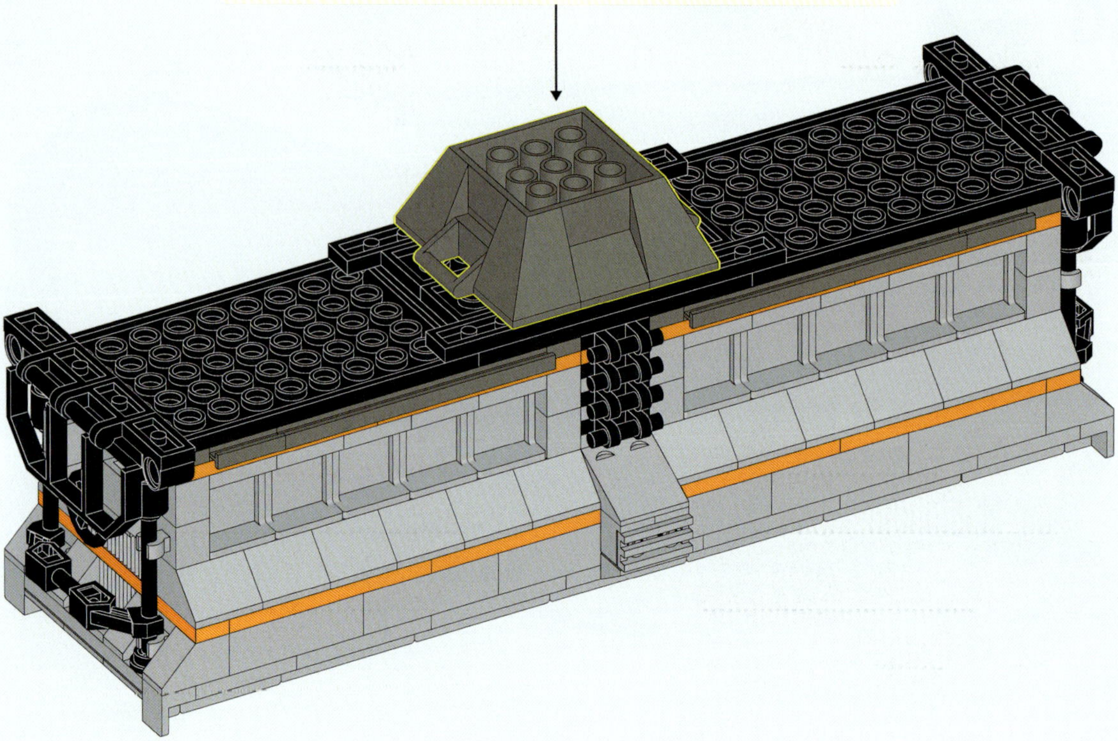

32

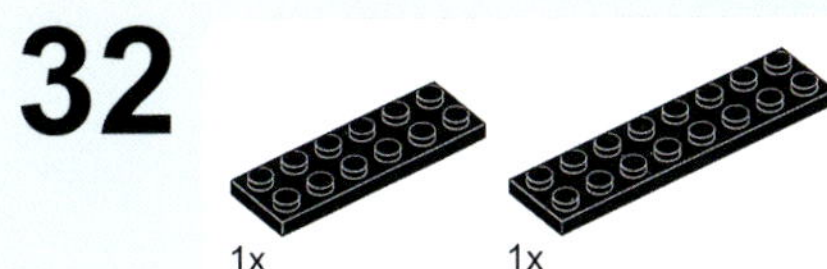

33

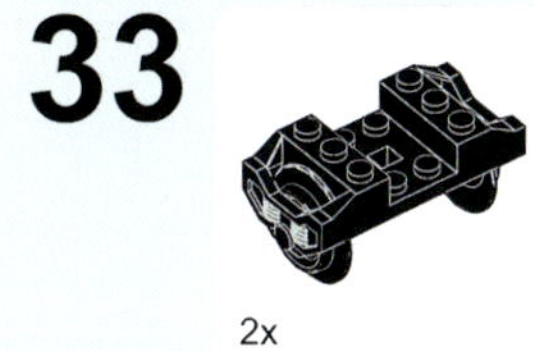

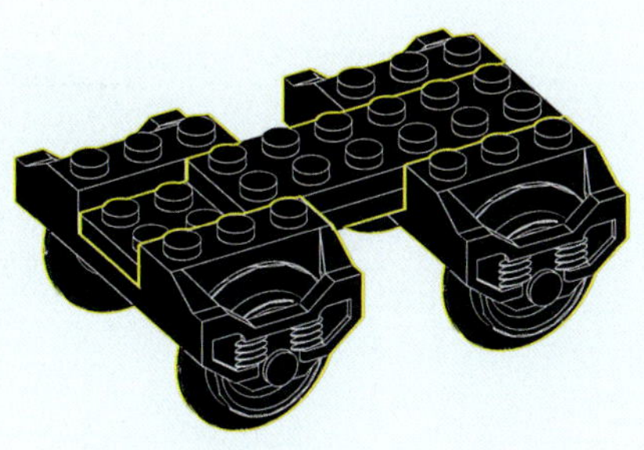

34

35

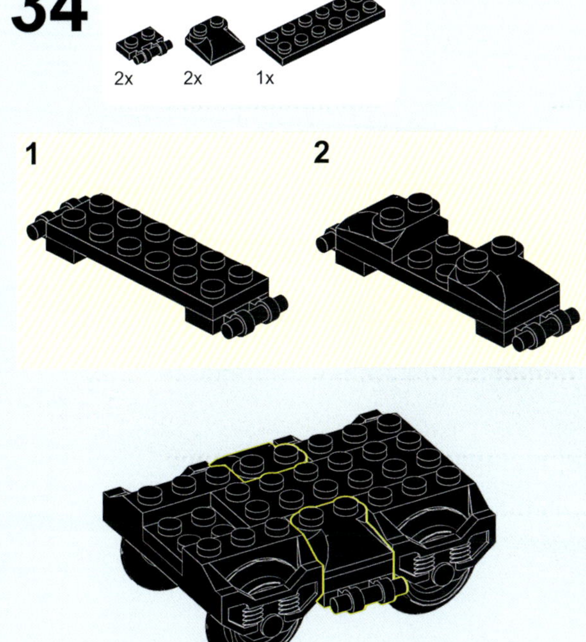

36

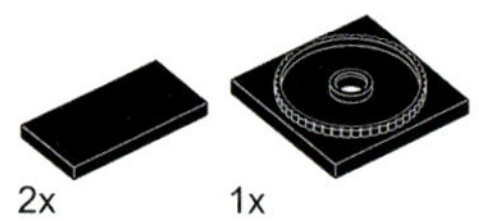

37

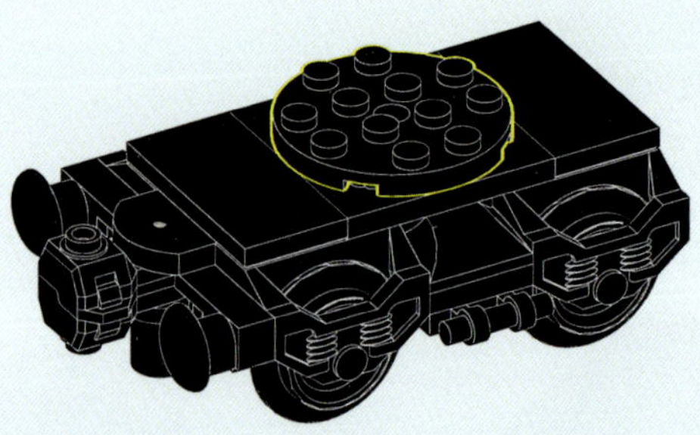

38

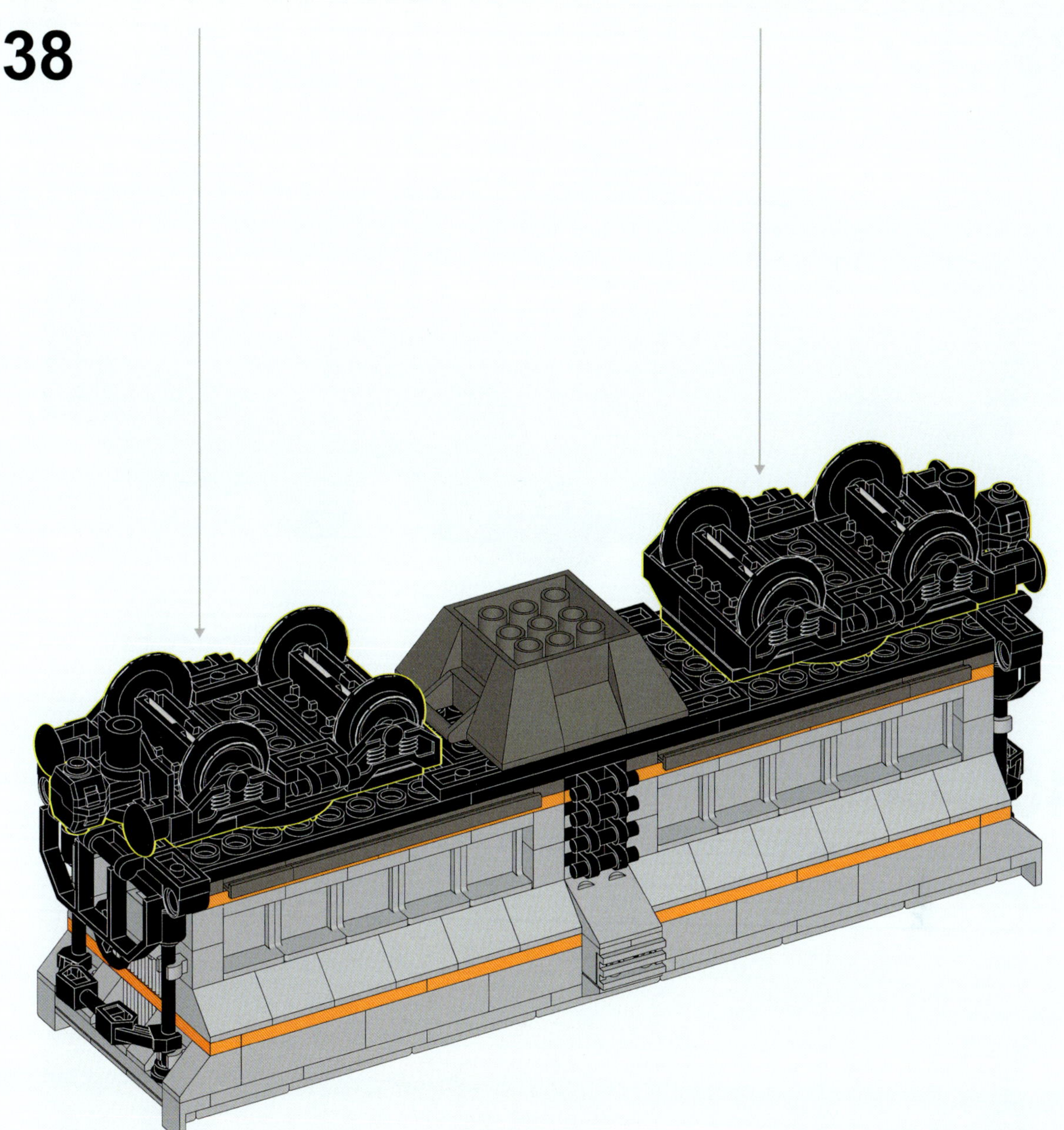

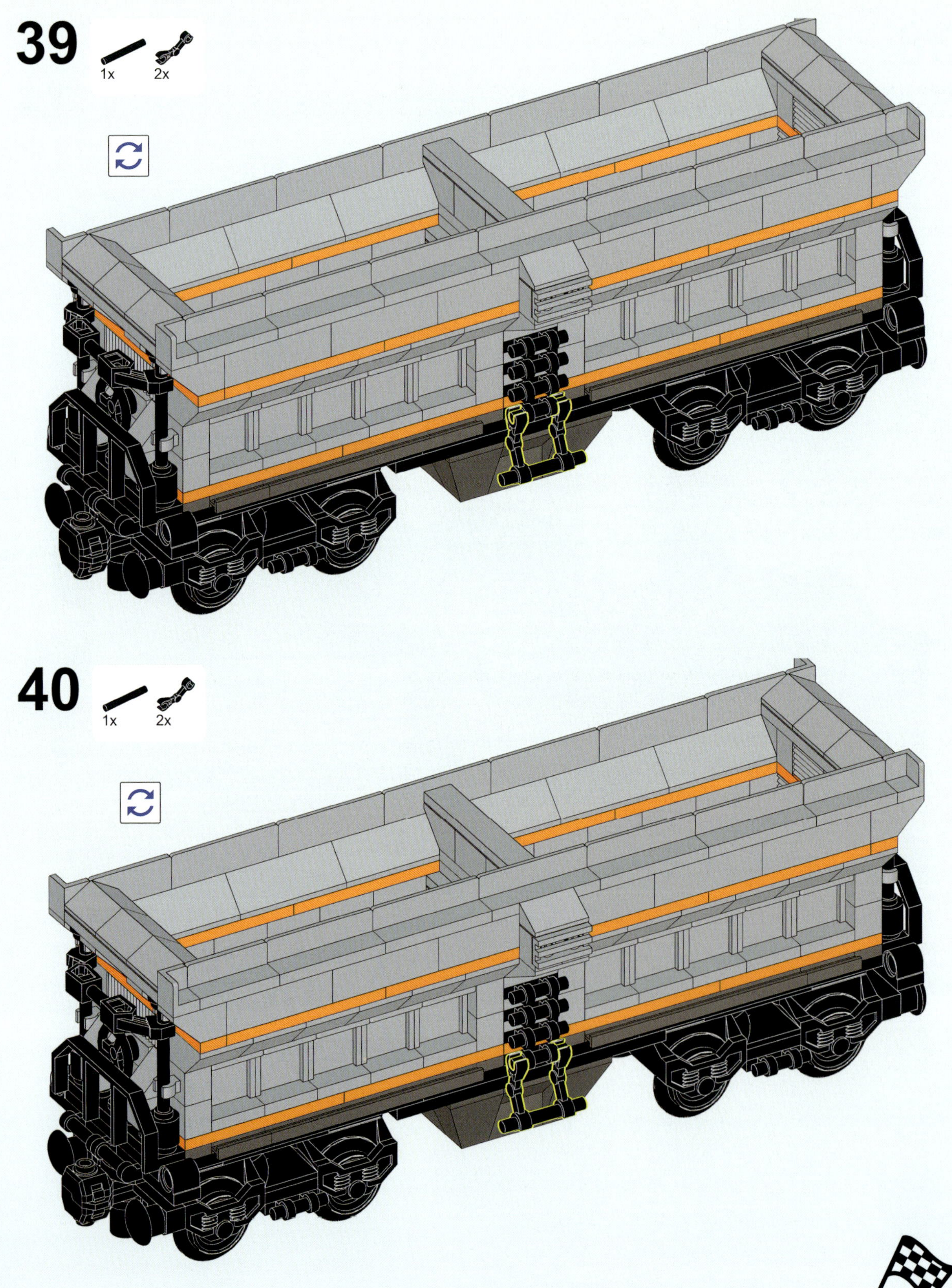
39
1x
2x
40
1x
2x

SCHÜTTGUTWAGEN MATERIALLISTE

Teilenummer	Bezeichnung	Farbe	Menge
30377	Arm Mechanical, Battle Droid (Roboterarm)	Black	4
98313	Arm Mechanical, Exo-Force / Bionicle, Thick Support (Roboterarm)	Black	4
87994	Bar 3L (Bar Arrow) (Stab)	Black	4
30374	Bar 4L (Lightsaber Blade / Wand) (Stab)	Black	4
47457	Brick, Modified 2×2×2/3 Two Studs, Curved Slope End (Rundschräge)	Black	4
3062b	Brick, Round 1×1 Open Stud (Rundstein mit offener Noppe)	Black	4
4477	Plate (Platte) 1×10	Black	2
3023	Plate (Platte) 1×2	Black	2
4282	Plate (Platte) 2×16	Black	1
3020	Plate (Platte) 2×4	Black	2
3795	Plate (Platte) 2×6	Black	4
3034	Plate (Platte) 2×8	Black	4
3033	Plate (Platte) 6×10	Black	2
3036	Plate (Platte) 6×8	Black	1
48336	Plate, Modified 1×2 with Handle on Side - Closed Ends (Platte mit geschlossenem Griff)	Black	10
2540	Plate, Modified 1×2 with Handle on Side - Free Ends (Platte mit Griff)	Black	6
11458	Plate, Modified 1×2 with Pin Hole on Top (Platte mit Pinloch)	Black	4
6583	Plate, Modified 1×6 with Train Wagon End (Eisenbahngeländer)	Black	2
85861	Plate, Round (Rundplatte) 1×1 with Open Stud	Black	4
60474	Plate, Round 4×4 with Hole (Rundplatte mit Loch)	Black	2
15068	Slope, Curved 2×2 (Rundschräge)	Black	20
93273	Slope, Curved 4×1 Double (Rundschräge)	Black	2
87079	Tile (Fliese) 2×4	Black	4
64424c01	Train Buffer Beam with Sealed Magnets - Type 1 (Puffer mit Magnet)	Black	2
2878c02	Train Wheel RC Train, Holder with 2 Black Train Wheel RC Train and Chrome Silver Train Wheel RC Train, Metal Axle (2878 / 57878 / x1687) (Eisenbahnachse)	Black	4
61485	Turntable 4×4 Square Base, Locking (Drehteller)	Black	2
30663	Vehicle, Steering Wheel Small, 2 Studs Diameter (Lenkrad)	Black	2
11211	Brick, Modified 1×2 with Studs on 1 Side (Stein mit 2 Noppen an einer Seite)	Dark Bluish Gray	2
3666	Plate (Platte) 1×6	Dark Bluish Gray	2
2420	Plate 2×2 Corner (Winkelplatte)	Dark Bluish Gray	4
32028	Plate, Modified 1×2 with Door Rail (Platte mit Führungsschiene)	Dark Bluish Gray	4
4510	Plate, Modified 1×8 with Door Rail (Platte mit Führungsschiene)	Dark Bluish Gray	4
3660	Slope, Inverted 45 2×2 (inverser Schrägstein)	Dark Bluish Gray	2
30373	Slope, Inverted 65 6×6×2 Quad with Cutouts (inverser Schrägstein)	Dark Bluish Gray	1
2432	Tile, Modified 1×2 with Handle (Fliese mit Griff)	Dark Bluish Gray	2
3005	Brick (Stein) 1×1	Light Bluish Gray	12

Teilenummer	Bezeichnung	Farbe	Menge
3004	Brick (Stein) 1×2	Light Bluish Gray	1
3009	Brick (Stein) 1×6	Light Bluish Gray	2
3001	Brick (Stein) 2×4	Light Bluish Gray	3
30241b	Brick, Modified 1×1 with Clip Vertical (open O clip) - Hollow Stud (Stein mit Clip)	Light Bluish Gray	8
4070	Brick, Modified 1×1 with Headlight (Lampenstein)	Light Bluish Gray	8
2877	Brick, Modified 1×2 with Grille (Flutes) (Riffelstein)	Light Bluish Gray	6
6231	Panel 1×1×1 Corner (Eckpaneel)	Light Bluish Gray	4
87552	Panel (Paneel) 1×2×2 with Side Supports - Hollow Studs	Light Bluish Gray	20
23950	Panel (Paneel) 1×3×1	Light Bluish Gray	4
30413	Panel (Paneel) 1×4×1	Light Bluish Gray	10
3023	Plate (Platte) 1×2	Light Bluish Gray	6
3710	Plate (Platte) 1×4	Light Bluish Gray	2
3795	Plate (Platte) 2×6	Light Bluish Gray	2
15573	Plate, Modified 1×2 with 1 Stud with Groove and Bottom Stud Holder (Jumper)	Light Bluish Gray	2
87580	Plate, Modified 2×2 with Groove and 1 Stud in Center (Jumper)	Light Bluish Gray	2
85984	Slope (Schrägstein) 30 1×2×2/3	Light Bluish Gray	14
3040	Slope (Schrägstein) 45 2×1	Light Bluish Gray	4
3037	Slope (Schrägstein) 45 2×4	Light Bluish Gray	12
3747b	Slope, Inverted 33 3×2 with Connections between Studs (inverser Schrägstein)	Light Bluish Gray	2
3665	Slope, Inverted 45 2×1 (inverser Schrägstein)	Light Bluish Gray	10
3660	Slope, Inverted 45 2×2 (inverser Schrägstein)	Light Bluish Gray	24
6636	Tile (Fliese) 1×6	Light Bluish Gray	1
2412b	Tile, Modified 1×2 Grille with Bottom Groove / Lip (Gitterfliese)	Light Bluish Gray	2
3023	Plate (Platte) 1×2	Orange	2
3710	Plate (Platte) 1×4	Orange	2
3666	Plate (Platte) 1×6	Orange	8
3460	Plate (Platte) 1×8	Orange	2
3795	Plate (Platte) 2×6	Orange	8

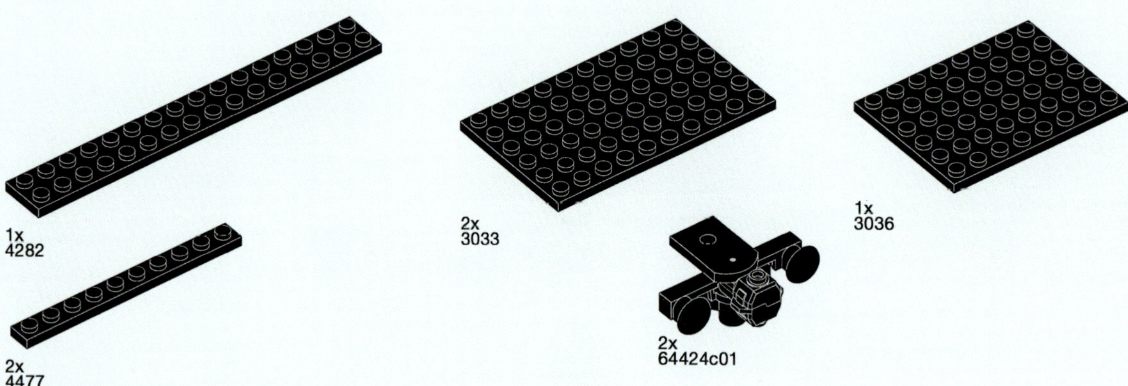

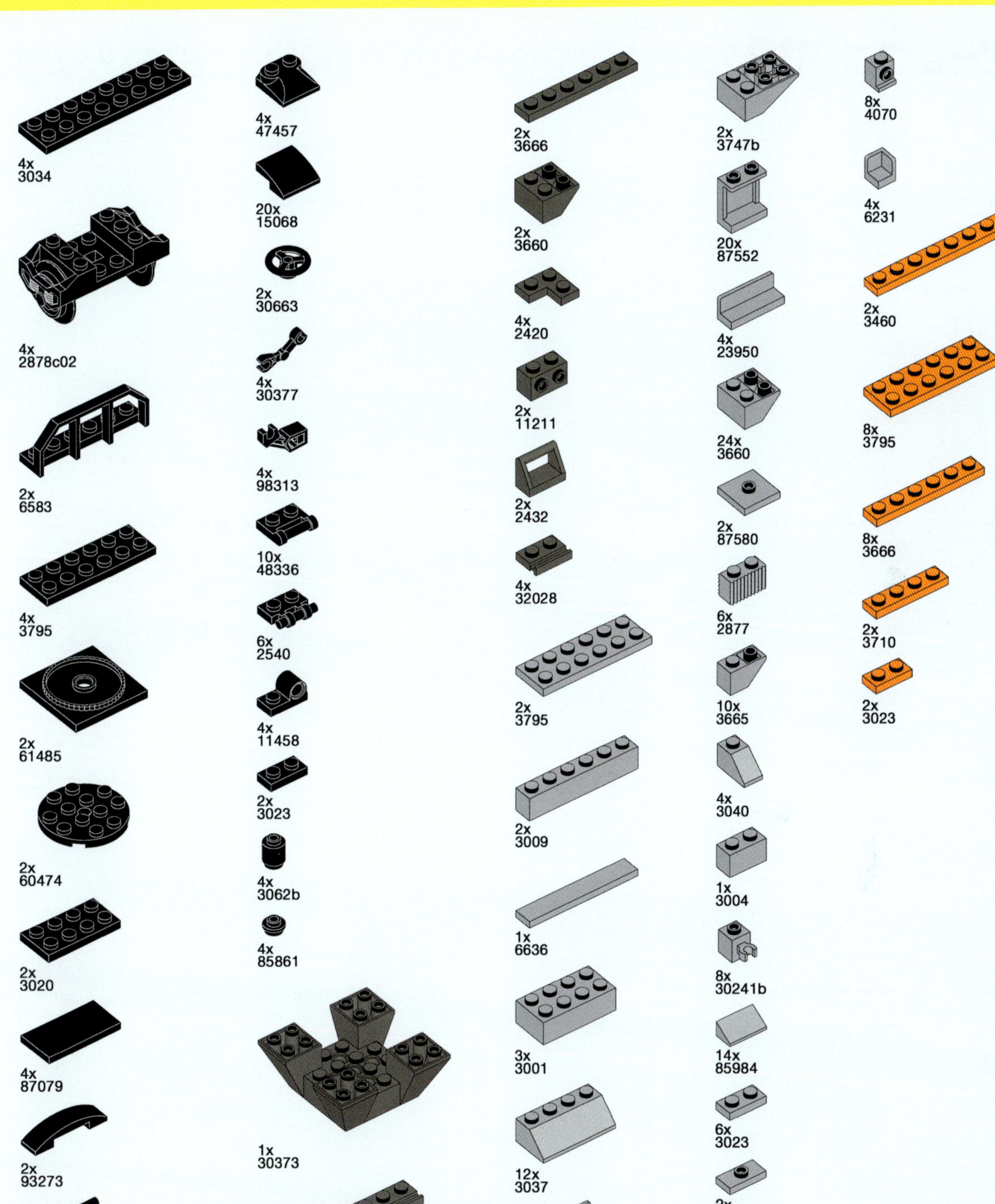

4x 3034
4x 2878c02
2x 6583
4x 3795
2x 61485
2x 60474
2x 3020
4x 87079
2x 93273
4x 30374
4x 87994
4x 47457
20x 15068
2x 30663
4x 30377
4x 98313
10x 48336
6x 2540
4x 11458
2x 3023
4x 3062b
4x 85861
1x 30373
4x 4510
2x 3666
2x 3660
4x 2420
2x 11211
2x 2432
4x 32028
2x 3795
2x 3009
1x 6636
3x 3001
12x 3037
10x 30413
2x 3710
2x 3747b
20x 87552
4x 23950
24x 3660
2x 87580
6x 2877
10x 3665
4x 3040
1x 3004
8x 30241b
14x 85984
6x 3023
2x 15573
2x 2412b
12x 3005
8x 4070
4x 6231
2x 3460
8x 3795
8x 3666
2x 3710
2x 3023

SCHÜTTGUTWAGEN ALTERNATIVE FARBSCHEMATA

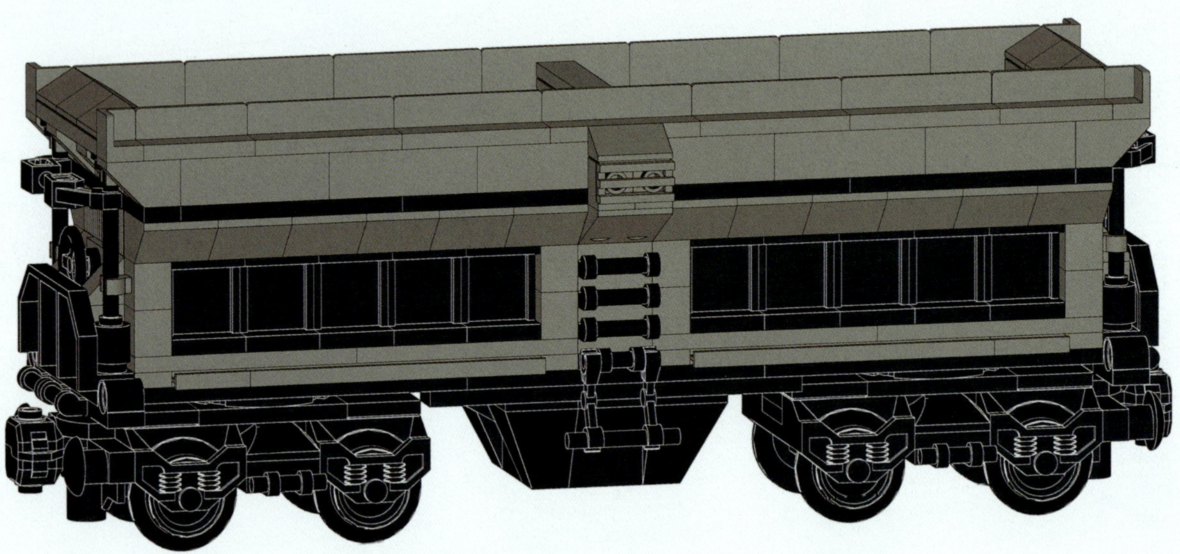

TIEFLADEWAGEN
mit TRANSFORMATOR als LADEGUT

»Der Transformator auf dem Tiefladewagen macht diesen ganz schön schwer, also vergewissere dich, dass du eine kräftige Lok hast, um ihn zu ziehen!«

Teile		382
Steintypen		92
Breite	3.0 in	7,6 cm
Höhe	3.6 in	9,1 cm
Länge	11.7 in	29,7 cm

1

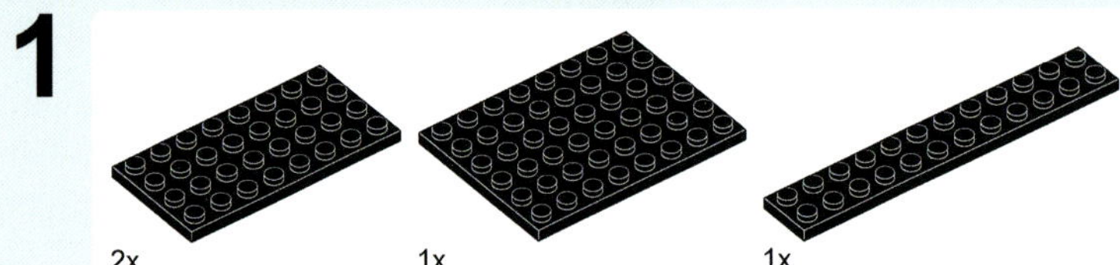

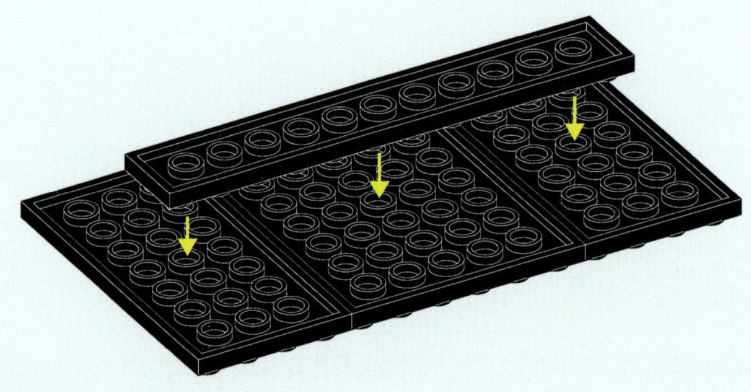

2

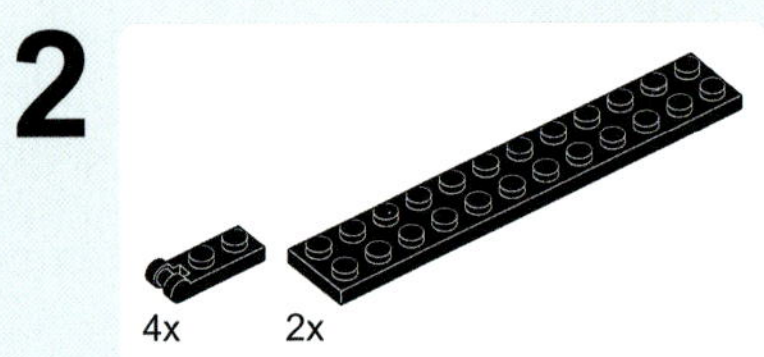

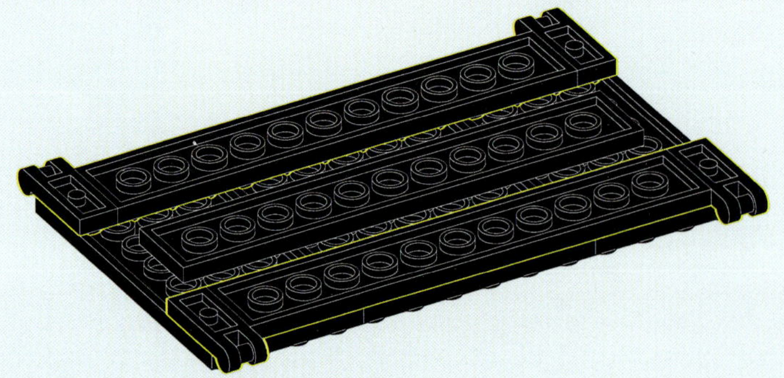

3

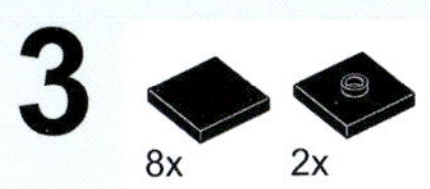

4

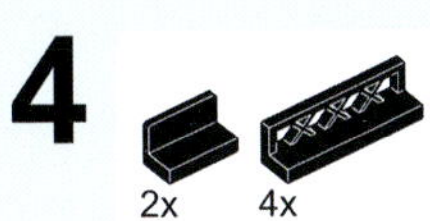

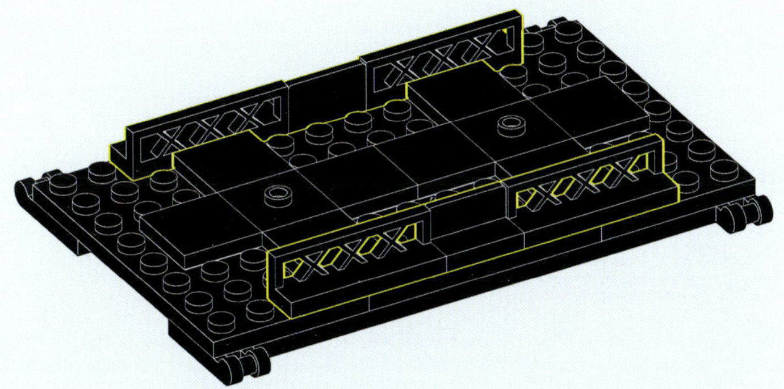

5

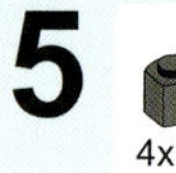

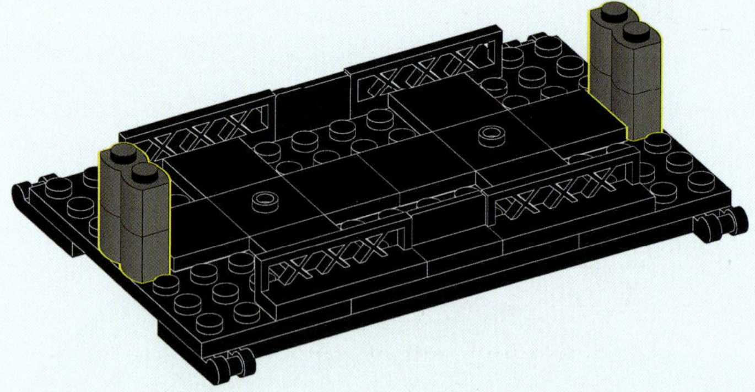

6

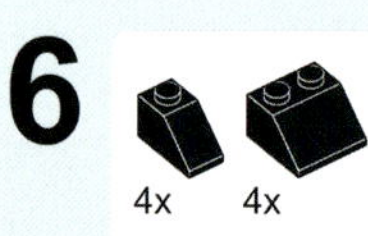

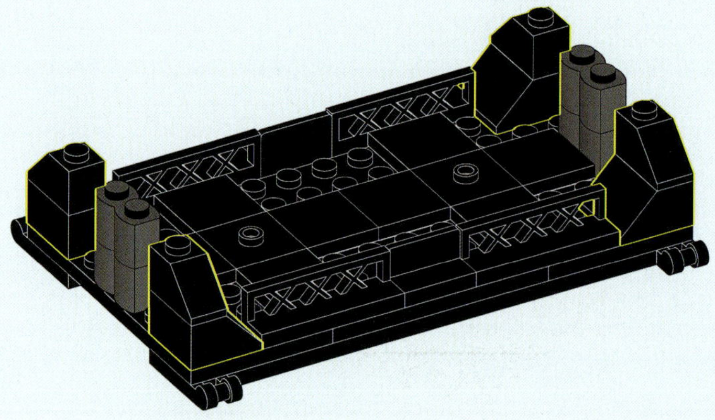

7

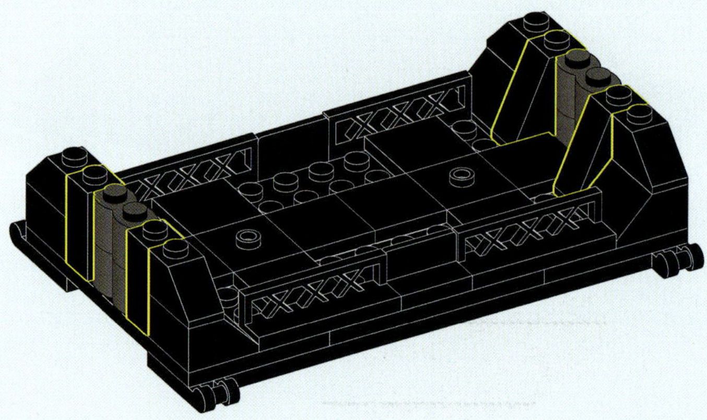

8

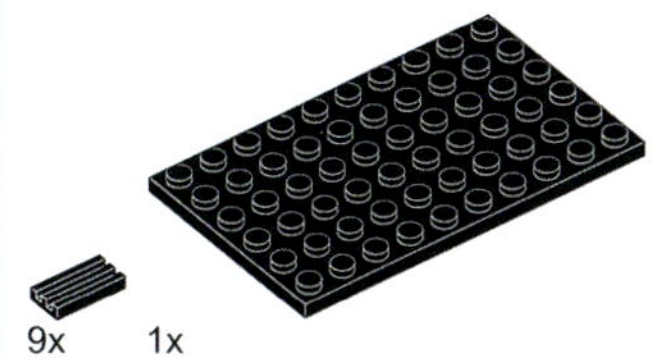

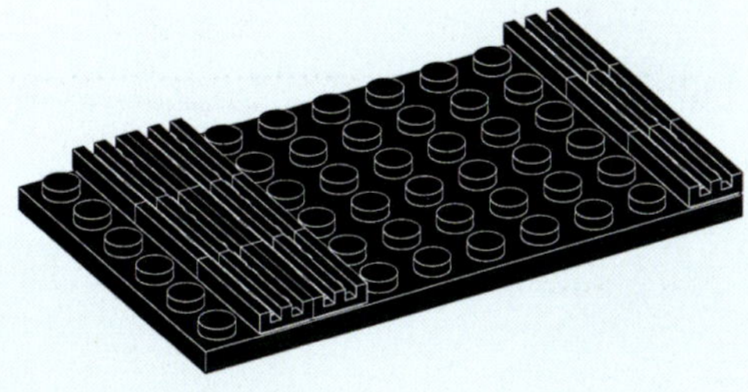

9

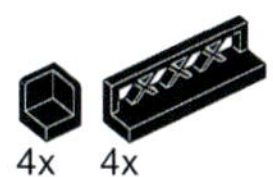

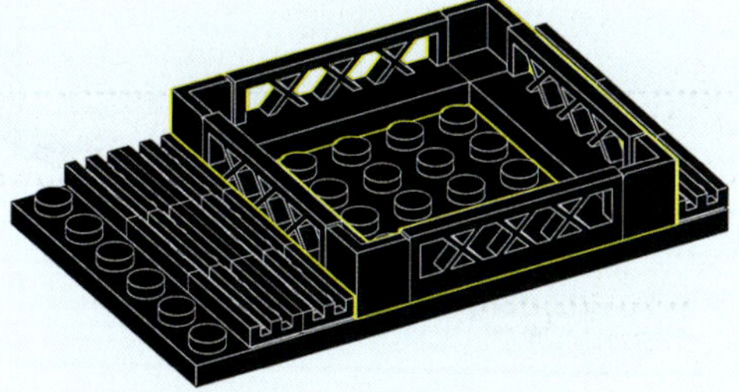

10

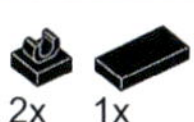

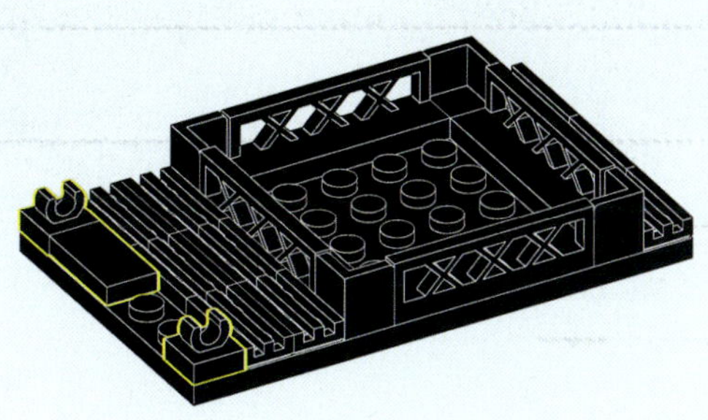

11

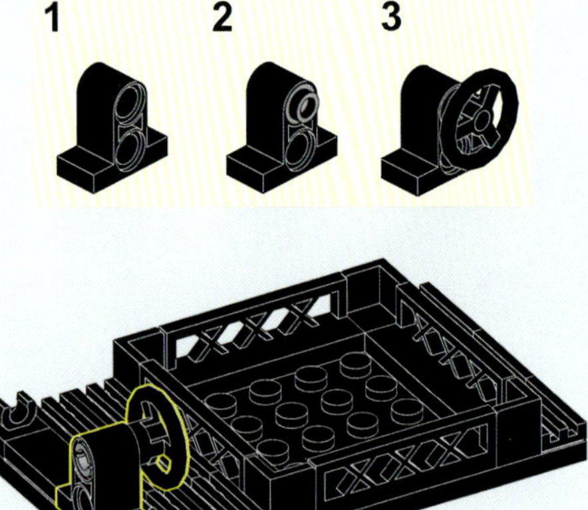

12

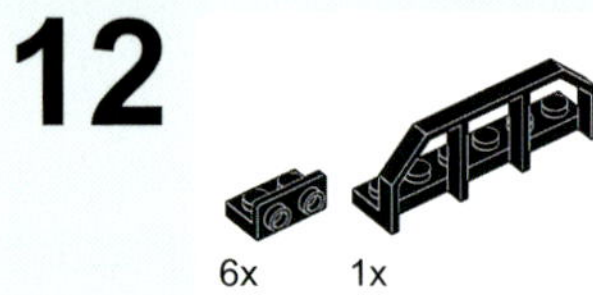

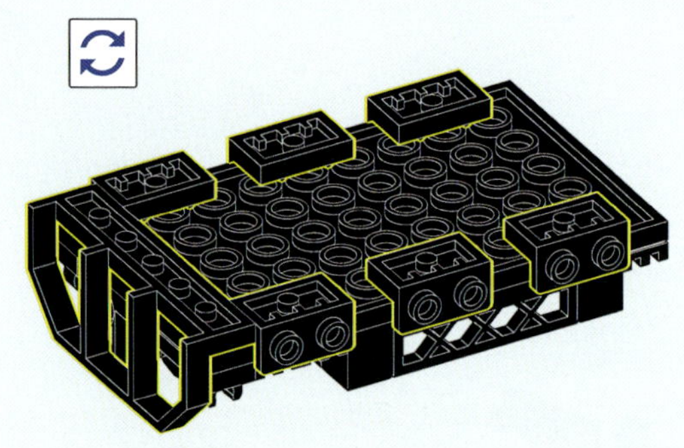

13

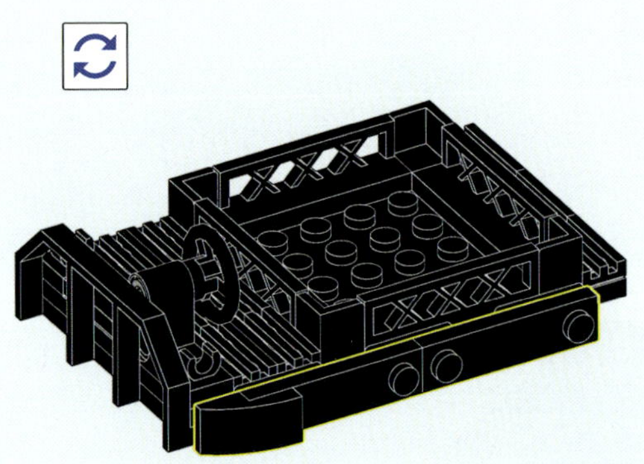

14

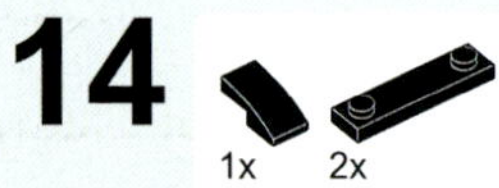

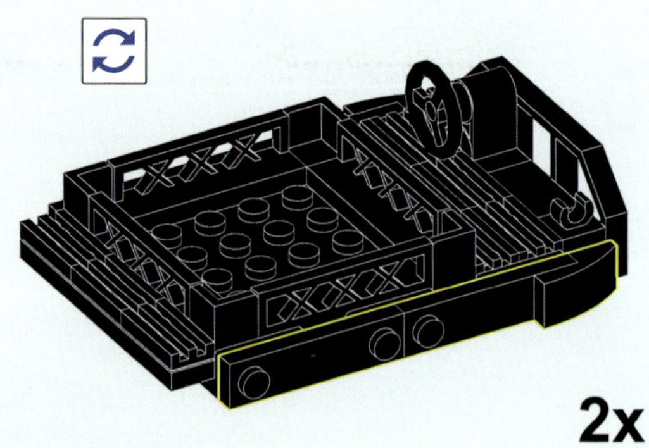

2x

15

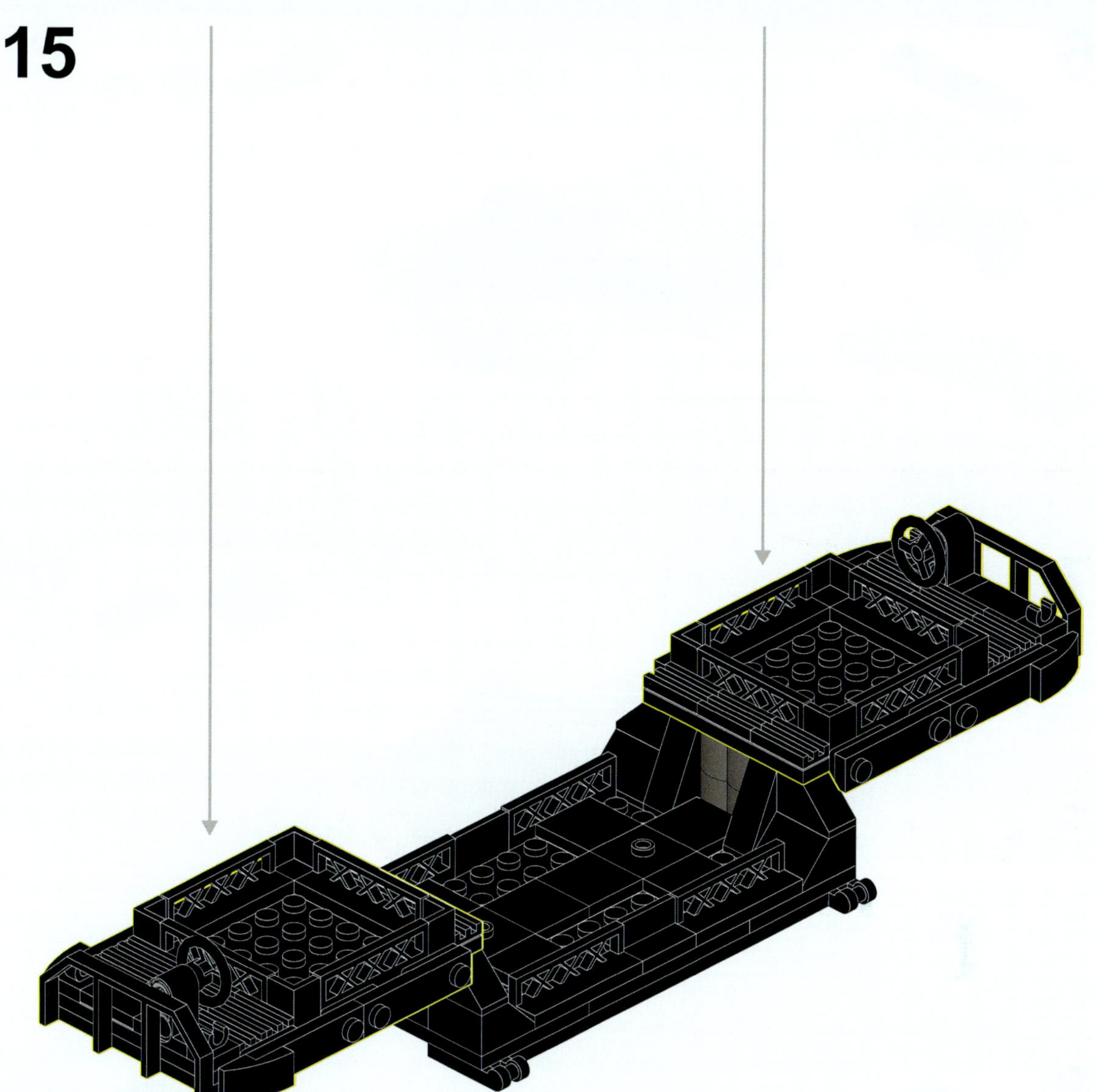

22

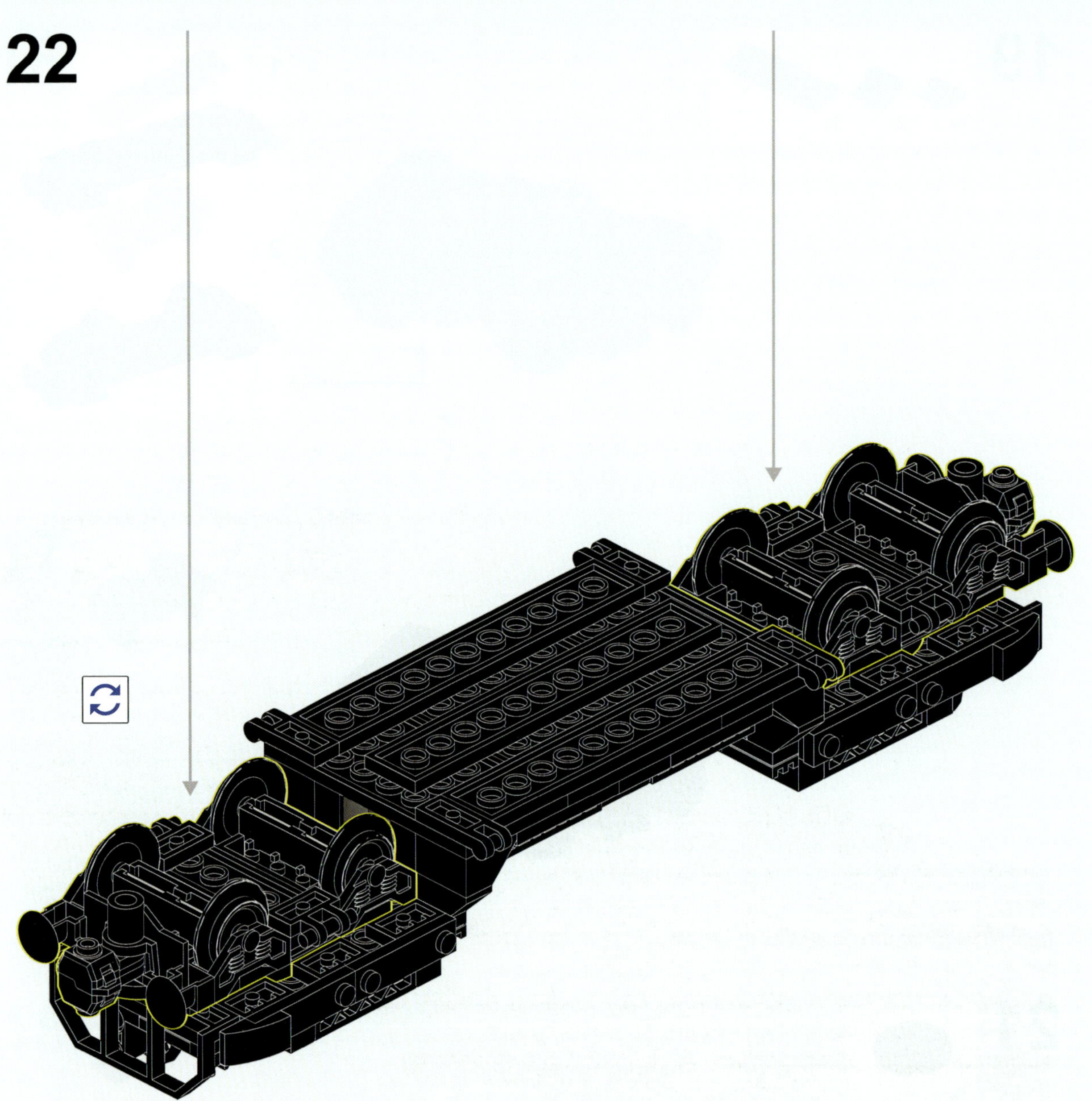

23

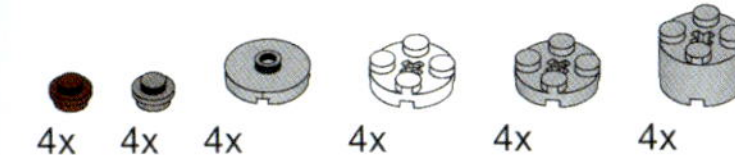

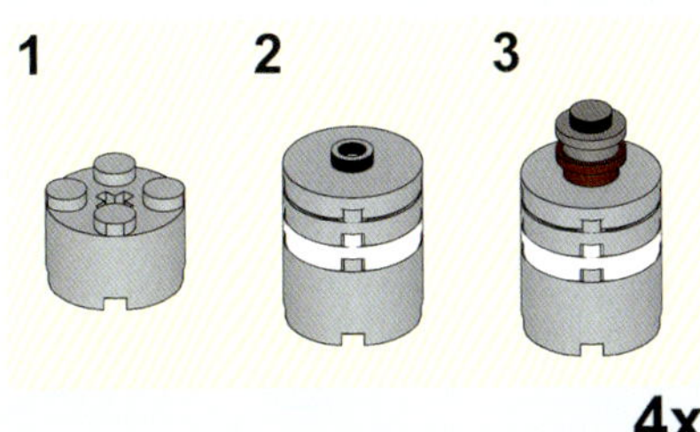

4x

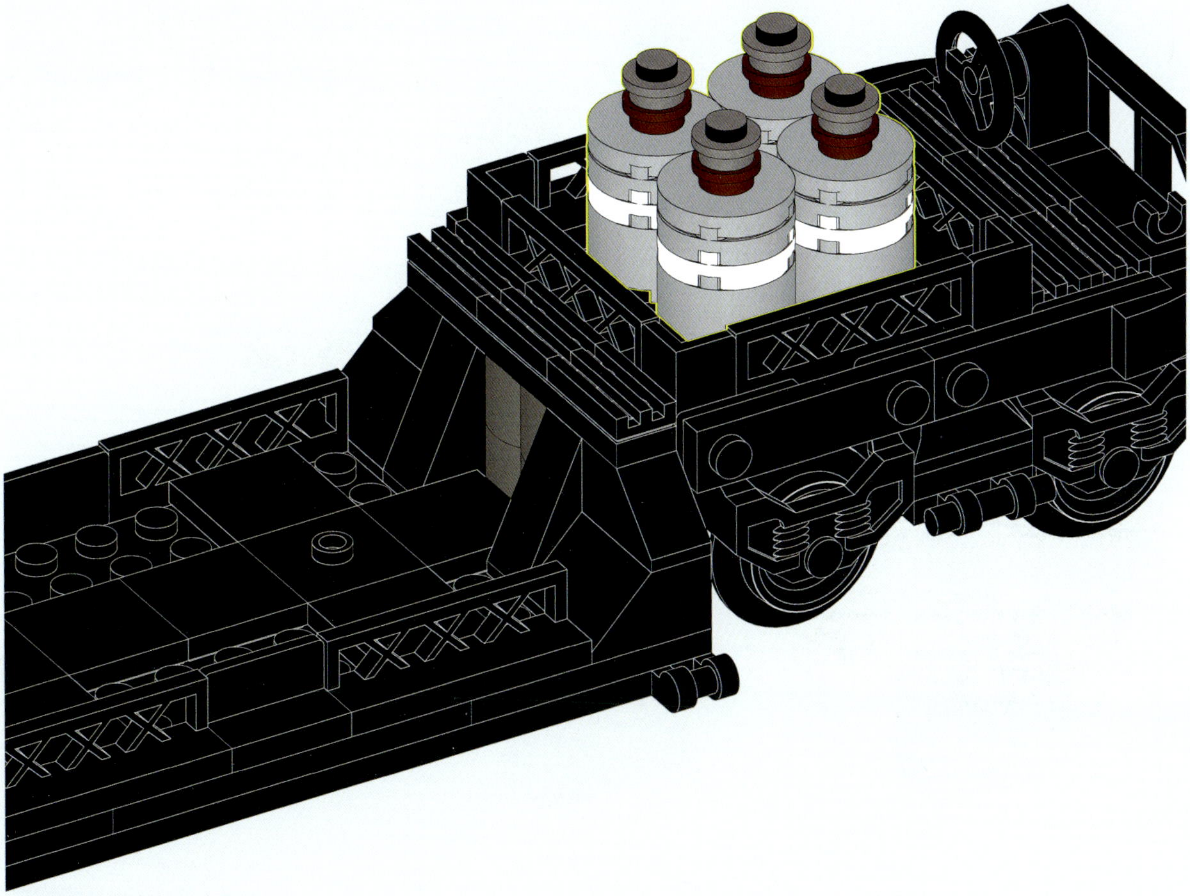

24

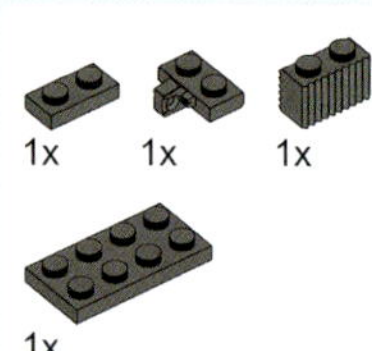

1x 1x 1x

1x

25

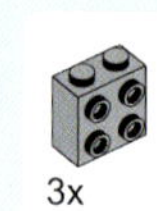

3x

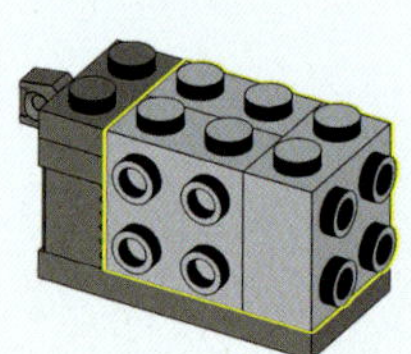

26

4x

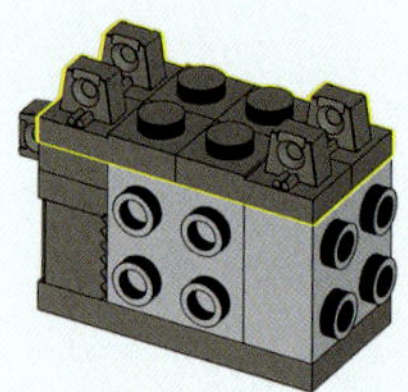

27

2x

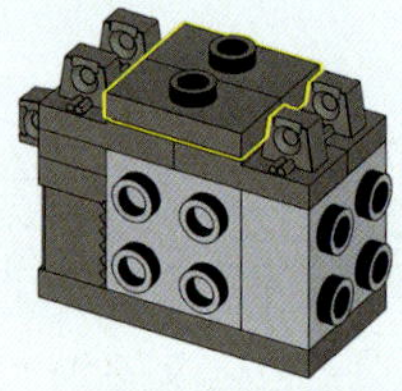

28

2x 1x

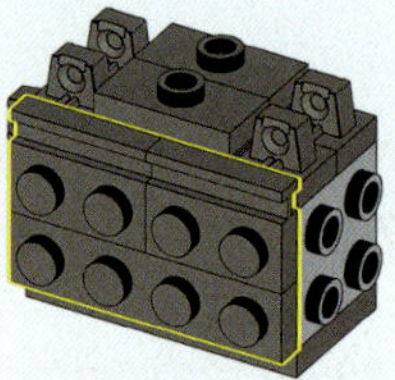

29

4x

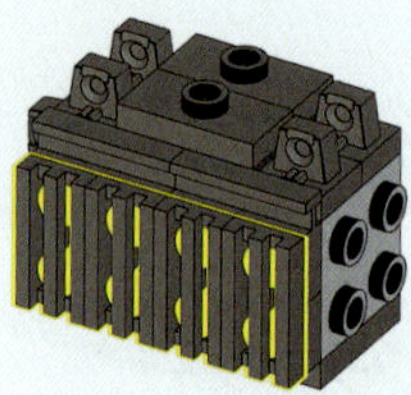

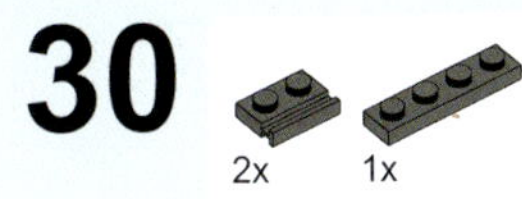

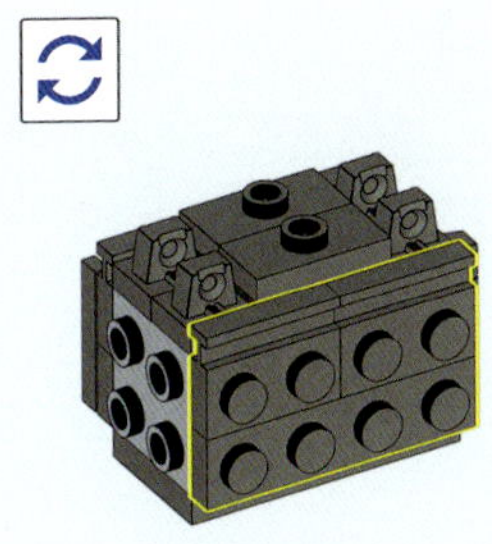

31

4x

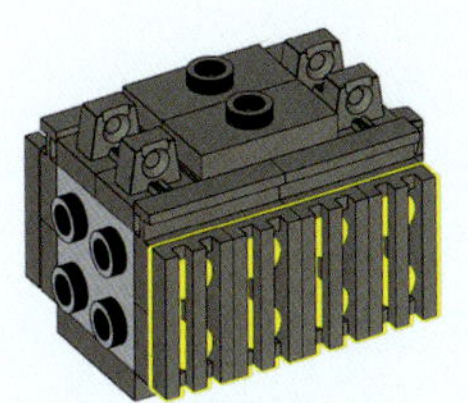

32

1x 2x

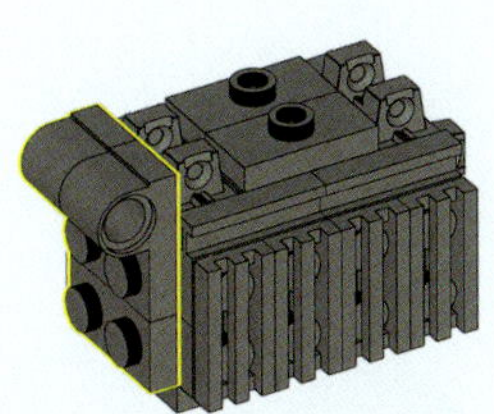

33

2x

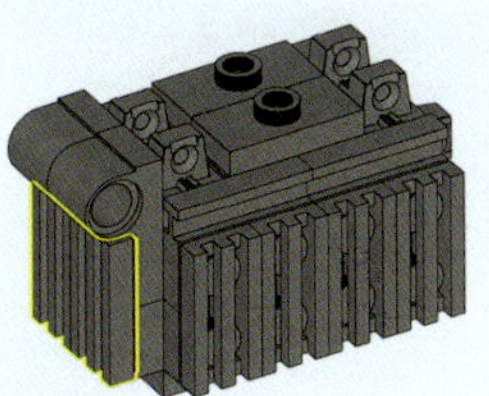

34

2x

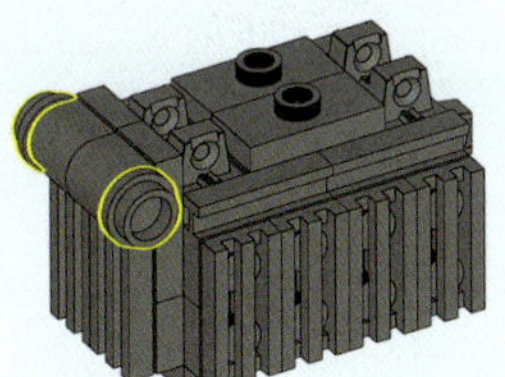

35

2x 2x

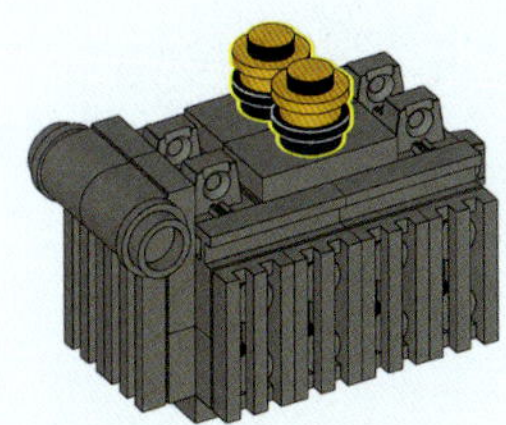

36

37

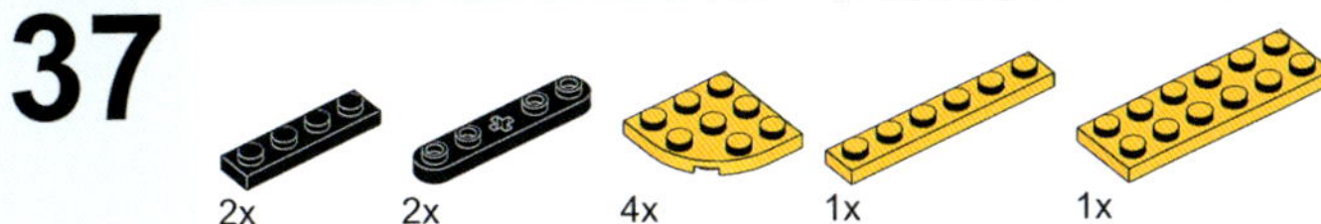

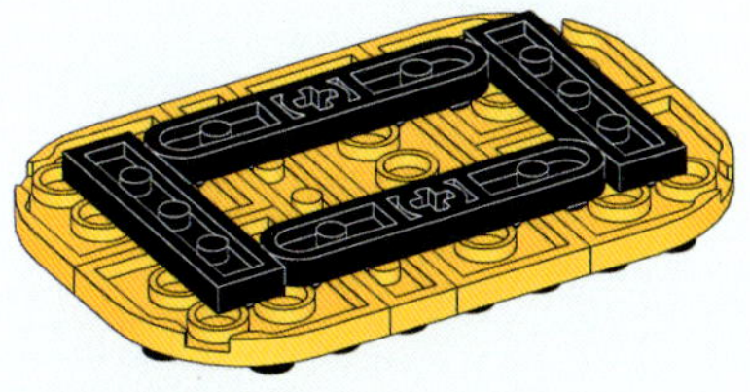

38

12x 24x

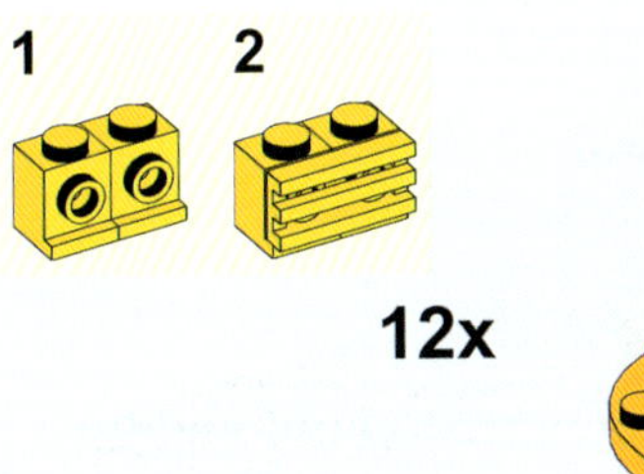

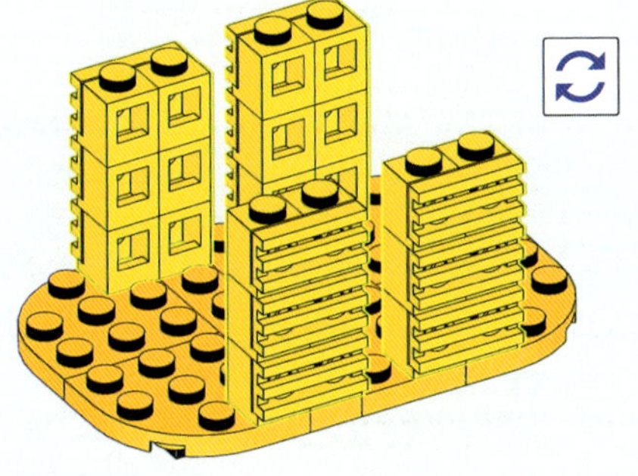

39

12x

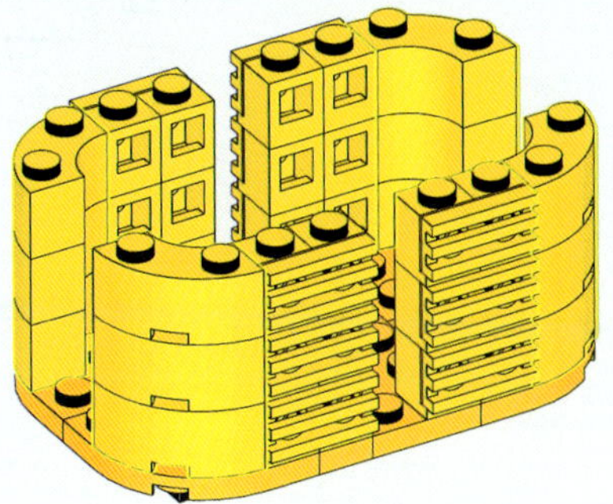

40

4x 2x 4x 2x

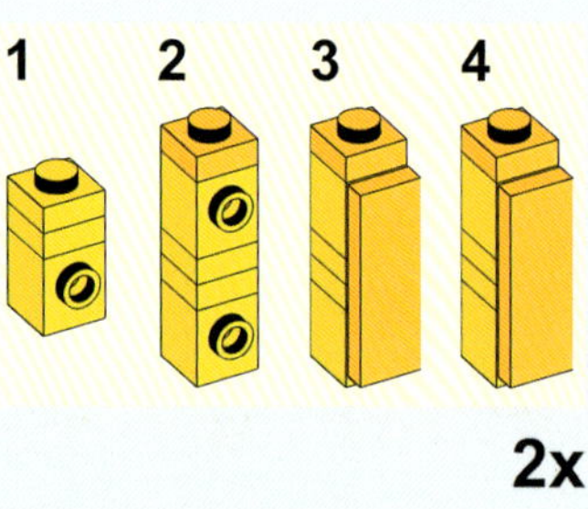

2x

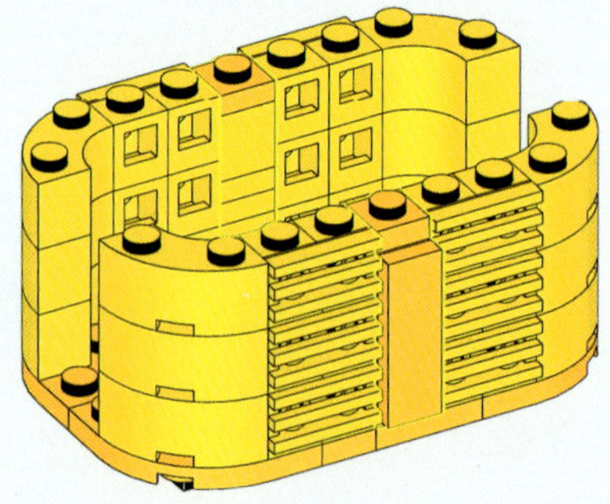

41

4x 4x 2x 4x

4x

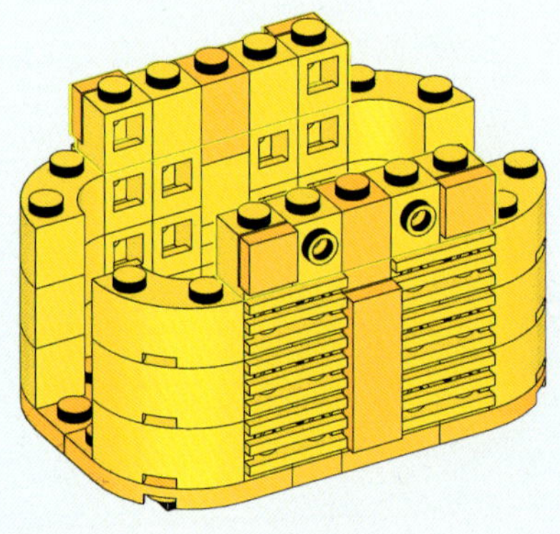

42

2x 4x

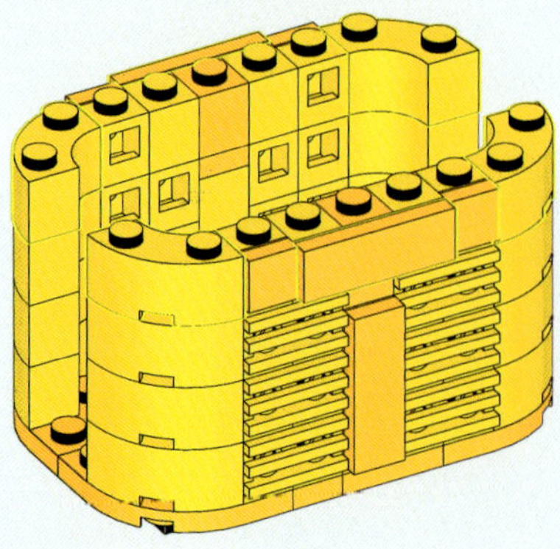

43

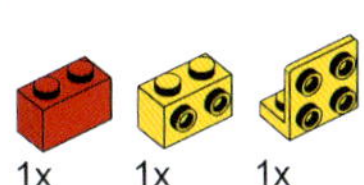

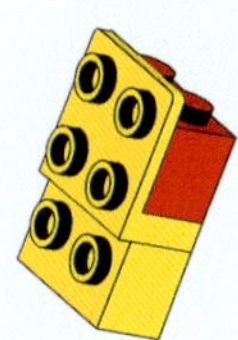

44

1x

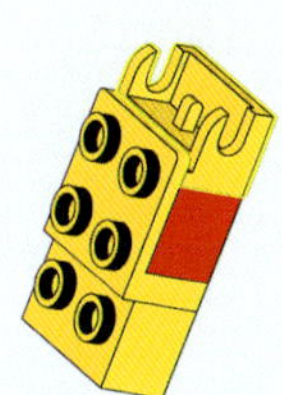

45

1x 2x

46

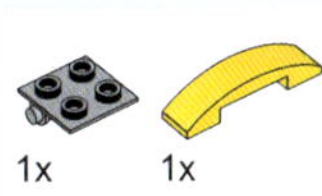

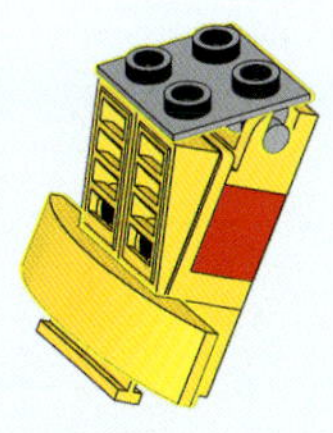

47

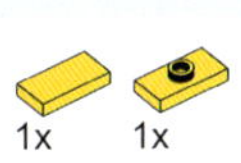

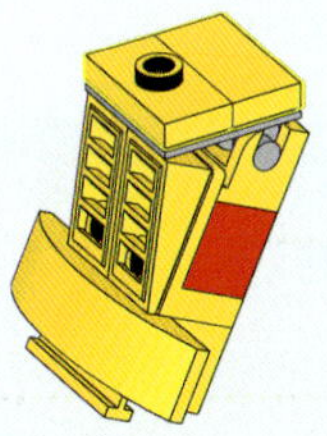

48

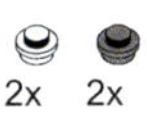

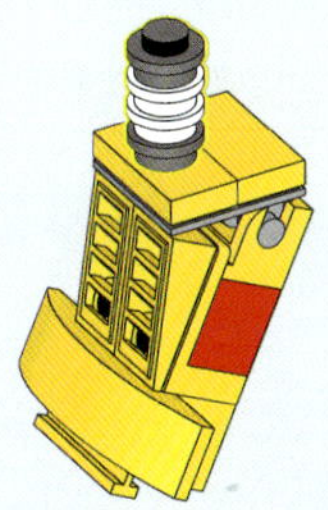

2x

49

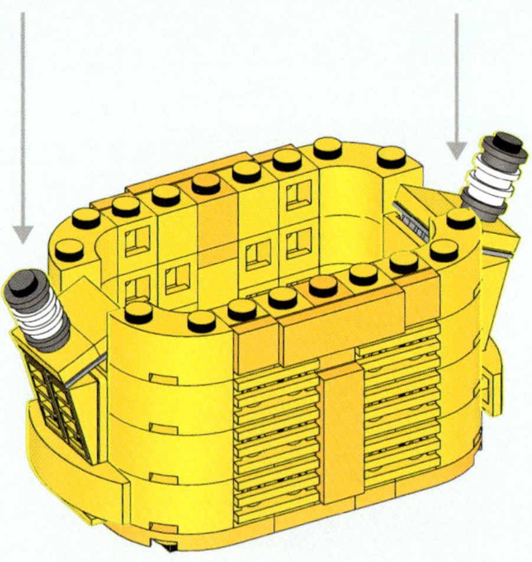

50

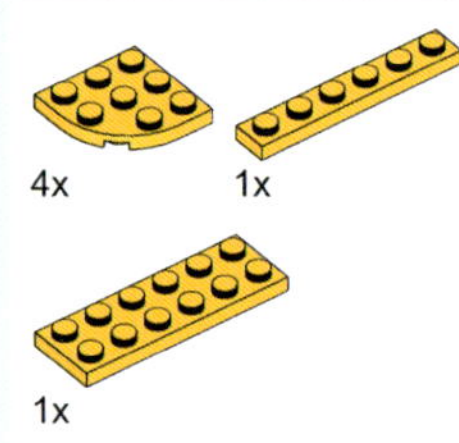

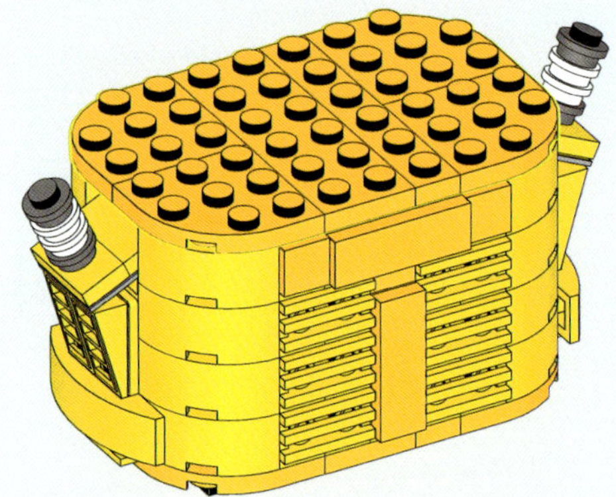

51

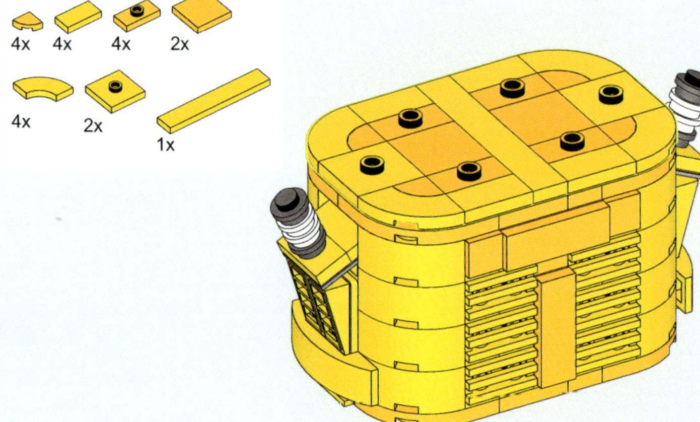

52

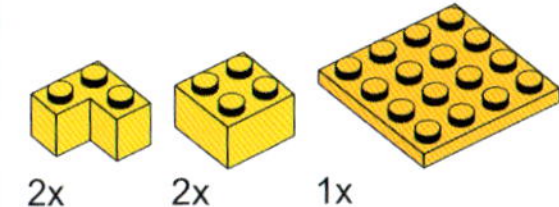

53

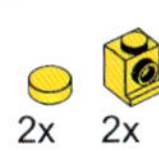

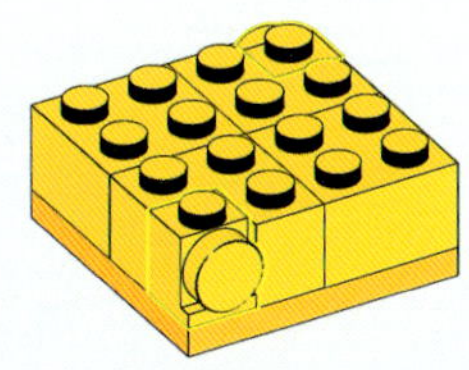

54

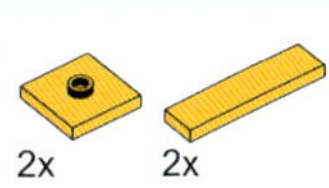

55

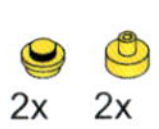

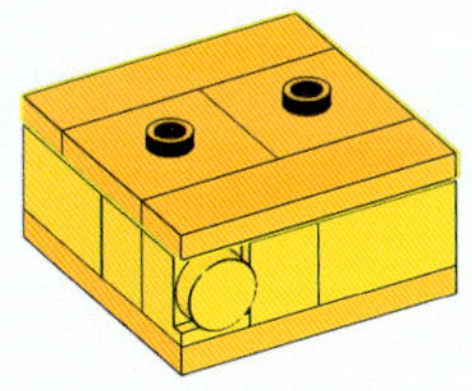

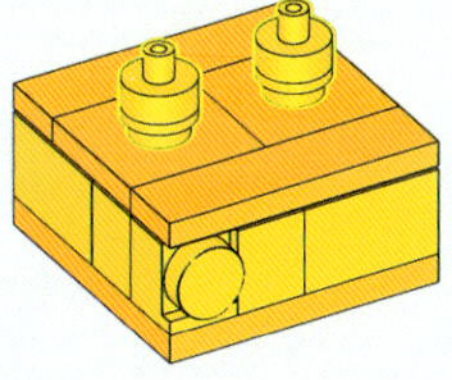

56

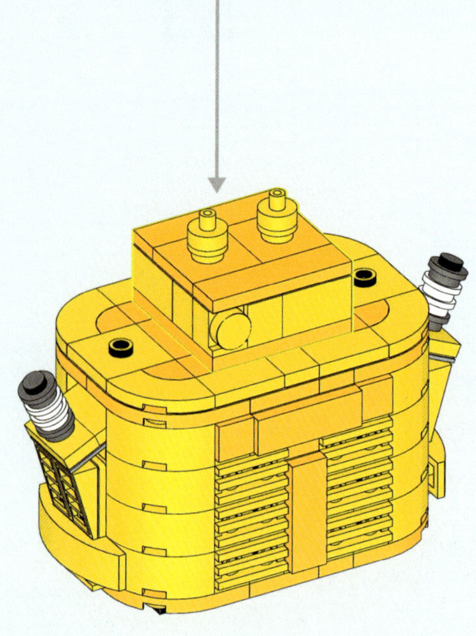

57

6x 4x

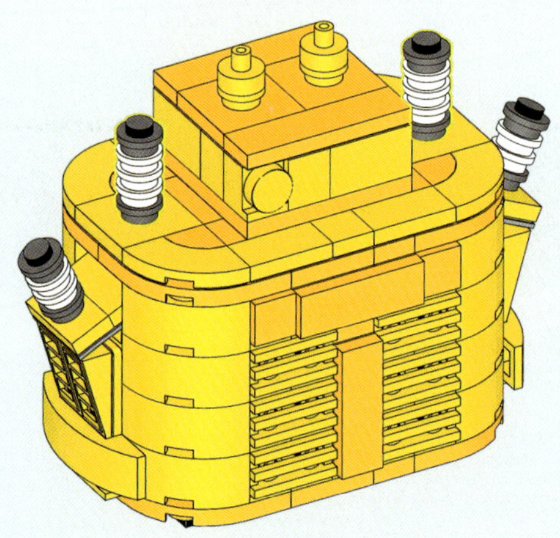

58

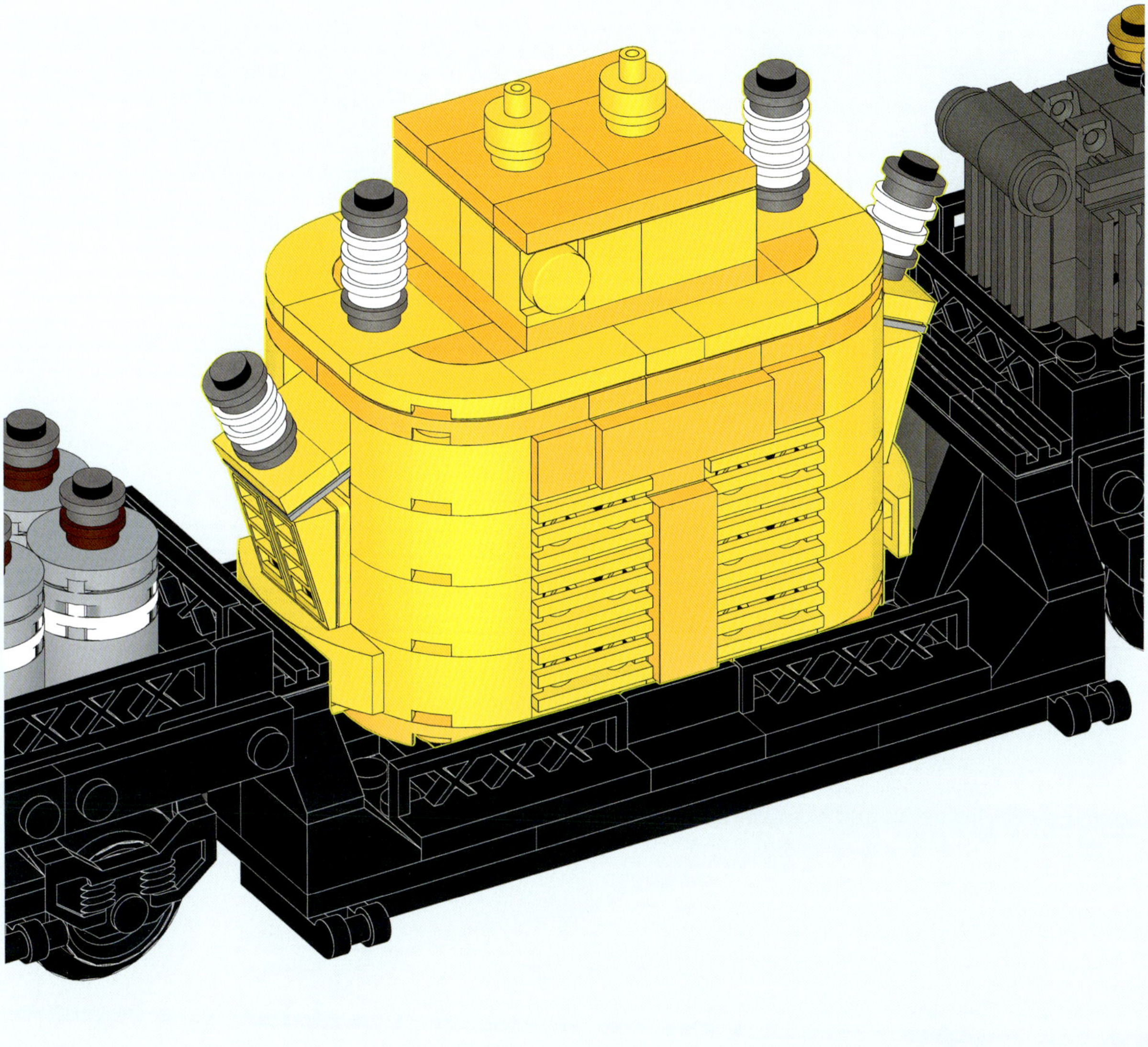

TIEFLADEWAGEN MATERIALLISTE

Teilenummer	Bezeichnung	Farbe	Menge
99780	Bracket 1×2 - 1×2 Inverted (Winkel, SNOT-Konverter)	Black	12
47457	Brick, Modified 2×2×2/3 Two Studs, Curved Slope End (Rundschräge)	Black	4
3633	Fence 1×4×1 (Zaun)	Black	12
6231	Panel 1×1×1 Corner (Eckpaneel)	Black	8
4865b	Panel (Paneel) 1×2×1 with Rounded Corners	Black	2
3710	Plate (Platte) 1×4	Black	2
2445	Plate (Platte) 2×12	Black	3
3795	Plate (Platte) 2×6	Black	4
3034	Plate (Platte) 2×8	Black	2
3035	Plate (Platte) 4×8	Black	2
3033	Plate (Platte) 6×10	Black	2
3036	Plate (Platte) 6×8	Black	1
60478	Plate, Modified 1×2 with Handle on End - Closed Ends (Platte mit Griff)	Black	4
2540	Plate, Modified 1×2 with Handle on Side - Free Ends (Platte mit Griff)	Black	4
92593	Plate (Platte), Modified 1×4 with 2 Studs without Groove	Black	8
6583	Plate, Modified 1×6 with Train Wagon End (Eisenbahngeländer)	Black	2
87580	Plate, Modified 2×2 with Groove and 1 Stud in Center (Jumper)	Black	2
4073	Plate, Round (Rundplatte) 1×1	Black	2
60474	Plate, Round 4×4 with Hole (Rundplatte mit Loch)	Black	2
3040	Slope (Schrägstein) 45 2×1	Black	4
3039	Slope (Schrägstein) 45 2×2	Black	4
60481	Slope (Schrägstein) 65 2×1×2	Black	4
11477	Slope, Curved 2×1 (Rundschräge)	Black	4
32530	Technic, Pin Connector Plate 1×2×1 2/3 with 2 Holes (Double on Top) (Pinverbinderplatte)	Black	2
32124	Technic, Plate 1×5 with Smooth Ends, 4 Studs and Center Axle Hole (Technic-Platte mit Kreuzloch in der Mitte)	Black	2
3069b	Tile (Fliese) 1×2 with Groove	Black	2
3068b	Tile (Fliese) 2×2 with Groove	Black	8
87079	Tile (Fliese) 2×4	Black	4
15712	Tile, Modified 1×1 with Clip - Rounded Edges (Fliese mit Clip)	Black	4
2412b	Tile, Modified 1×2 Grille with Bottom Groove / Lip (Gitterfliese)	Black	18
64424c01	Train Buffer Beam with Sealed Magnets - Type 1 (Puffer mit Magnet)	Black	2
2878c02	Train Wheel RC Train, Holder with 2 Black Train Wheel RC Train and Chrome Silver Train Wheel RC Train, Metal Axle (2878 / 57878 / x1687) (Eisenbahnachse)	Black	4
61485	Turntable 4×4 Square Base, Locking (Drehteller)	Black	2
30663	Vehicle, Steering Wheel Small, 2 Studs Diameter (Lenkrad)	Black	2
3005	Brick (Stein) 1×1	Bright Light Orange	2

Teilenummer	Bezeichnung	Farbe	Menge
3024	Plate (Platte) 1×1	Bright Light Orange	2
3666	Plate (Platte) 1×6	Bright Light Orange	2
3795	Plate (Platte) 2×6	Bright Light Orange	2
3031	Plate (Platte) 4×4	Bright Light Orange	1
15573	Plate, Modified 1×2 with 1 Stud with Groove and Bottom Stud Holder (Jumper)	Bright Light Orange	4
87580	Plate, Modified 2×2 with Groove and 1 Stud in Center (Jumper)	Bright Light Orange	2
30357	Plate, Round Corner (Viertelkreisplatte) 3×3	Bright Light Orange	8
3070b	Tile (Fliese) 1×1 with Groove (3070)	Bright Light Orange	4
63864	Tile (Fliese) 1×3	Bright Light Orange	4
2431	Tile (Fliese) 1×4	Bright Light Orange	2
3068b	Tile (Fliese) 2×2 with Groove	Bright Light Orange	2
25269	Tile, Round 1×1 Quarter (Viertelkreisfliese)	Bright Light Orange	4
30136	Brick, Modified 1×2 Log (Palisadenstein)	Dark Bluish Gray	4
2877	Brick, Modified 1×2 with Grille (Flutes) (Riffelstein)	Dark Bluish Gray	1
44567a	Hinge Plate (Scharnierplatte) 1×2 Locking with 1 Finger on Side with Bottom Groove	Dark Bluish Gray	1
30383	Hinge Plate (Scharnierplatte) 1×2 Locking with 1 Finger On Top	Dark Bluish Gray	4
3023	Plate (Platte) 1×2	Dark Bluish Gray	2
3710	Plate (Platte) 1×4	Dark Bluish Gray	2
3020	Plate (Platte) 2×4	Dark Bluish Gray	1
15573	Plate, Modified 1×2 with 1 Stud with Groove and Bottom Stud Holder (Jumper)	Dark Bluish Gray	2
32028	Plate, Modified 1×2 with Door Rail (Platte mit Führungsschiene)	Dark Bluish Gray	2
11458	Plate, Modified 1×2 with Pin Hole on Top (Platte mit Pinloch)	Dark Bluish Gray	2
4073	Plate, Round (Rundplatte) 1×1	Dark Bluish Gray	2
2412b	Tile, Modified 1×2 Grille with Bottom Groove / Lip (Gitterfliese)	Dark Bluish Gray	10
22885	Brick, Modified 1×2×1 2/3 with Studs on 1 Side (SNOT-Konverter)	Light Bluish Gray	3
3941	Brick, Round 2×2 with Axle Hole (Rundstein mit Kreuzloch)	Light Bluish Gray	4
6134	Hinge Brick 2×2 Top (Scharnieroberteil)	Light Bluish Gray	2
4032	Plate, Round 2×2 with Axle Hole (Rundplatte mit Kreuzloch)	Light Bluish Gray	4
4274	Technic, Pin 1/2 (Halbpin)	Light Bluish Gray	2
18674	Tile, Round 2×2 with Open Stud (Rundfliese mit offener Noppe)	Light Bluish Gray	4
3004	Brick (Stein) 1×2	Red	2
4073	Plate, Round (Rundplatte) 1×1	Reddish Brown	4
4073	Plate, Round (Rundplatte) 1×1	White	10
4032	Plate, Round 2×2 with Axle Hole (Rundplatte mit Kreuzloch)	White	4
99207	Bracket 1×2 - 2×2 Inverted (Winkel, SNOT-Konverter)	Yellow	2
3003	Brick (Stein) 2×2	Yellow	2
2357	Brick 2×2 Corner (Winkelstein)	Yellow	2

Teilenummer	Bezeichnung	Farbe	Menge
4070	Brick, Modified 1×1 with Headlight (Lampenstein)	Yellow	30
87087	Brick, Modified 1×1 with Stud on 1 Side (Stein mit Noppe an einer Seite)	Yellow	8
11211	Brick, Modified 1×2 with Studs on 1 Side (Stein mit 2 Noppen an einer Seite)	Yellow	2
85080	Brick, Round Corner 2×2 Macaroni with Stud Notch and Reinforced Underside (Makkaronistein)	Yellow	16
3937	Hinge Brick 1×2 Base (Scharnierunterteil)	Yellow	2
3024	Plate (Platte) 1×1	Yellow	4
15573	Plate, Modified 1×2 with 1 Stud with Groove and Bottom Stud Holder (Jumper)	Yellow	2
32028	Plate, Modified 1×2 with Door Rail (Platte mit Führungsschiene)	Yellow	4
87580	Plate, Modified 2×2 with Groove and 1 Stud in Center (Jumper)	Yellow	2
4073	Plate, Round (Rundplatte) 1×1	Yellow	2
61409	Slope 18 2×1×2/3 with 4 Slots (Gitter-Dachstein)	Yellow	4
93273	Slope, Curved 4×1 Double (Rundschräge)	Yellow	2
3069b	Tile (Fliese) 1×2 with Groove	Yellow	6
6636	Tile (Fliese) 1×6	Yellow	1
2412b	Tile, Modified 1×2 Grille with Bottom Groove / Lip (Gitterfliese)	Yellow	12
98138	Tile, Round 1×1 (Rundfliese)	Yellow	2
20482	Tile, Round 1×1 with Bar and Pin Holder (Rundfliese mit Pin)	Yellow	2
27925	Tile, Round Corner 2×2 Macaroni (Makkaronifliese)	Yellow	4
4073	Plate, Round (Rundplatte) 1×1	Flat Silver	12
4073	Plate, Round (Rundplatte) 1×1	Pearl Gold	2

2x 4073
4x 15712
8x 6231
2x 3069b
18x 2412b
4x 11477
2x 4865b
4x 3040

12x 99780
4x 2540
8x 3068b
2x 87580
2x 30663
4x 47457
2x 32530

4x 60478
4x 3039
4x 60481
2x 3710
8x 92593
12x 3633

4x 87079
2x 32124
2x 61485
2x 60474
4x 3795

4x 6583
4x 2878c02
2x 3034
2x 64424c01

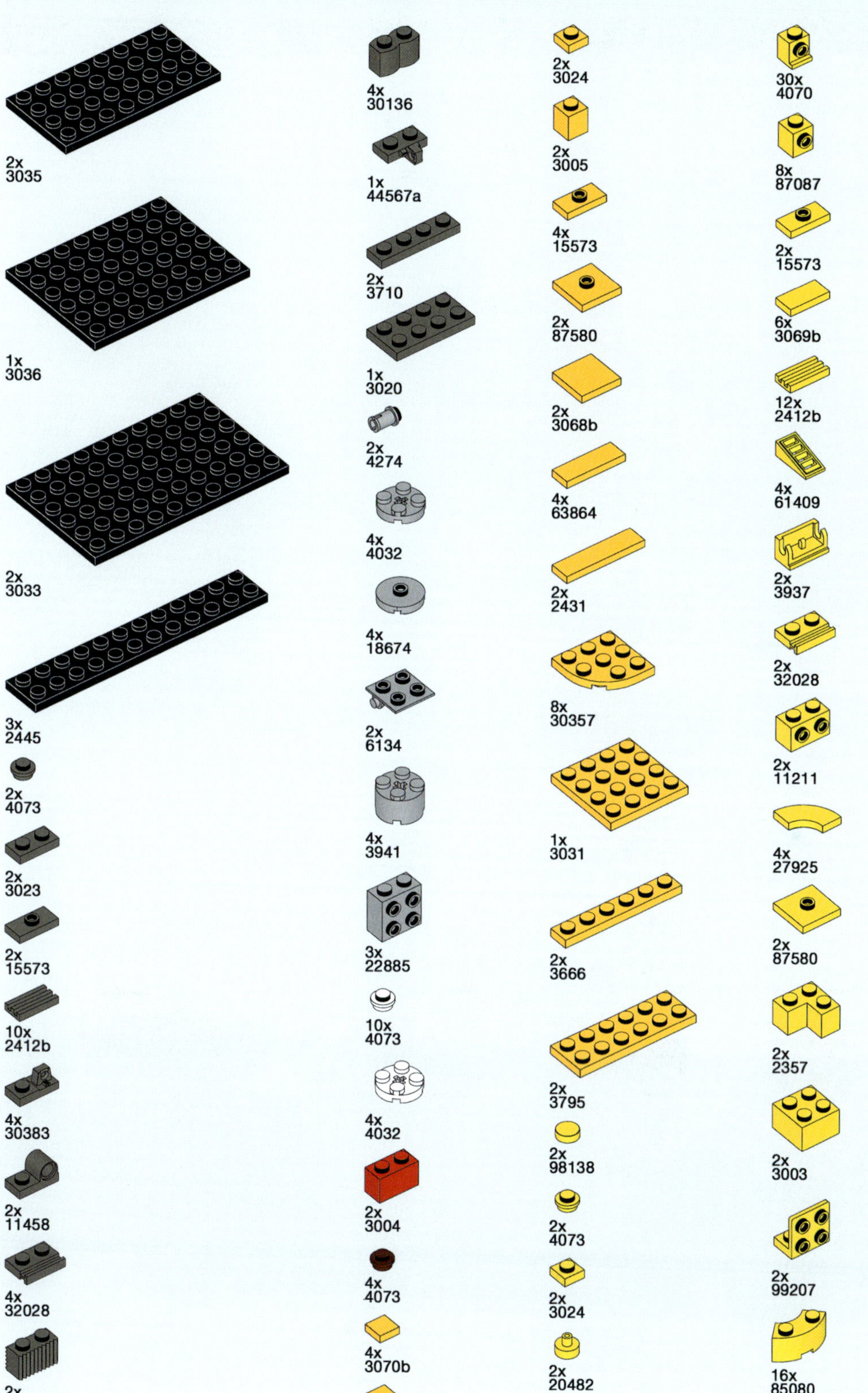

2x 93273

1x 6636

12x 4073

2x 4073

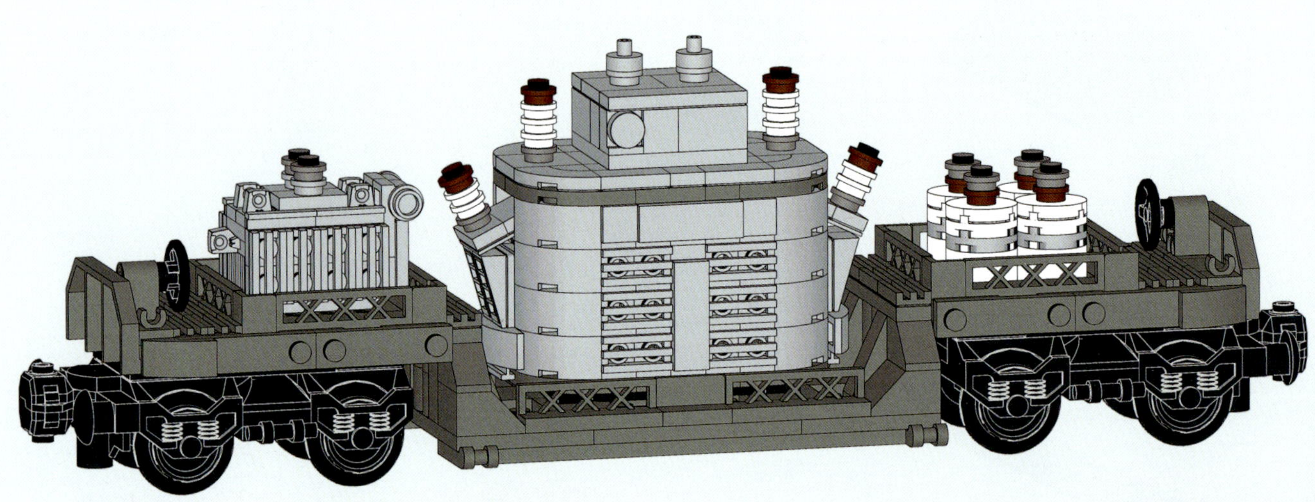

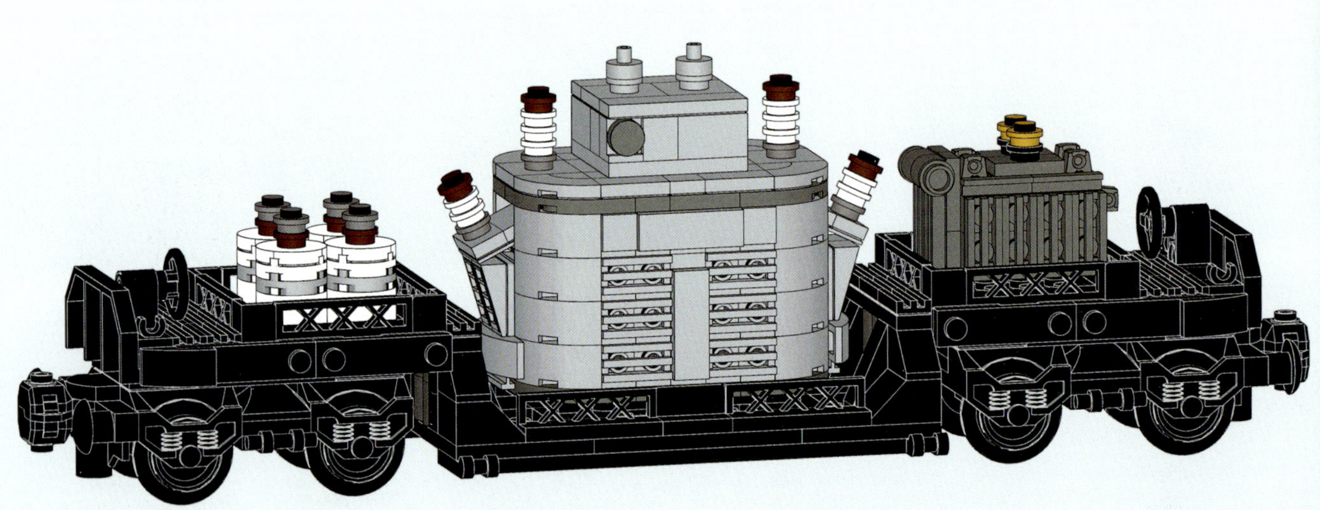

PERSONEN-WAGEN

»Dieser Waggon kann als Speisewagen dienen, da er mit Tischen ausgestattet ist. Wenn du mehr Raum für deine Minifiguren benötigst, ersetze die Tische durch mehr Sitze!«

Teile		383
Steintypen		87
Breite	2.4 in	6,1 cm
Höhe	3.8 in	9,7 cm
Länge	9.8 in	24,9 cm

1

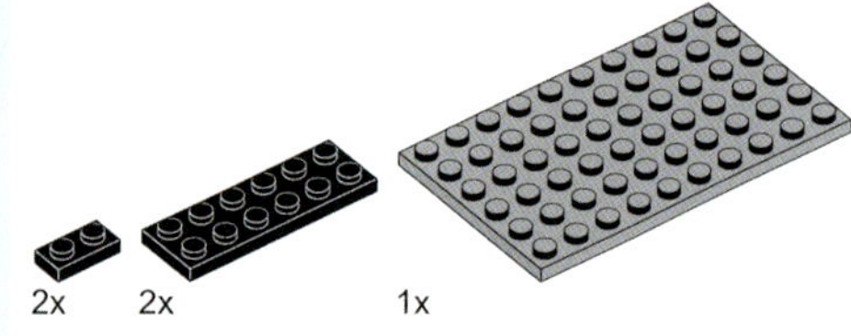

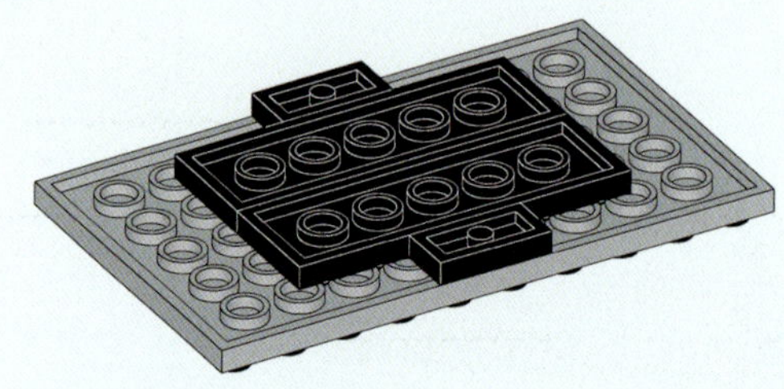

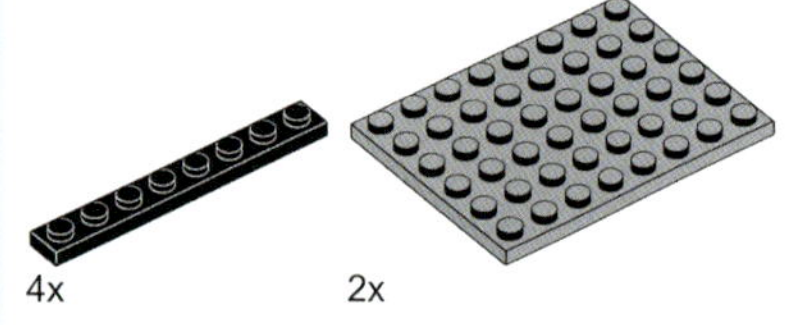

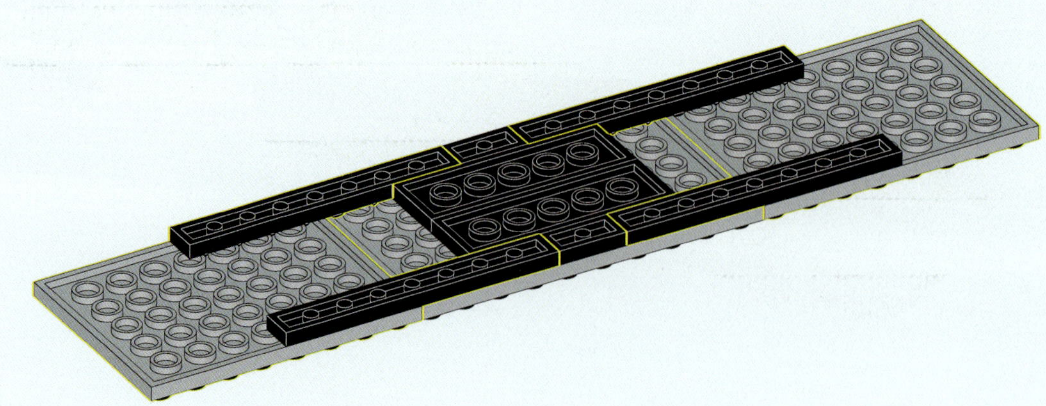

3

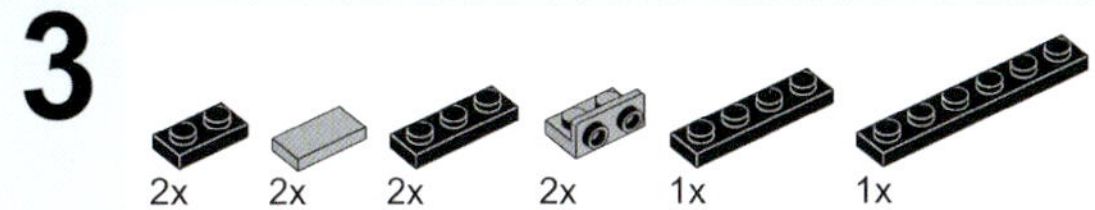

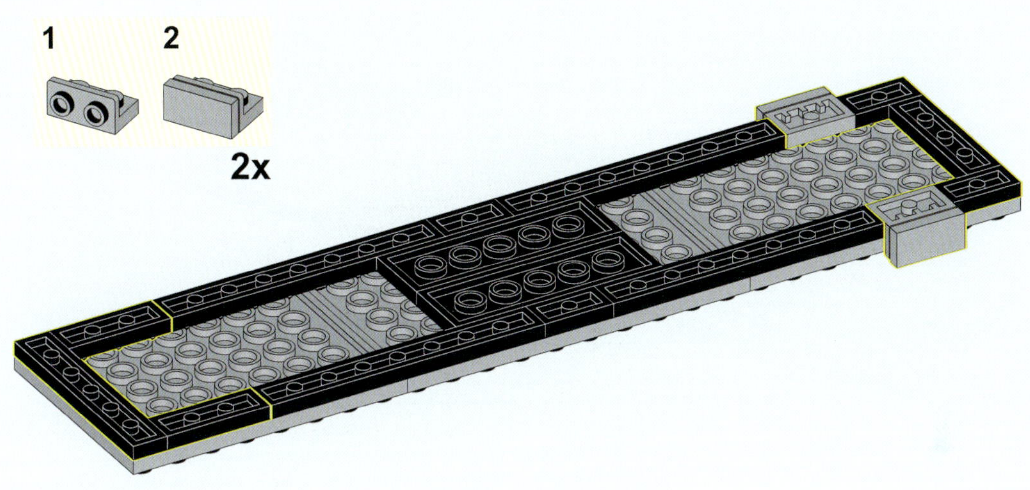

4

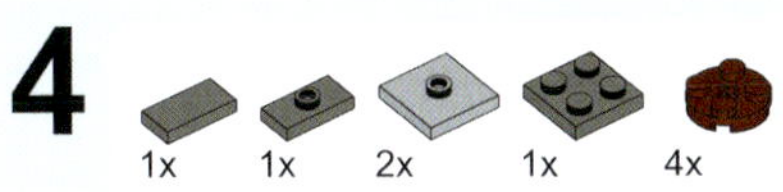

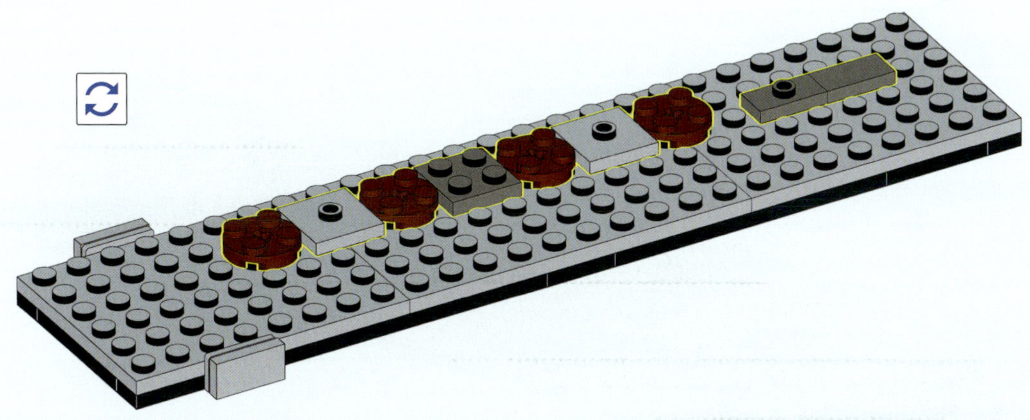

5

4x 2x 2x 2x

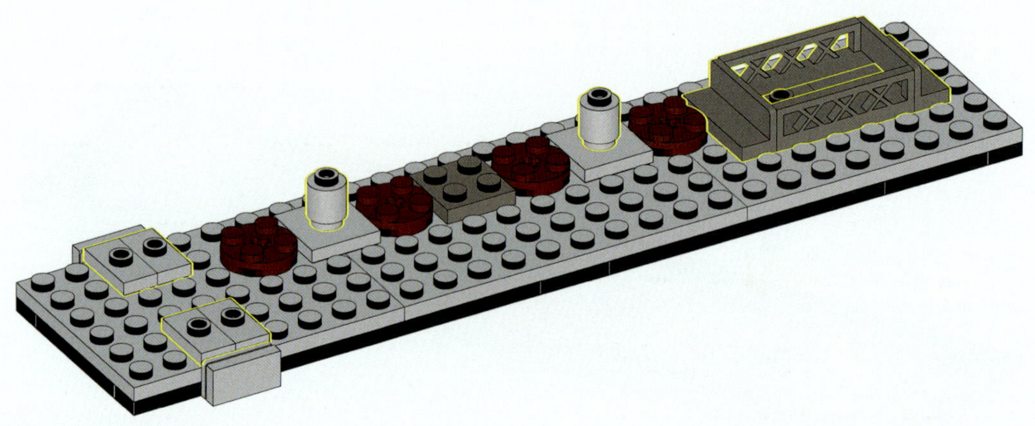

6

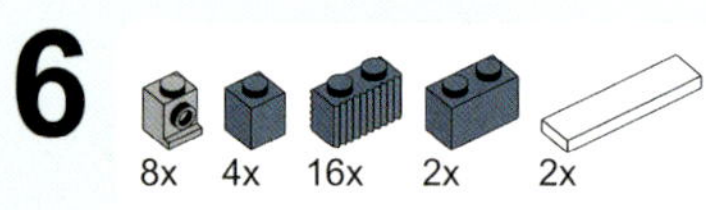

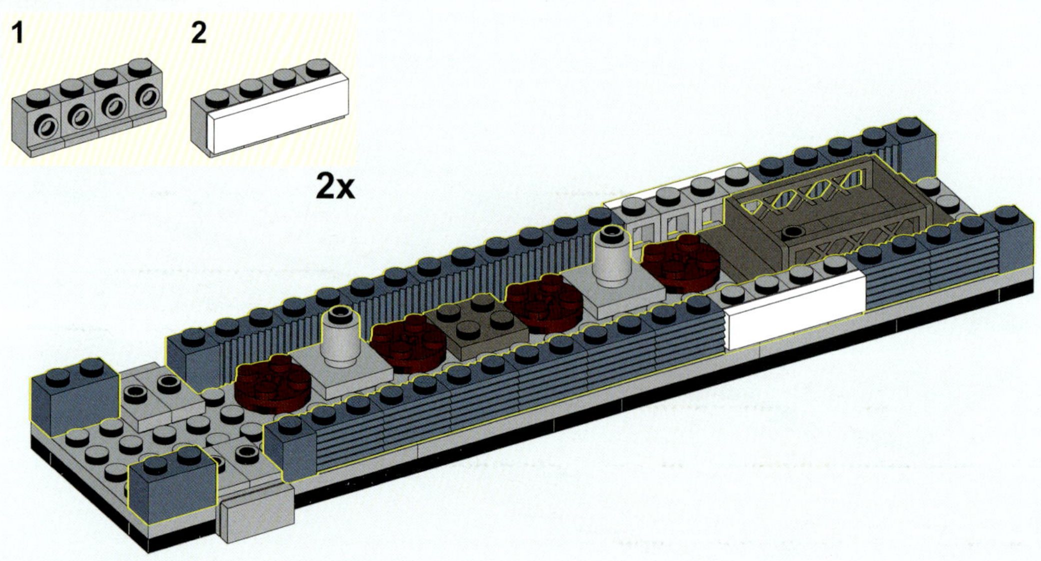

7

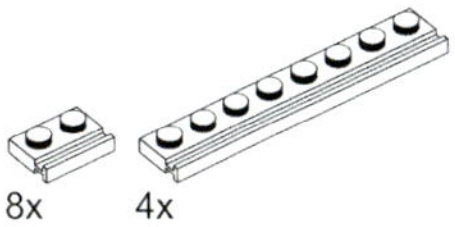

8x 4x

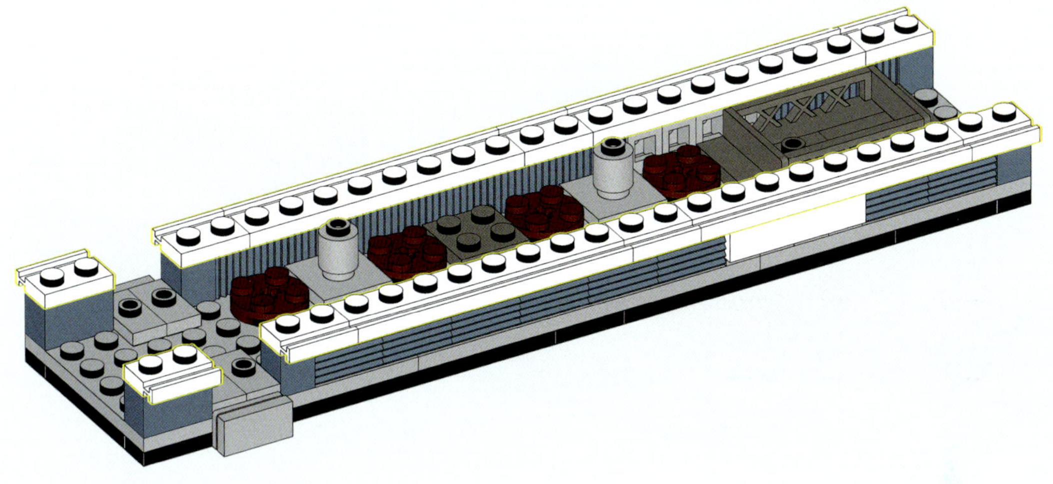

8

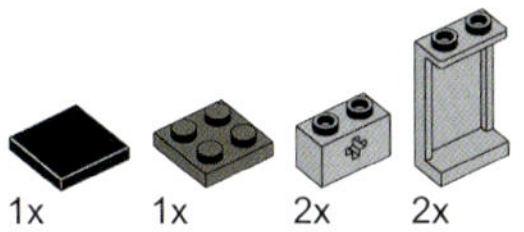

1x 1x 2x 2x

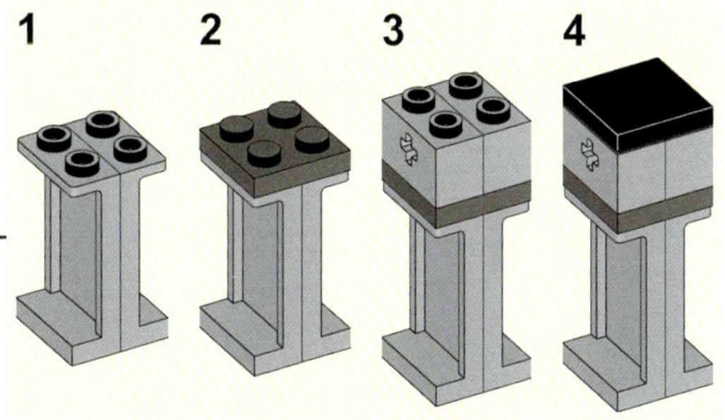

1 2 3 4

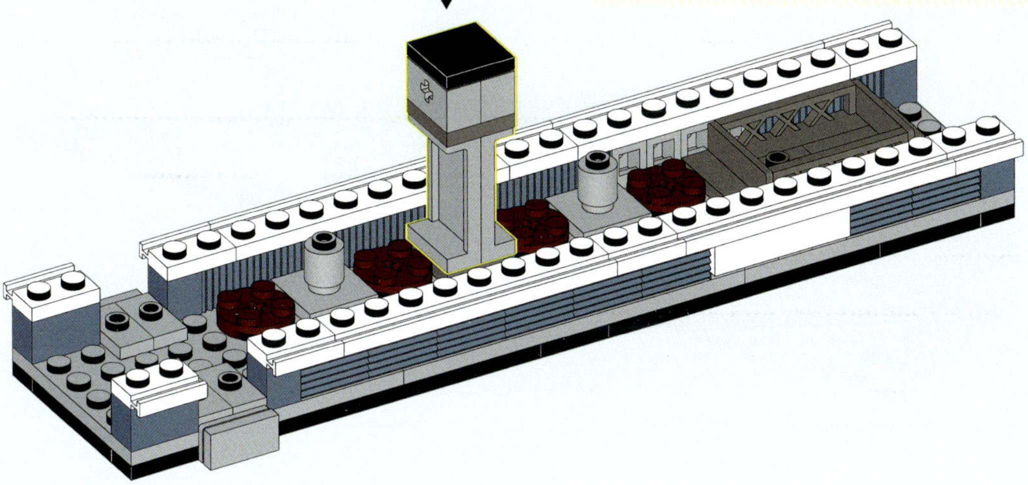

9

2x 4x

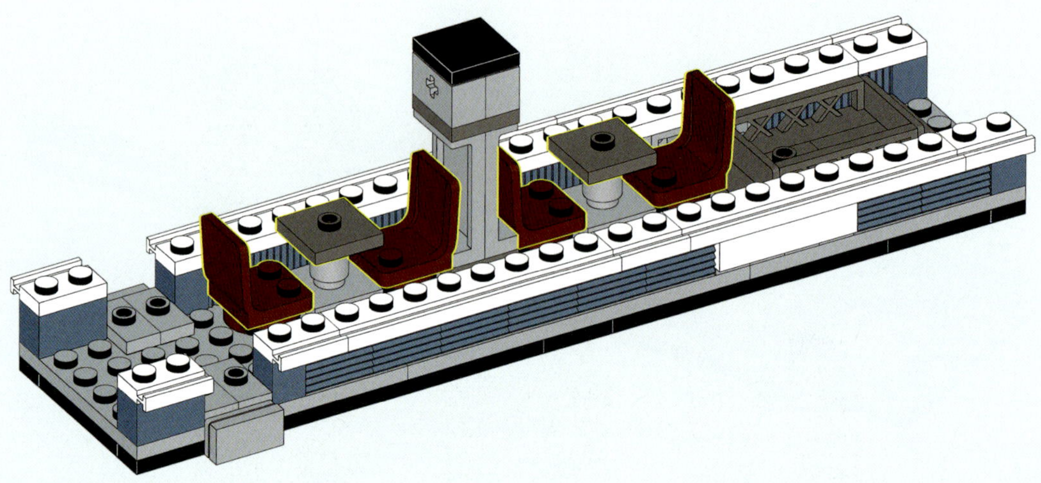

10

1x 1x 1x 1x

1 2

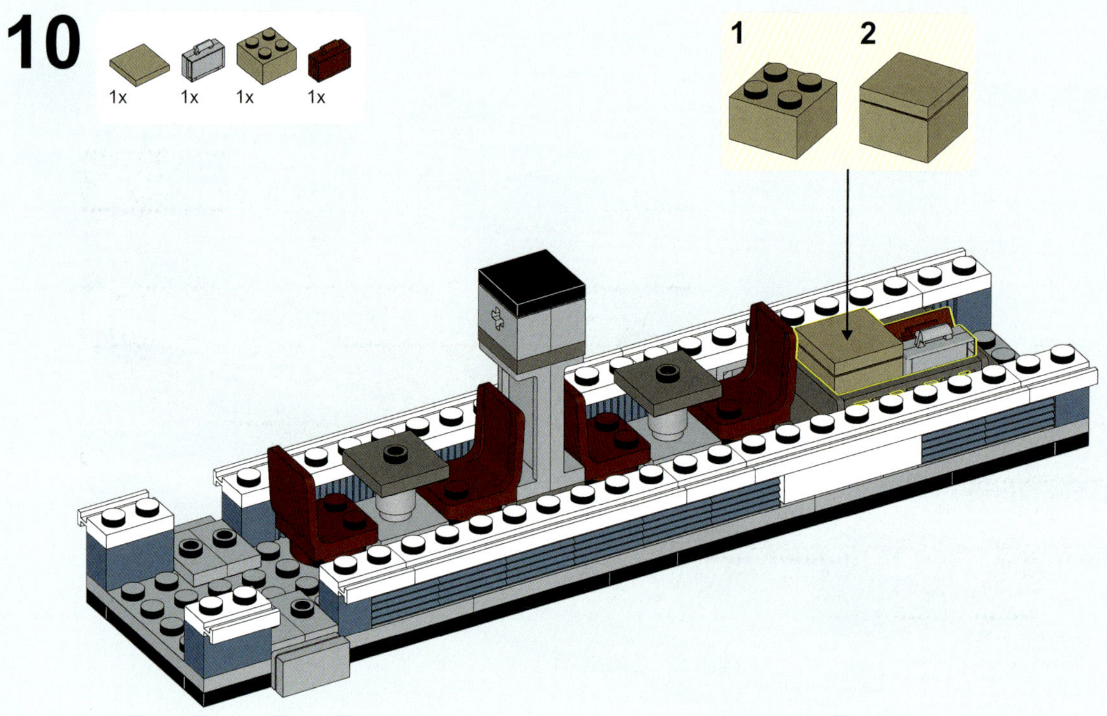

11

4x 2x 4x 2x 12x 4x 2x

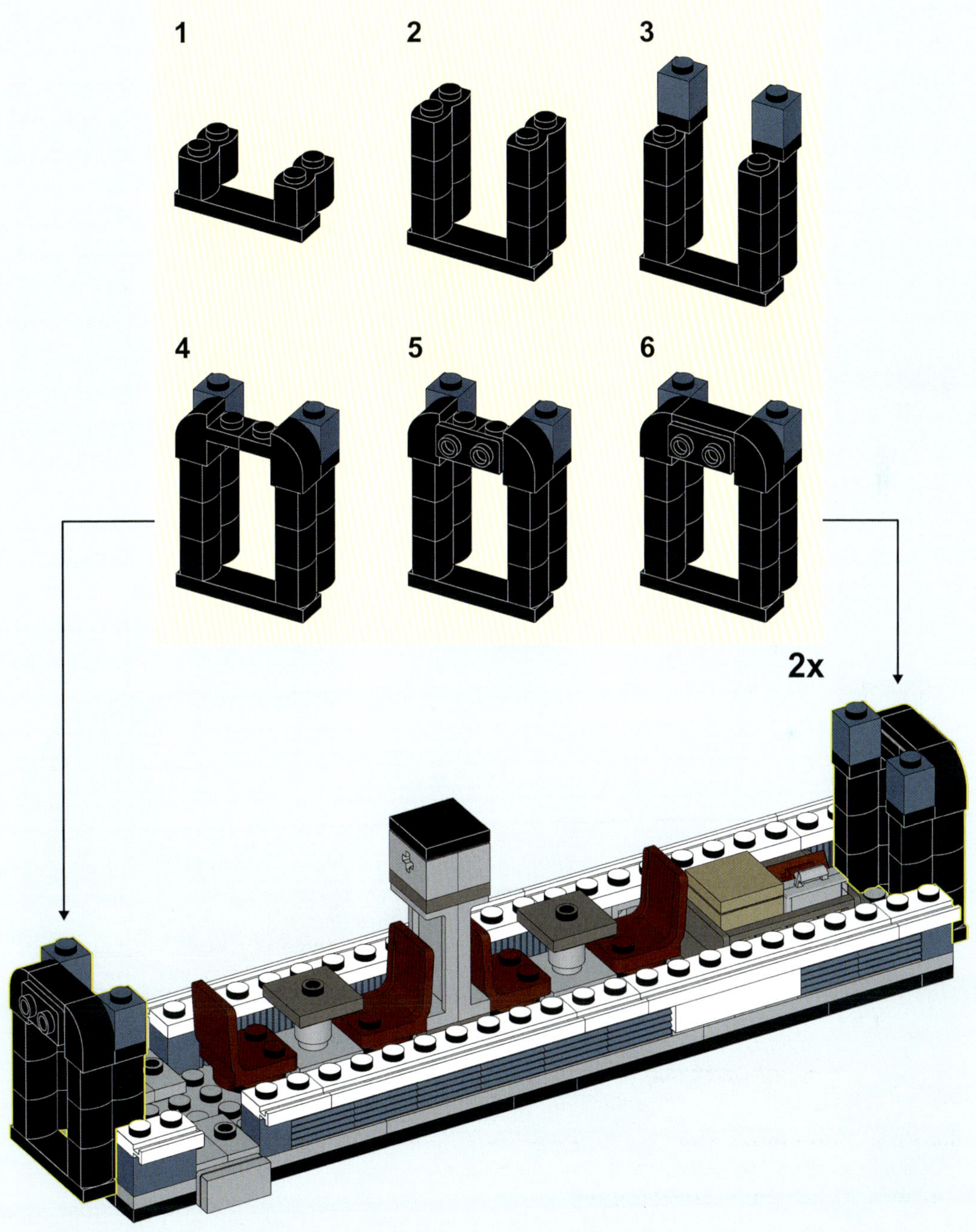

12

2x 2x 4x 2x 2x

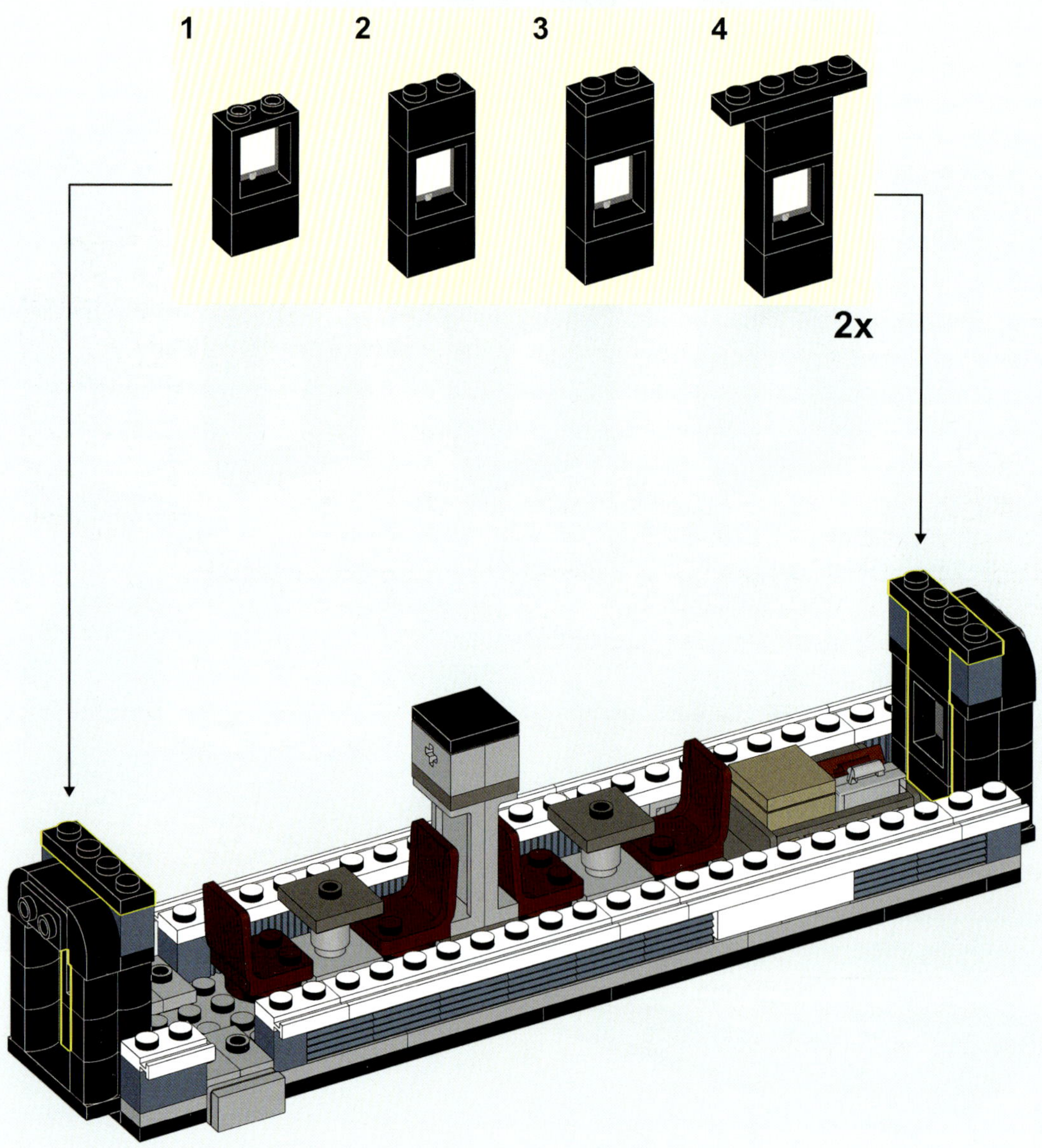

13

2x 2x 4x 4x 4x

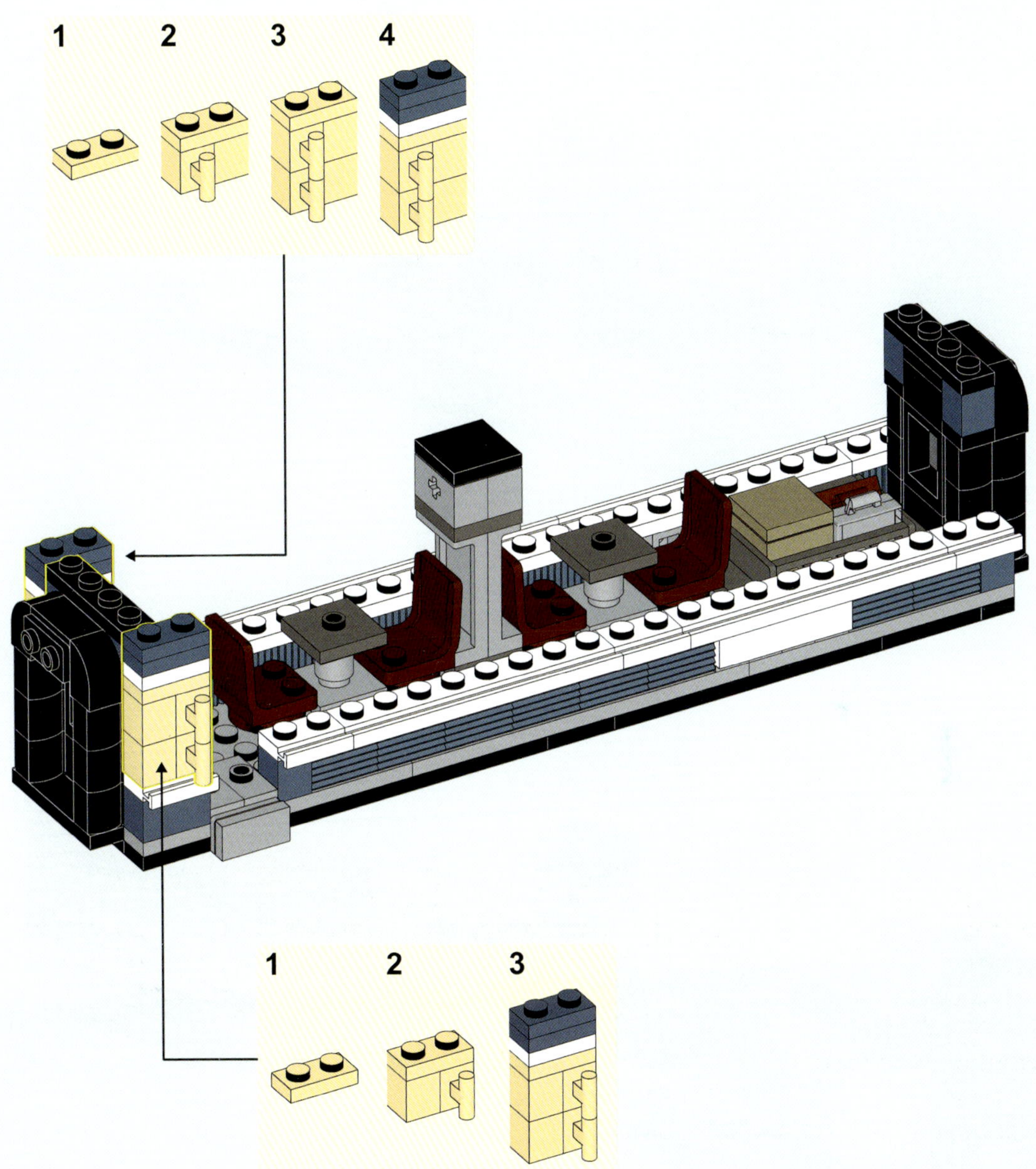

14

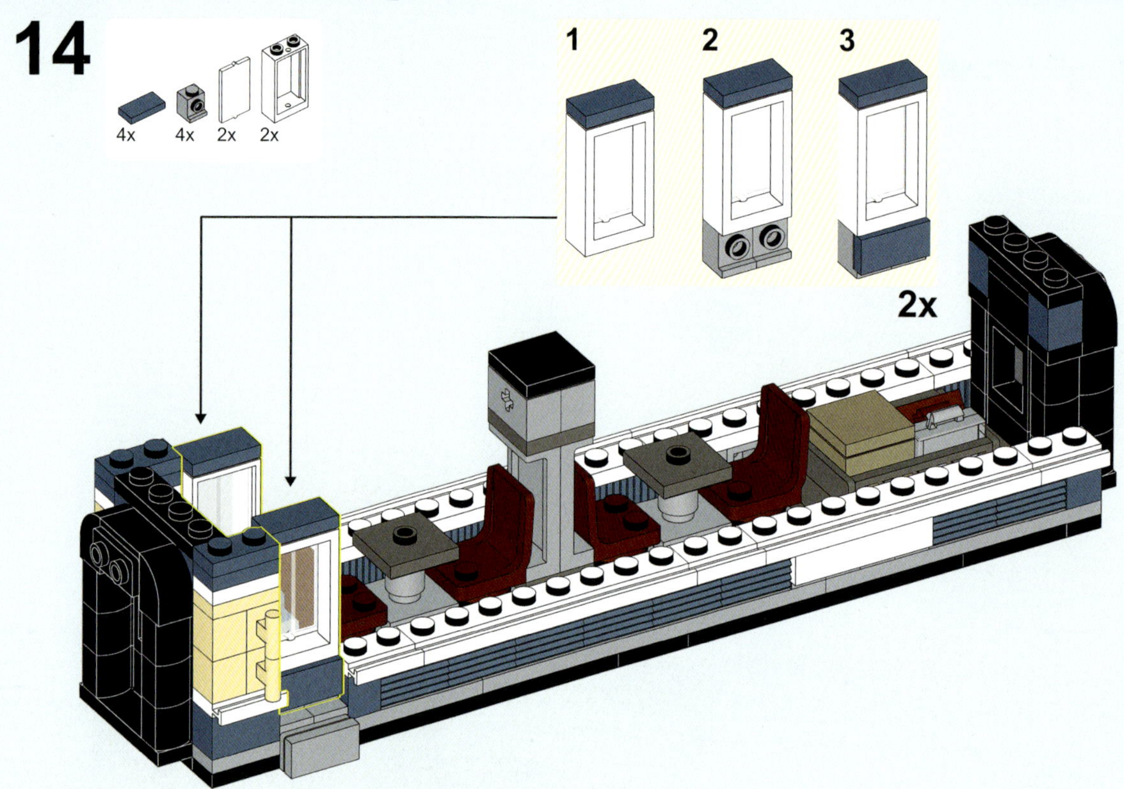

15

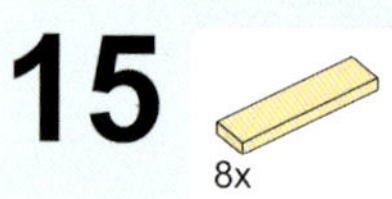

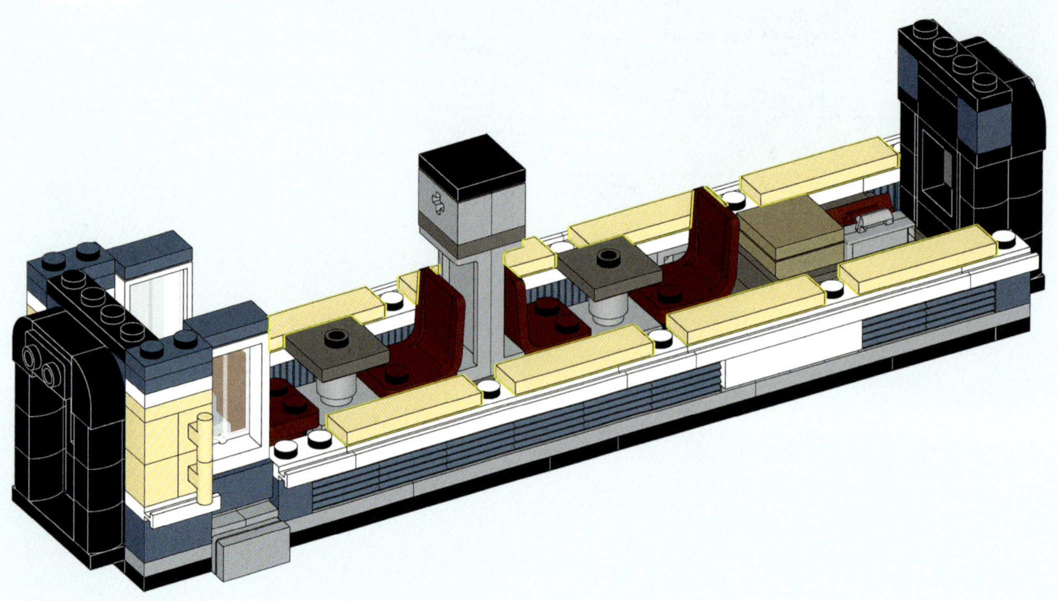

16

2x 2x 2x 4x

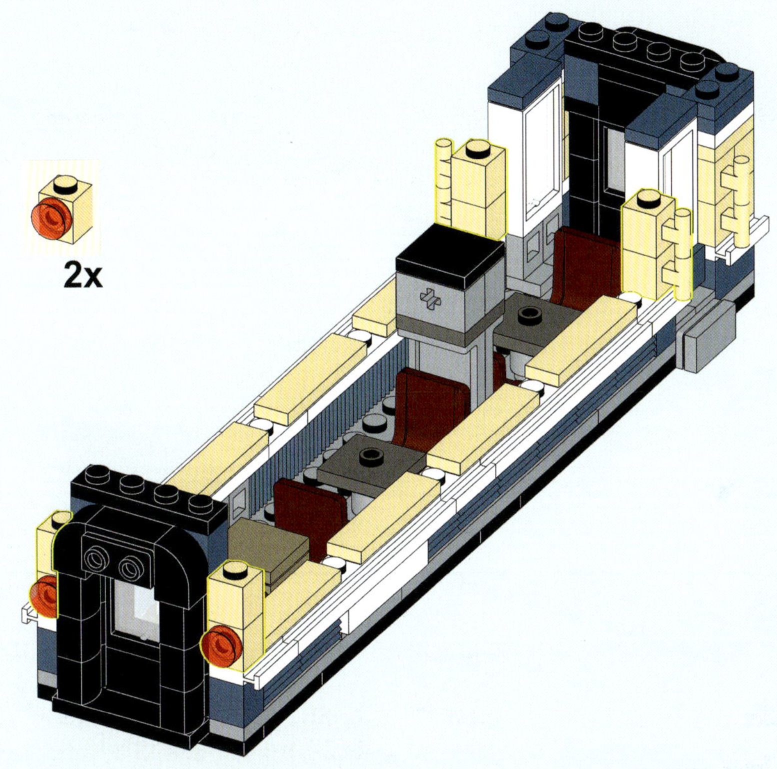

17

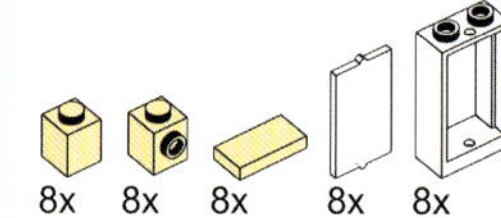

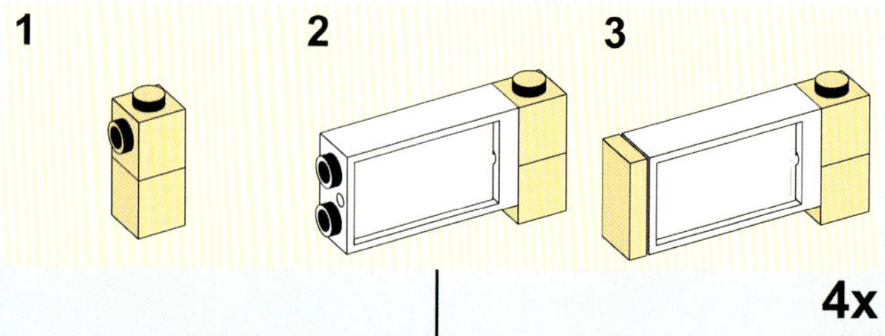

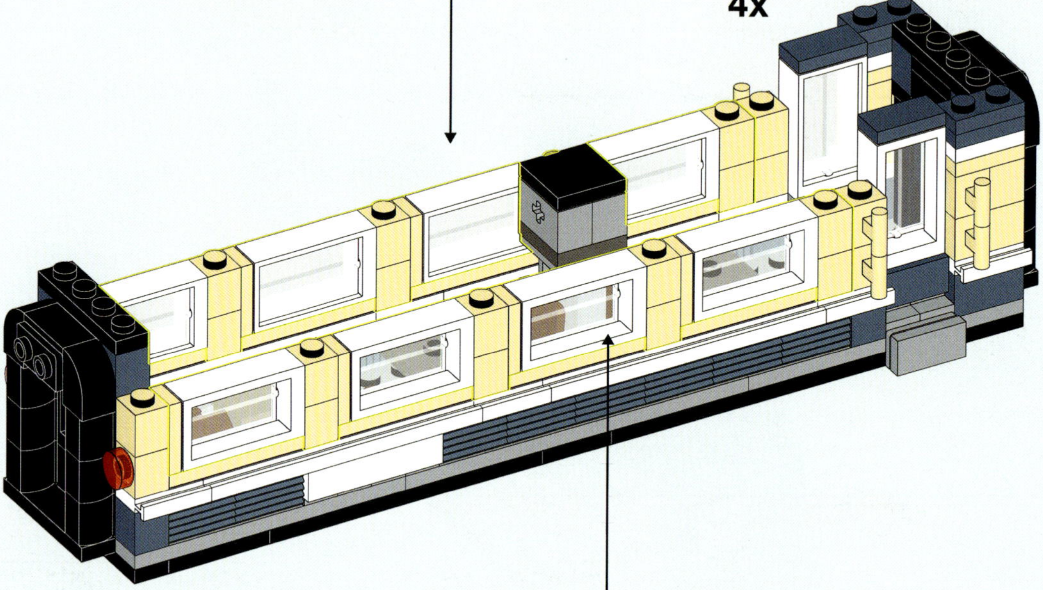

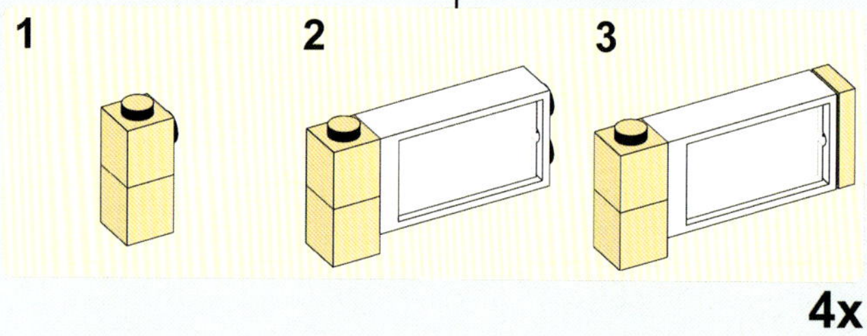

1
2
3

4x

1
2
3

4x

18

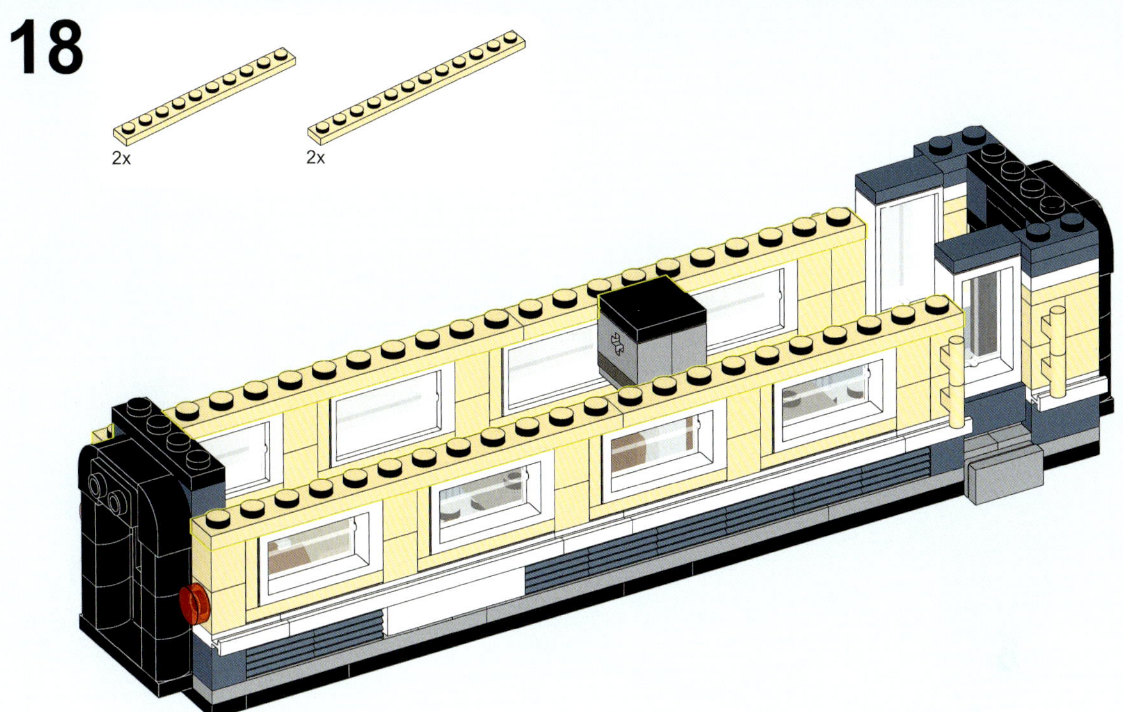

19

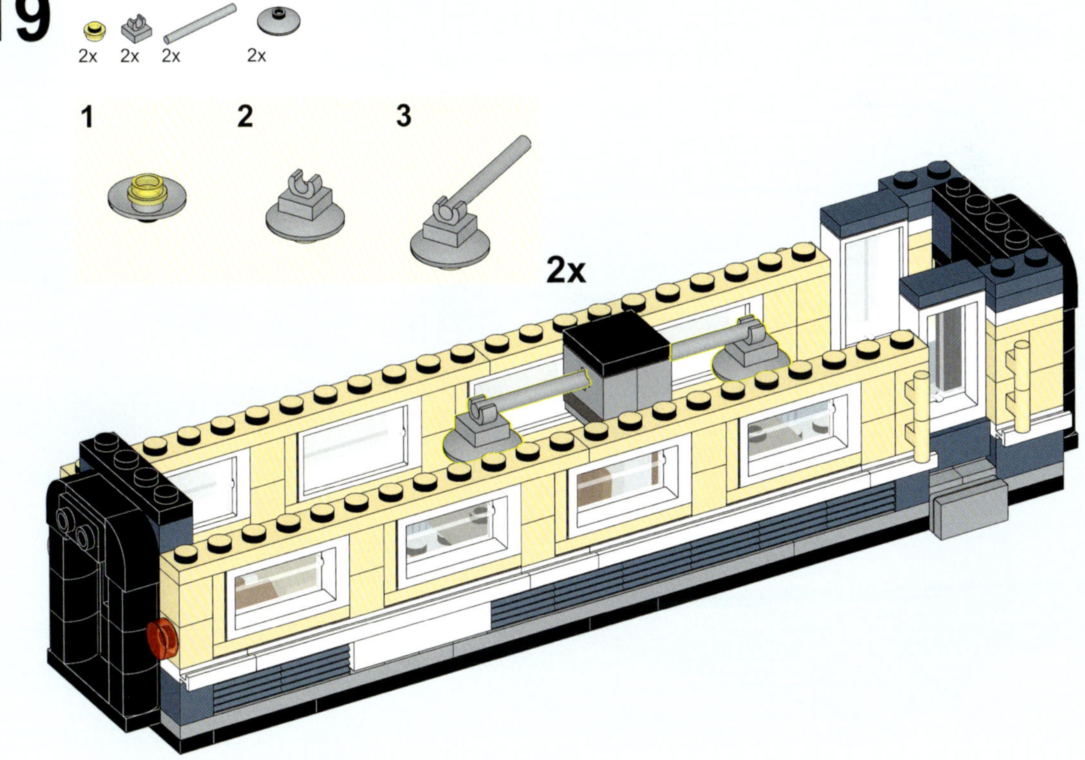

20

2x 4x

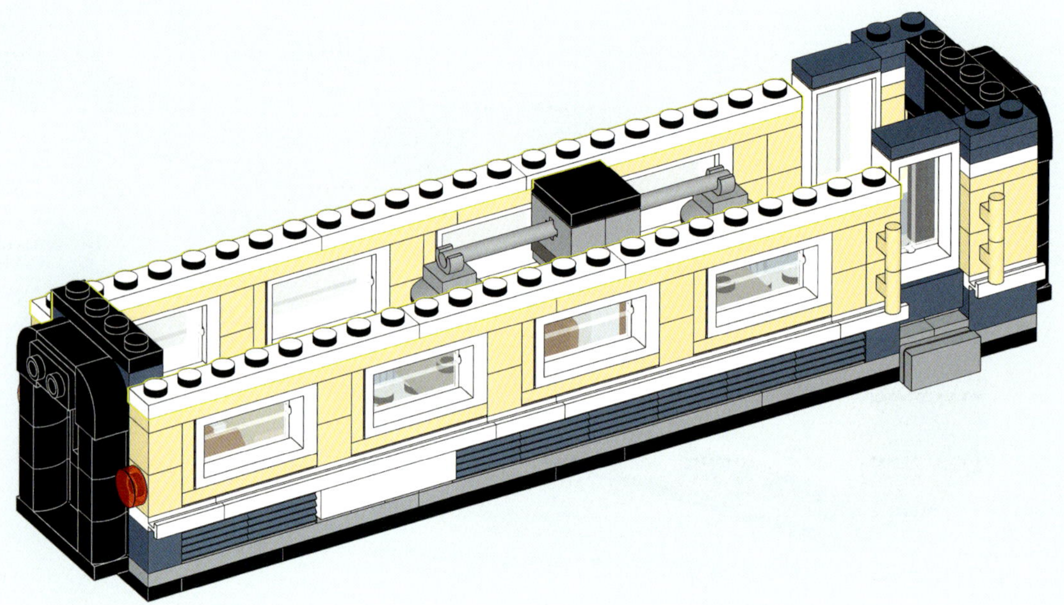

21

2x 10x

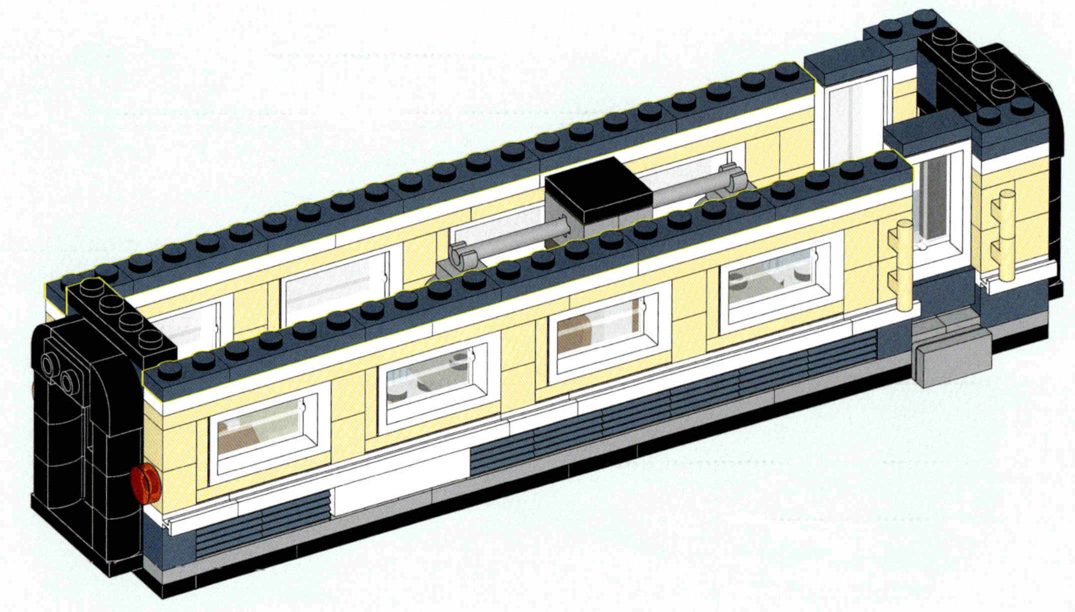

22

2x 10x

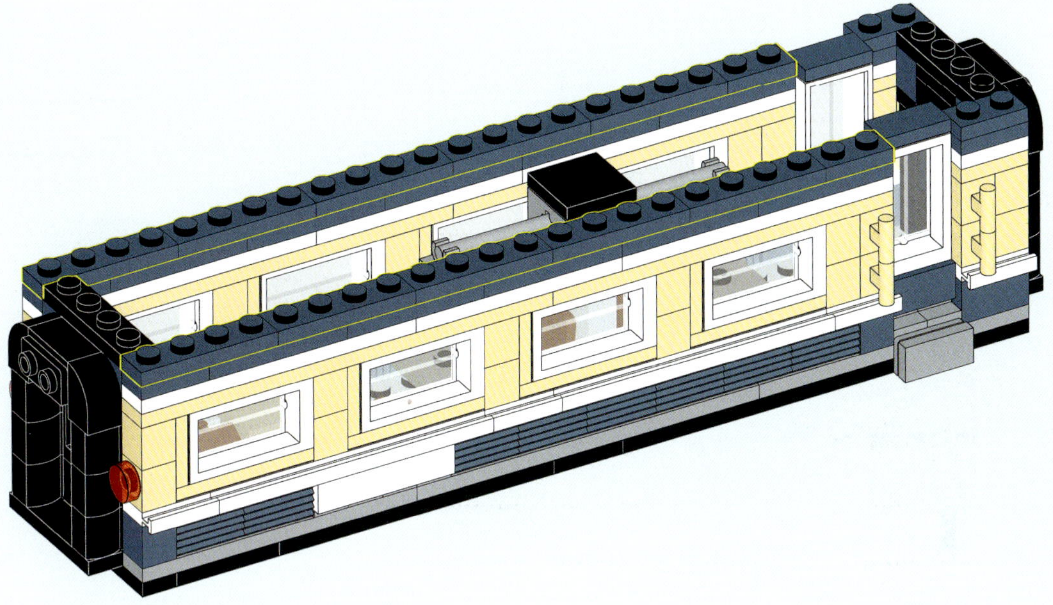

23

4x 2x 6x

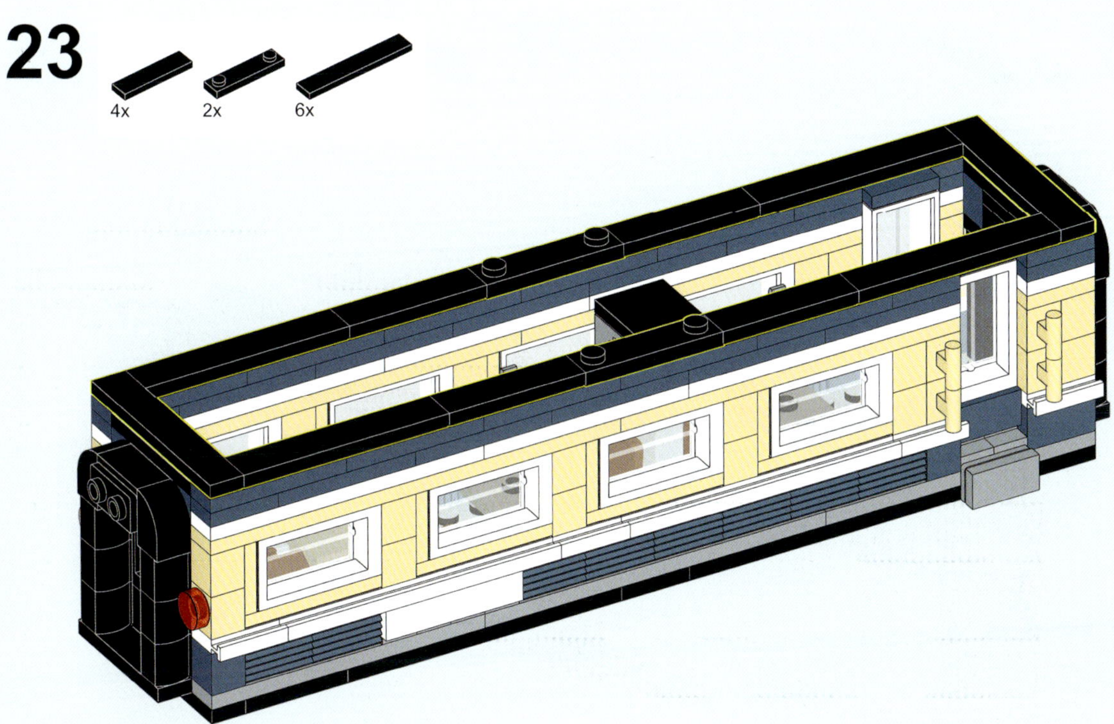

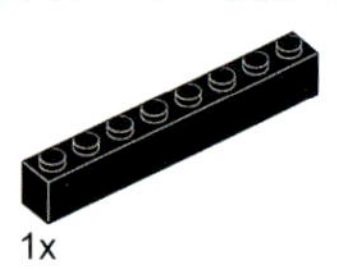

25

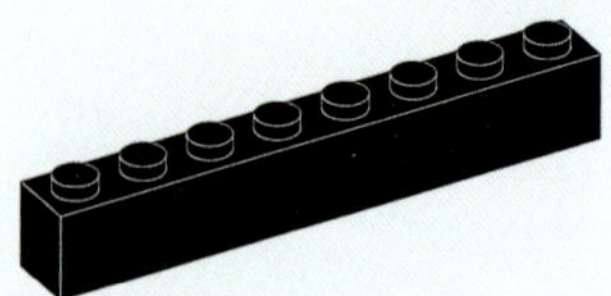

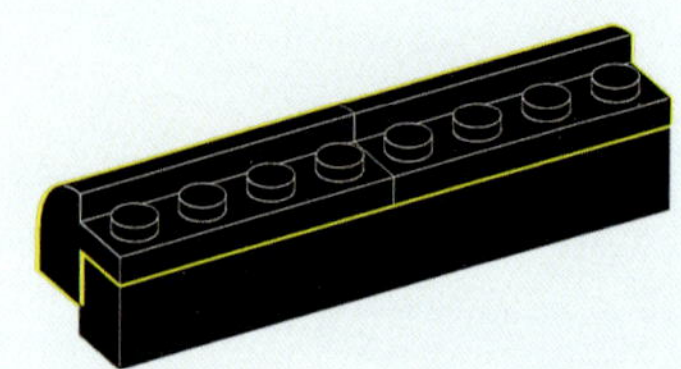

26

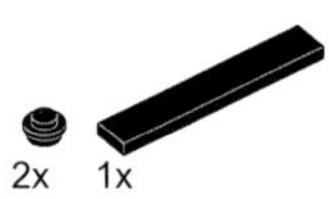

27

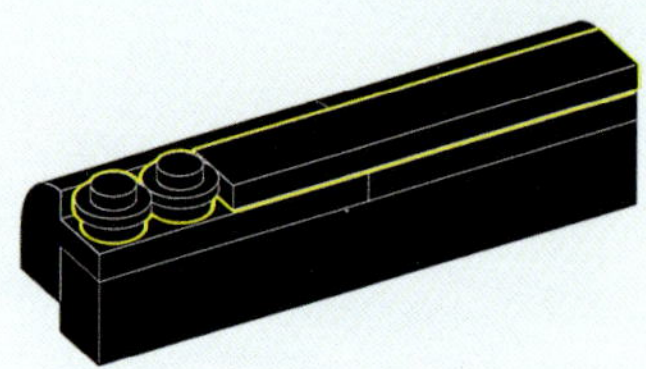

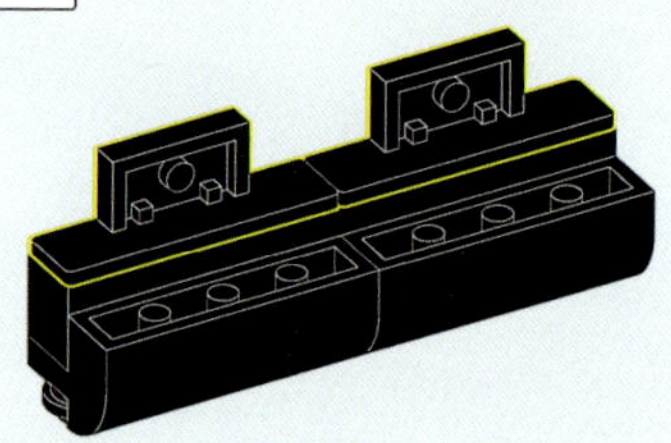

2x

28

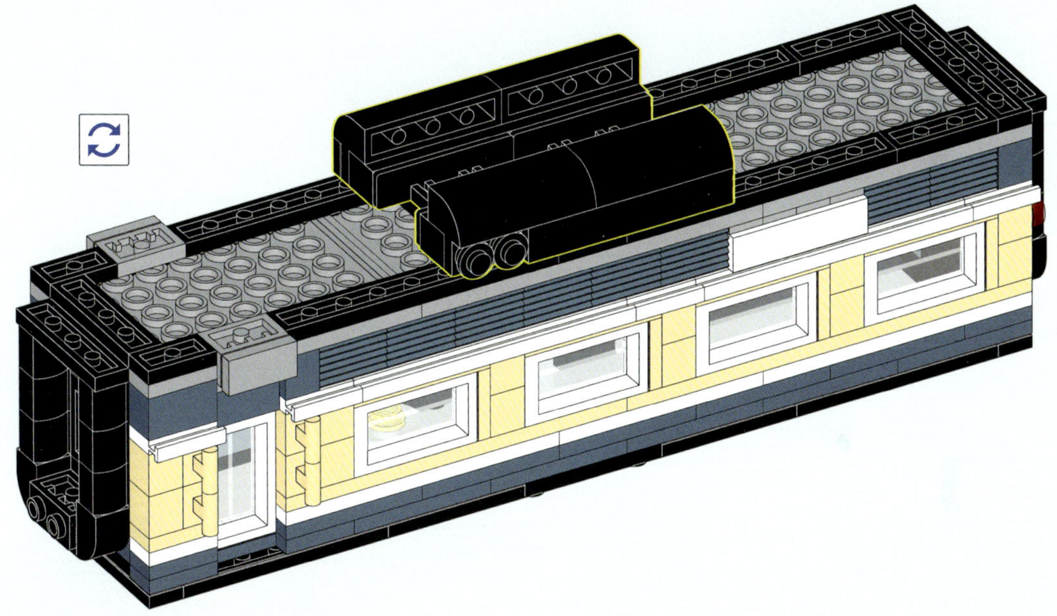

29

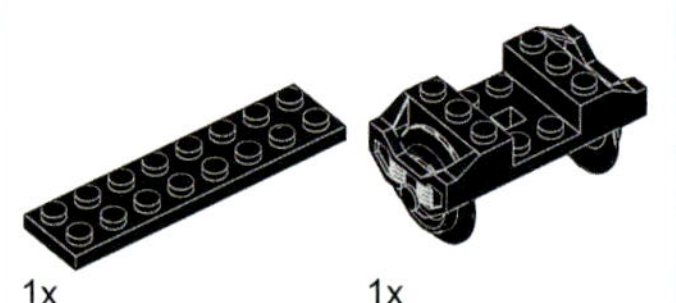

30

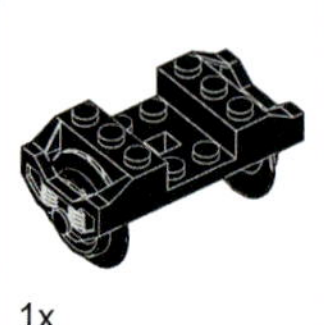

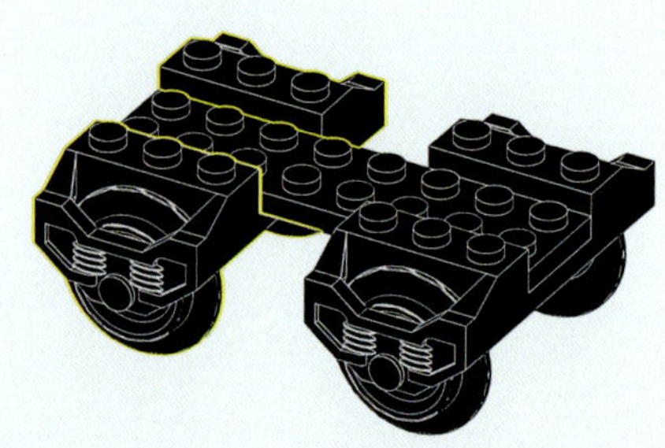

31

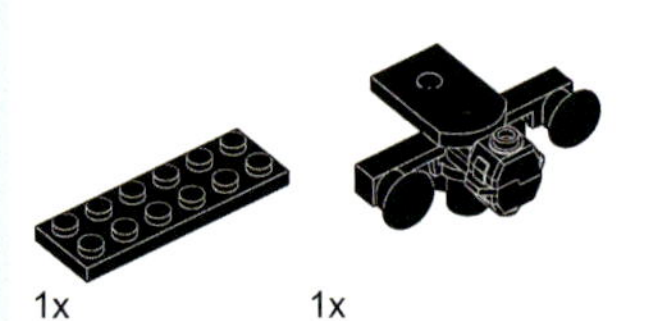

32

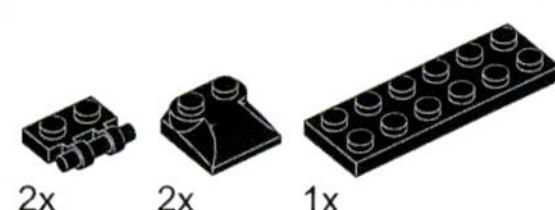

1

2

33

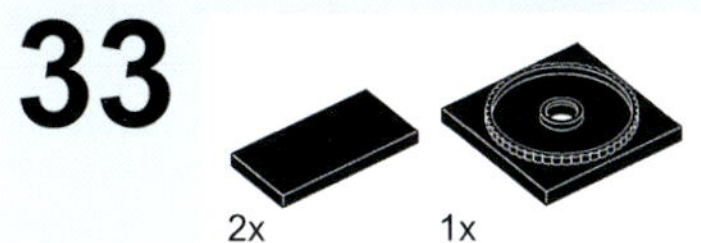

34

1x

2x

35

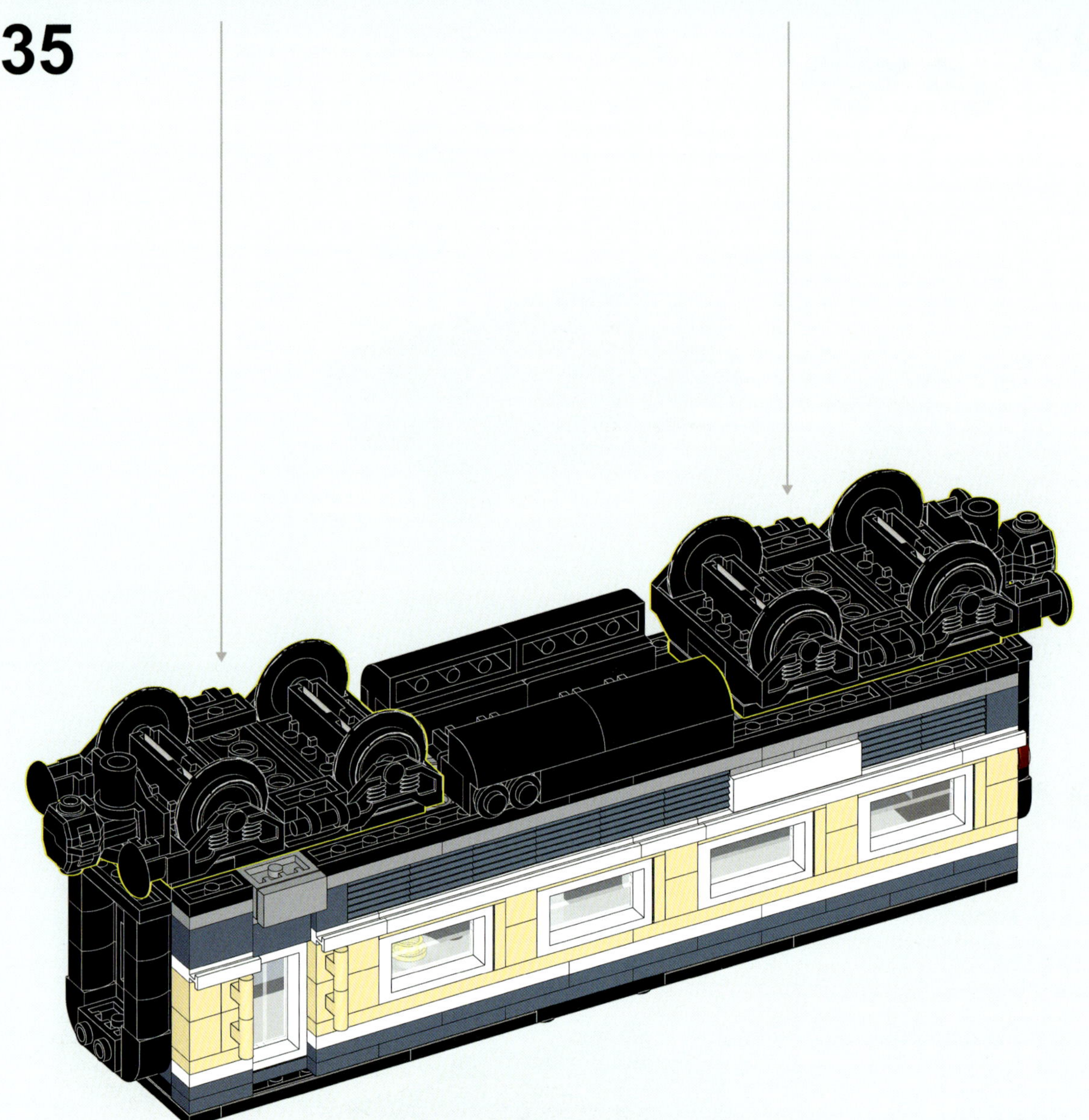

36

1x 2x

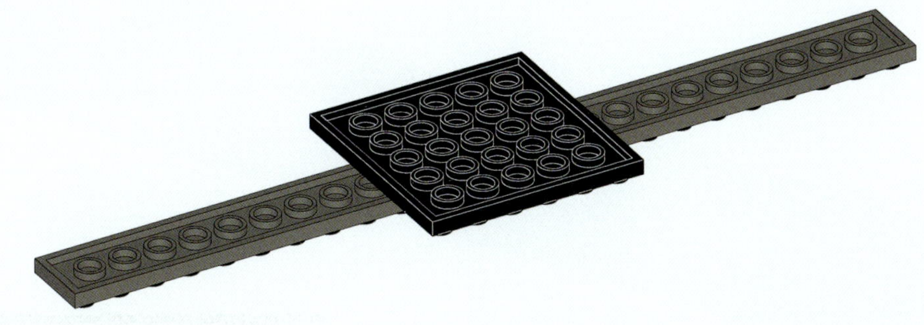

37

2x 2x

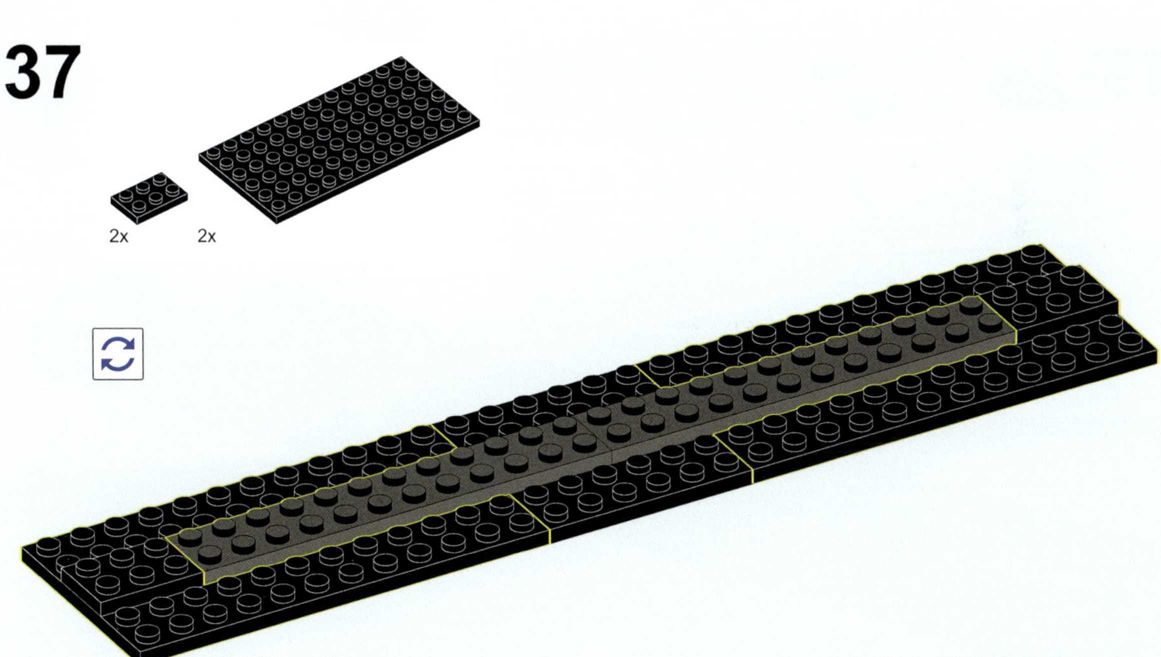

38

12x

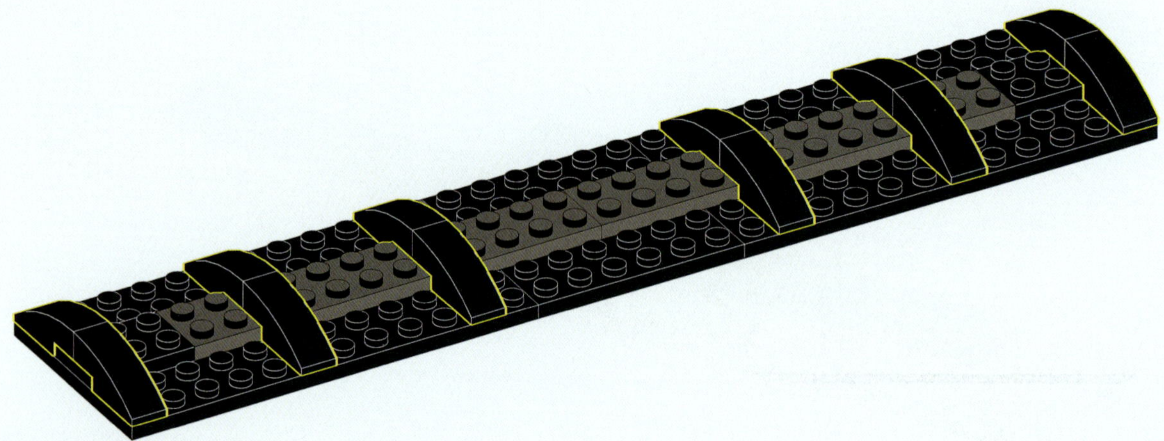

39

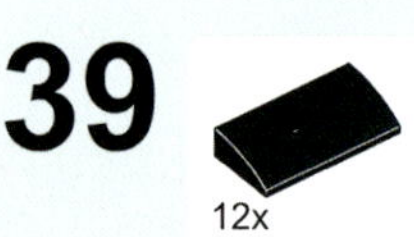

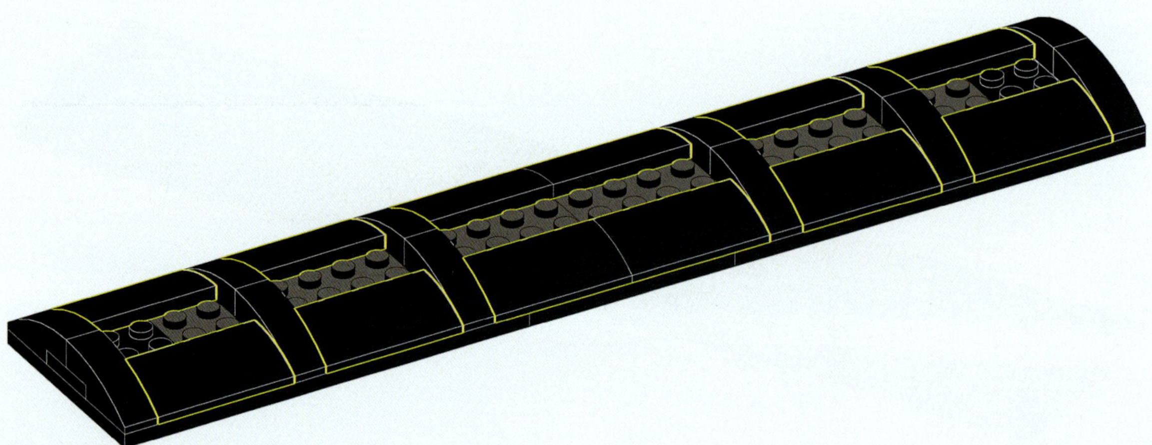

40

6x 5x 2x

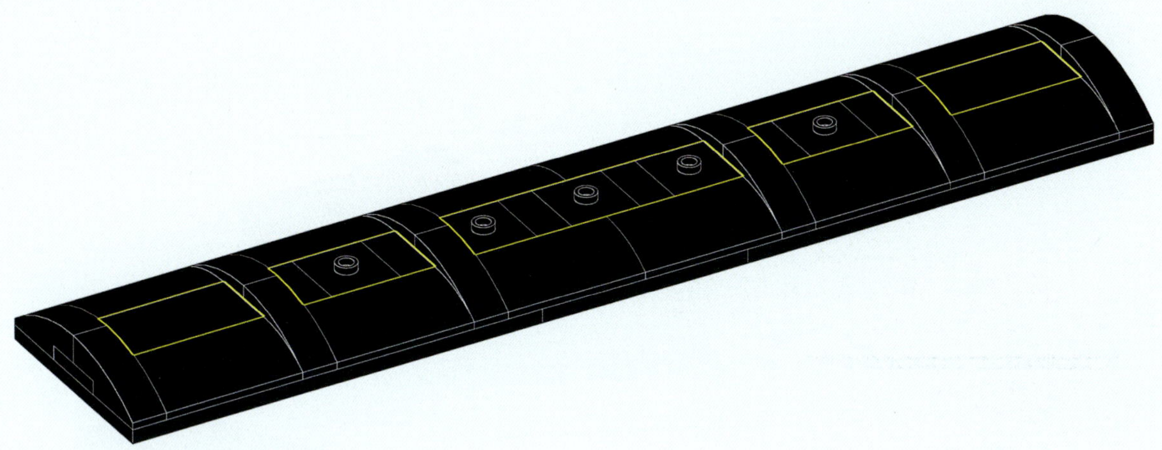

41

5x

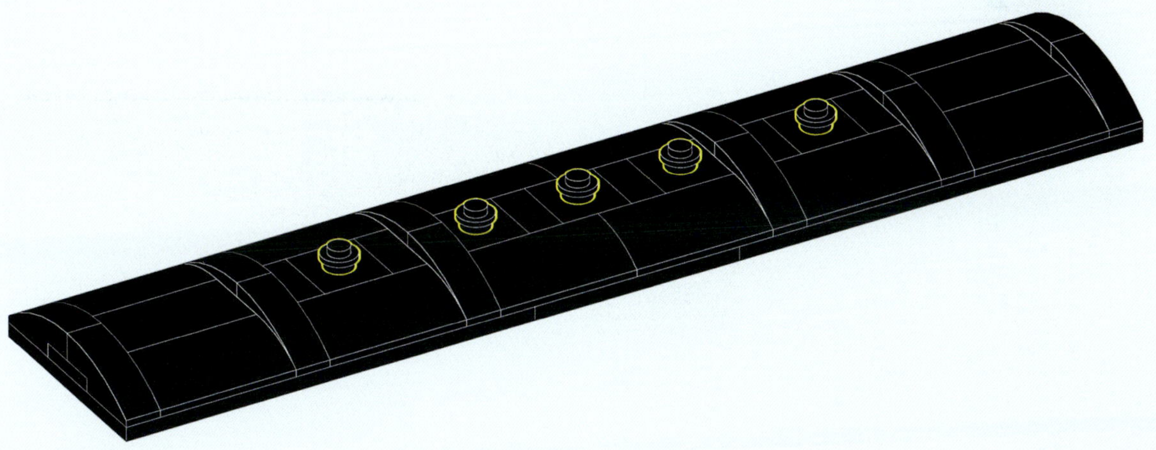

42

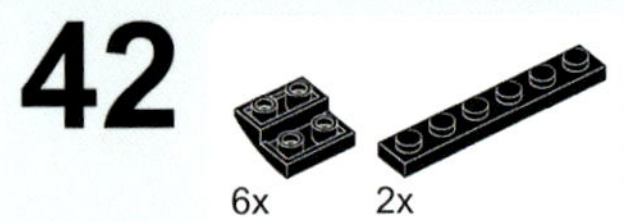

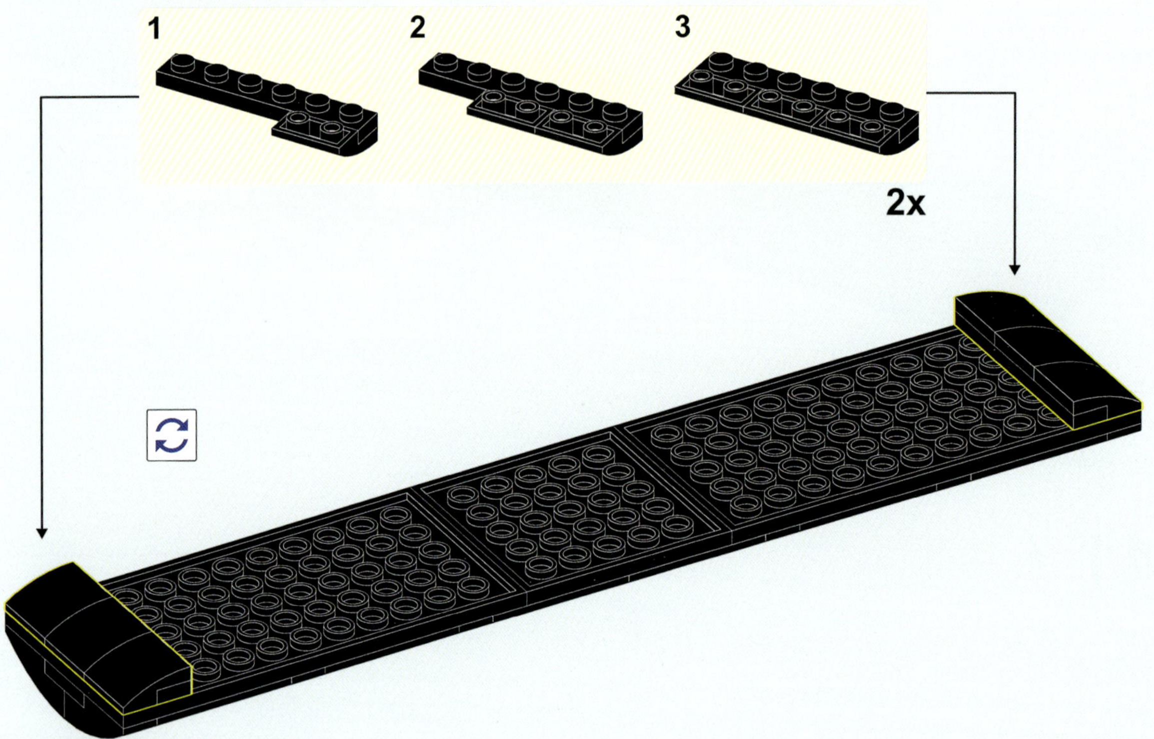

43

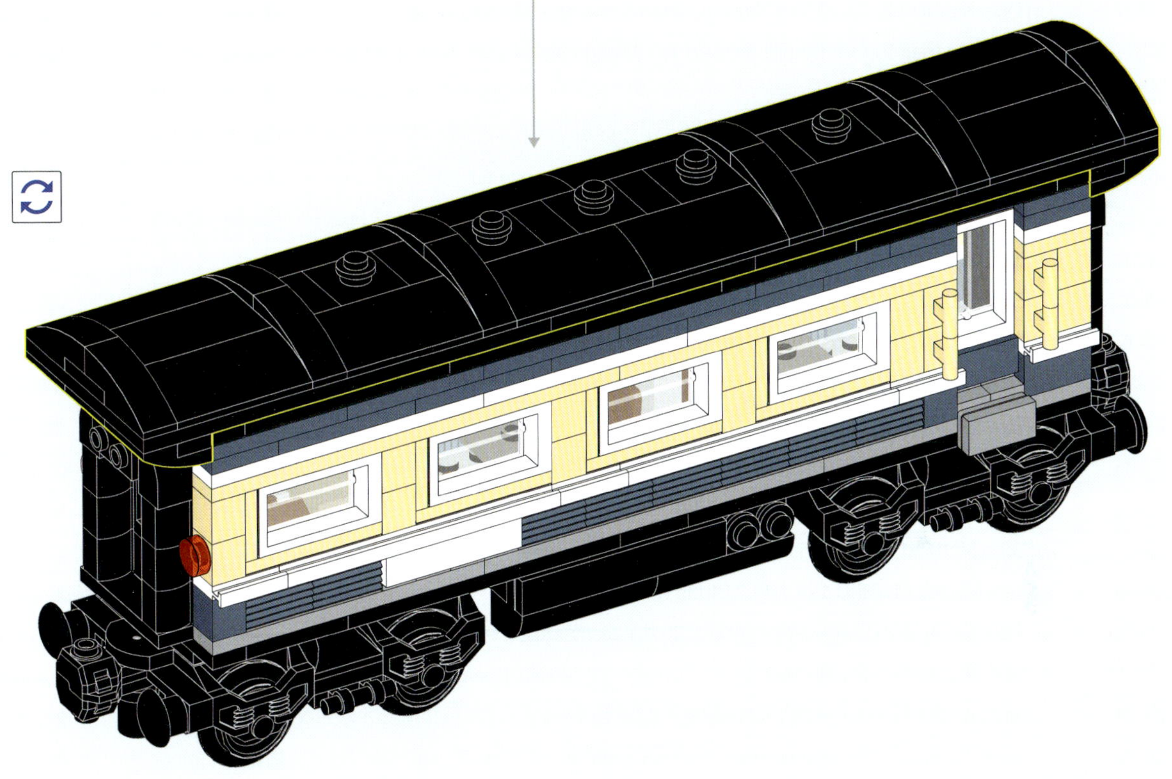

Teilenummer	Bezeichnung	Farbe	Menge
3023	Plate (Platte) 1×2	Tan	2
3069b	Tile (Fliese) 1×2 with Groove	Tan	8
2431	Tile (Fliese) 1×4	Tan	8
3023	Plate (Platte) 1×2	White	2
3666	Plate (Platte) 1×6	White	2
3460	Plate (Platte) 1×8	White	4
32028	Plate, Modified 1×2 with Door Rail (Platte mit Führungsschiene)	White	8
4510	Plate, Modified 1×8 with Door Rail (Platte mit Führungsschiene)	White	4
2431	Tile (Fliese) 1×4	White	2
60593	Window 1×2×3 Flat Front (Fensterrahmen)	White	10
60601	Glass for Window 1×2×2 Flat Front (Fenstereinsatz)	Trans-Clear	2
60602	Glass for Window 1×2×3 Flat Front (Fenstereinsatz)	Trans-Clear	10
98138	Tile, Round 1×1 (Rundfliese)	Trans-Red	2
4073	Plate, Round 1×1 (Rundplatte)	Trans-Yellow	2

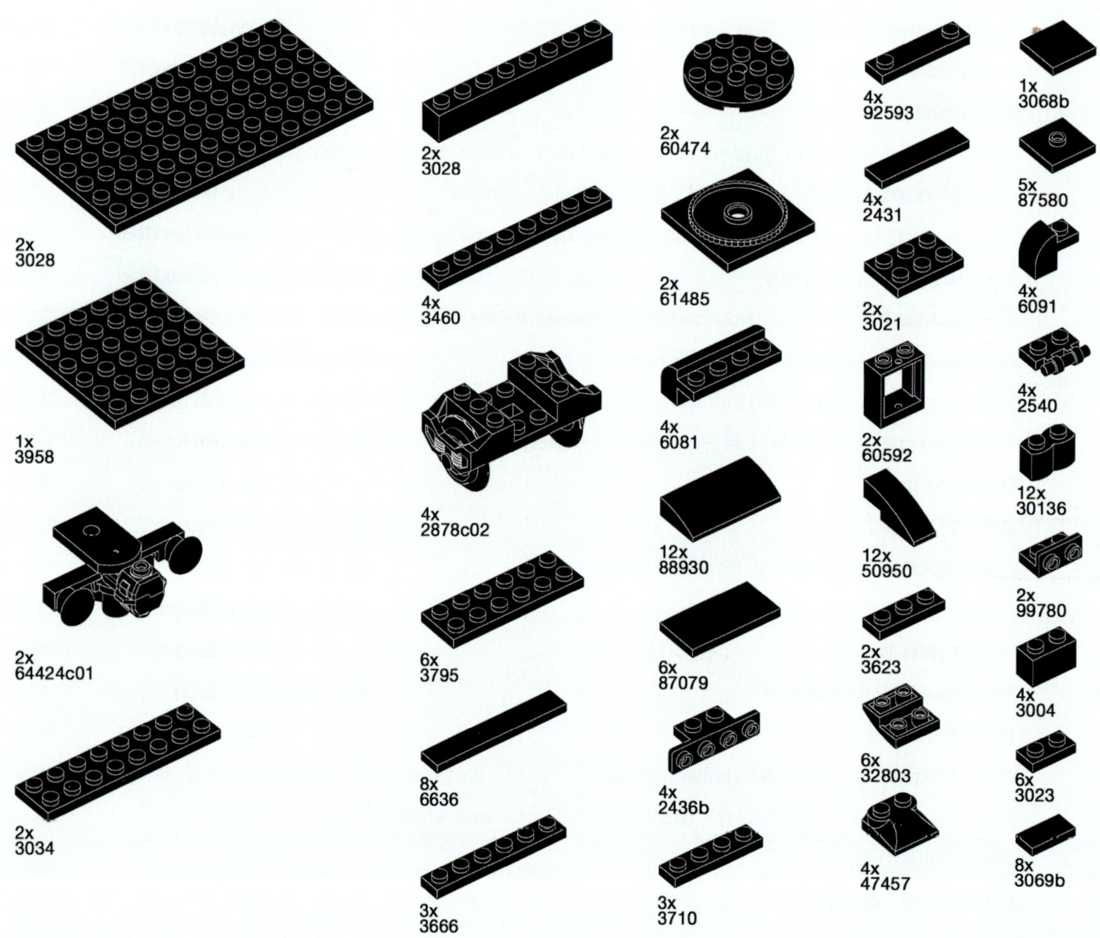

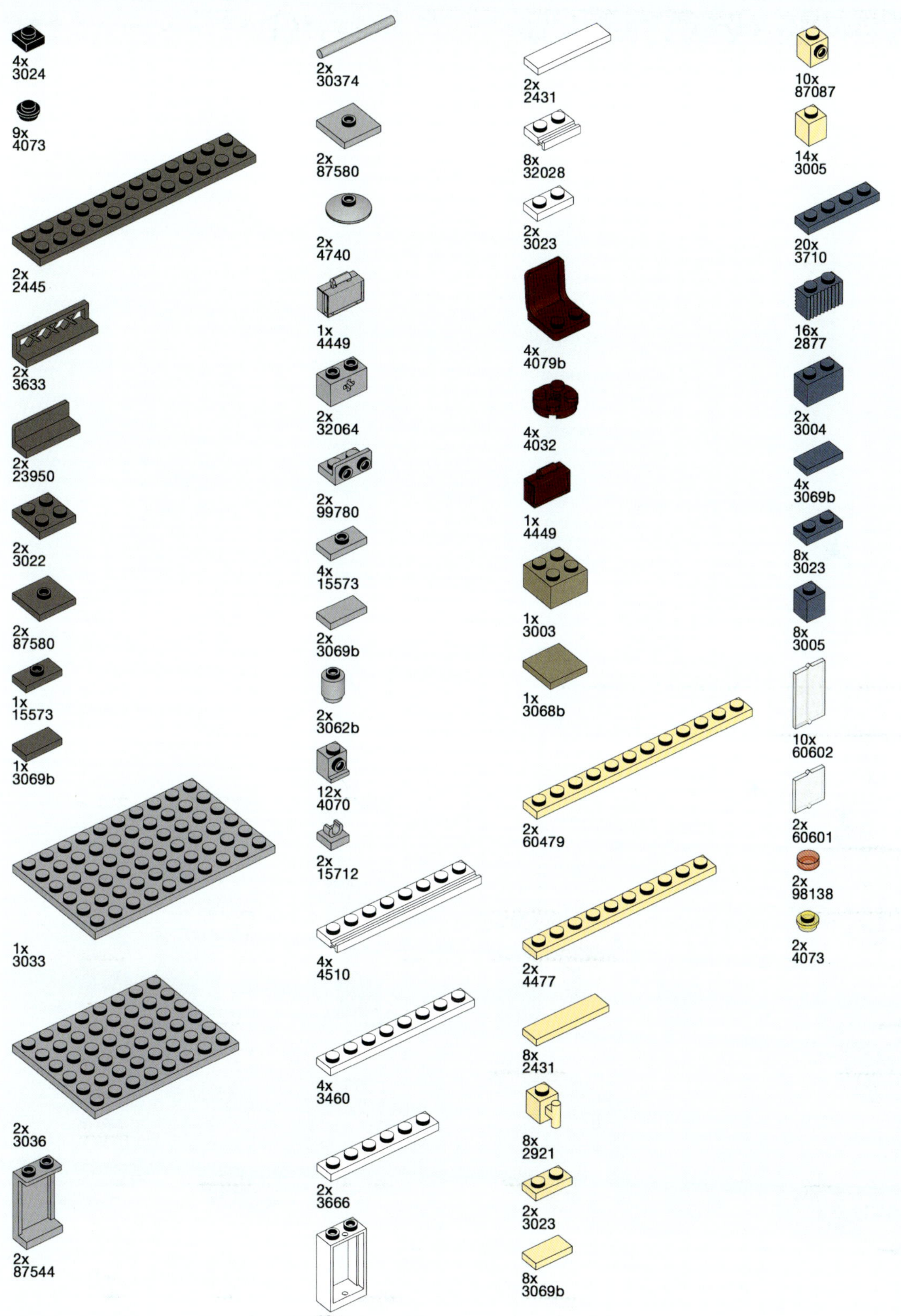
4x 3024
9x 4073
2x 2445
2x 3633
2x 23950
2x 3022
2x 87580
1x 15573
1x 3069b
1x 3033
2x 3036
2x 87544
2x 30374
2x 87580
2x 4740
1x 4449
2x 32064
2x 99780
4x 15573
2x 3069b
2x 3062b
12x 4070
2x 15712
4x 4510
4x 3460
2x 3666
10x 60593
2x 2431
8x 32028
2x 3023
4x 4079b
4x 4032
1x 4449
1x 3003
1x 3068b
2x 60479
2x 4477
8x 2431
8x 2921
2x 3023
8x 3069b
10x 87087
14x 3005
20x 3710
16x 2877
2x 3004
4x 3069b
8x 3023
8x 3005
10x 60602
2x 60601
2x 98138
2x 4073

PERSONENWAGEN ALTERNATIVE FARBSCHEMATA

GEDECKTER GÜTERWAGEN

mit Antrieb

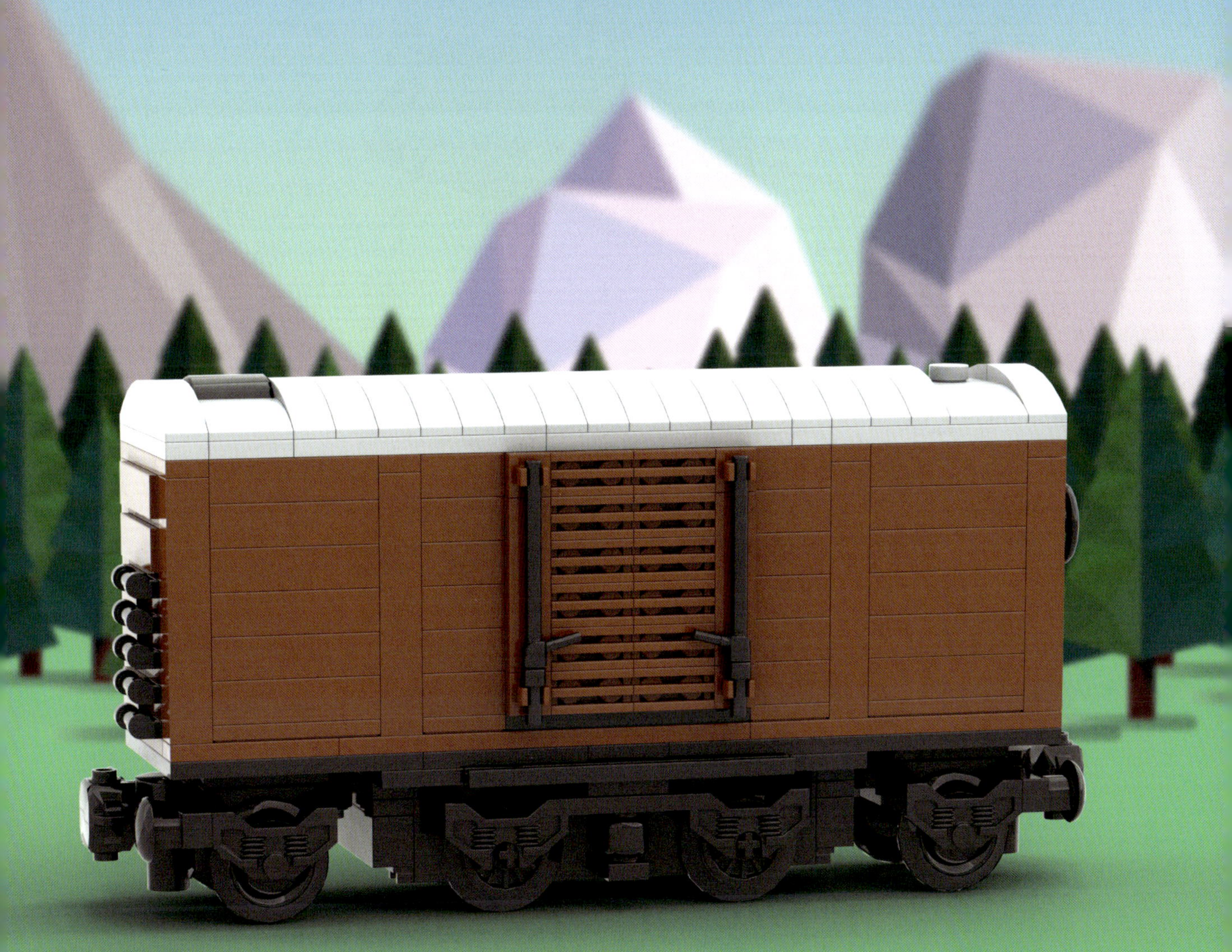

»Mit seinem eingebauten Motor kann dieser Waggon nützlich sein, um deine Züge über die Gleise zu bewegen. Wenn ein Zug besonders lang und schwer ist, brauchst du vielleicht sogar zwei davon.«

Teile		144
Steintypen		36
Breite	2.3 in	5,8 cm
Höhe	2.5 in	6,4 cm
Länge	6.0 in	15,2 cm

1

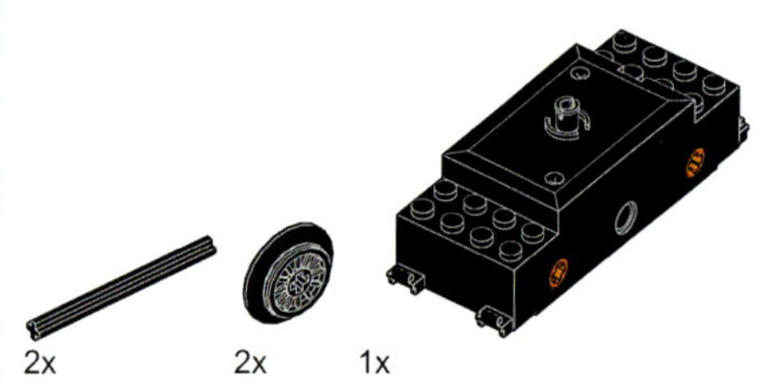

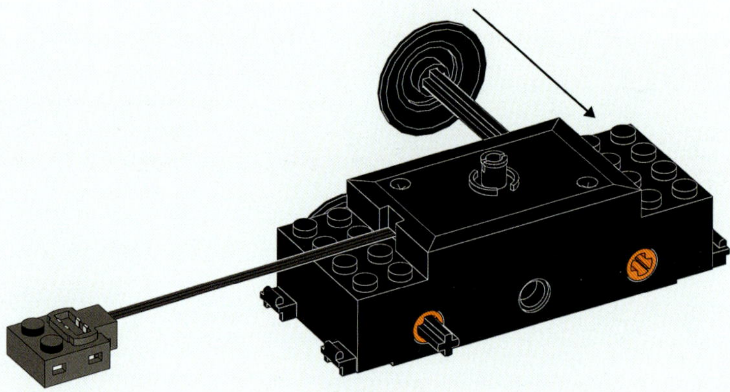

2

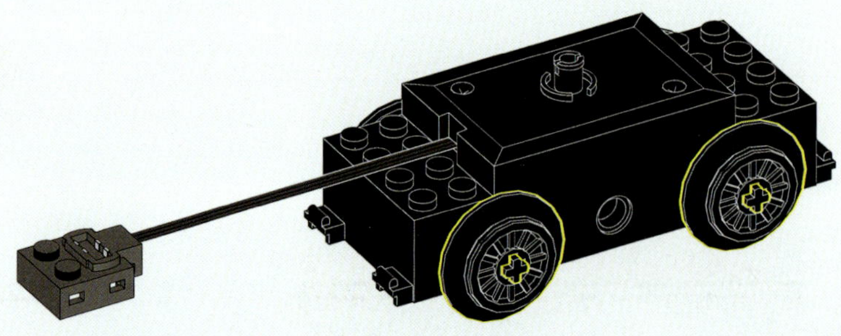

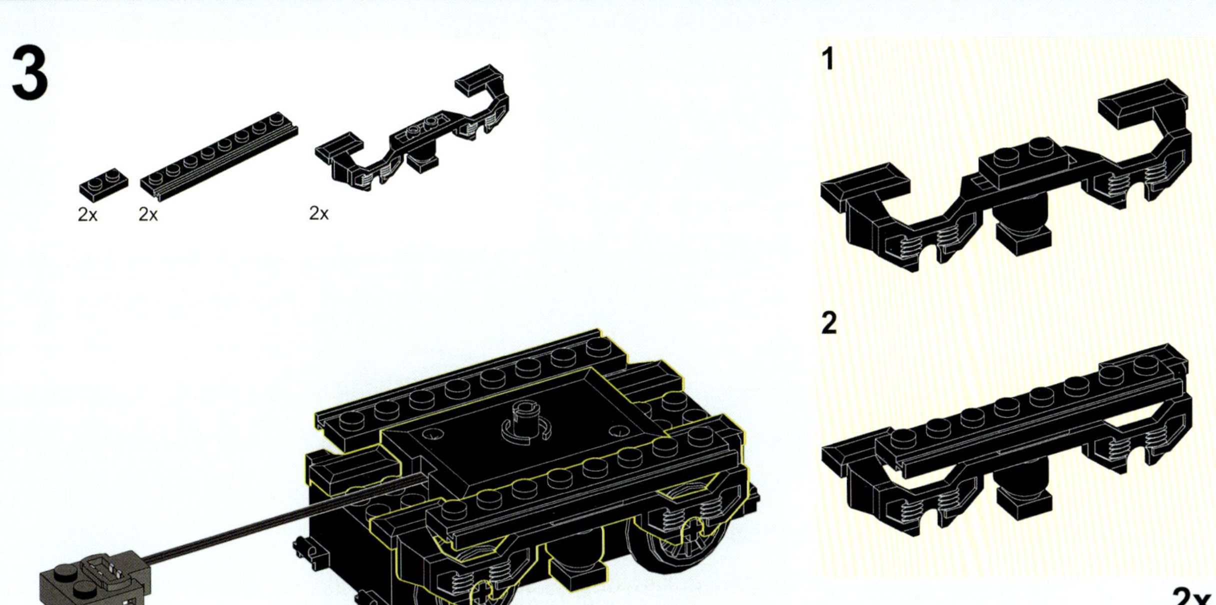

4

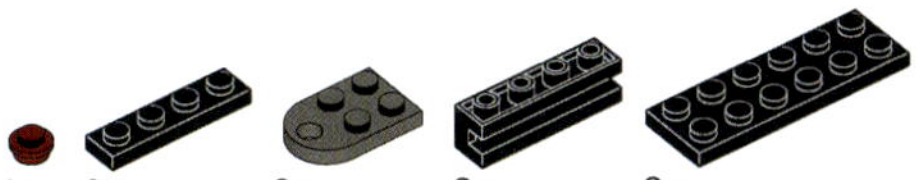

4x 2x 2x 2x 2x

1

2

3

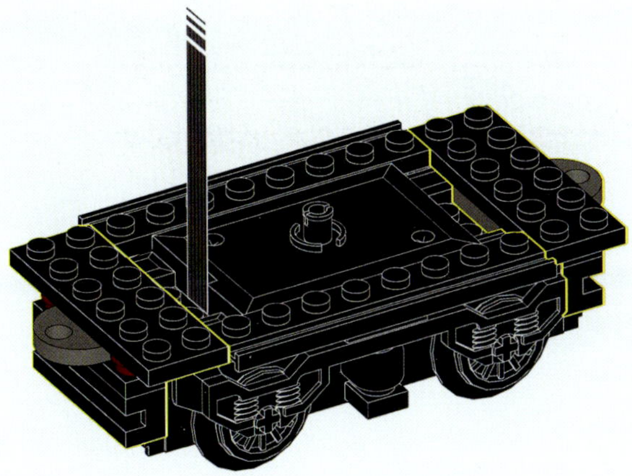

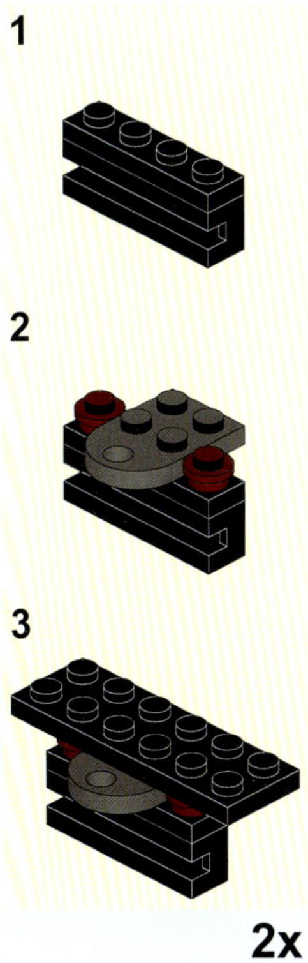

2x

5

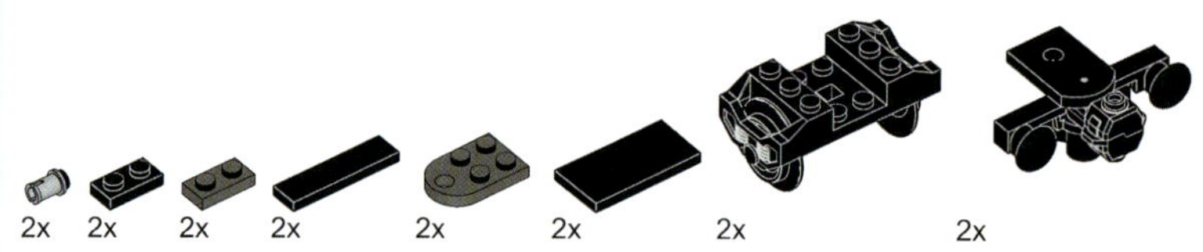

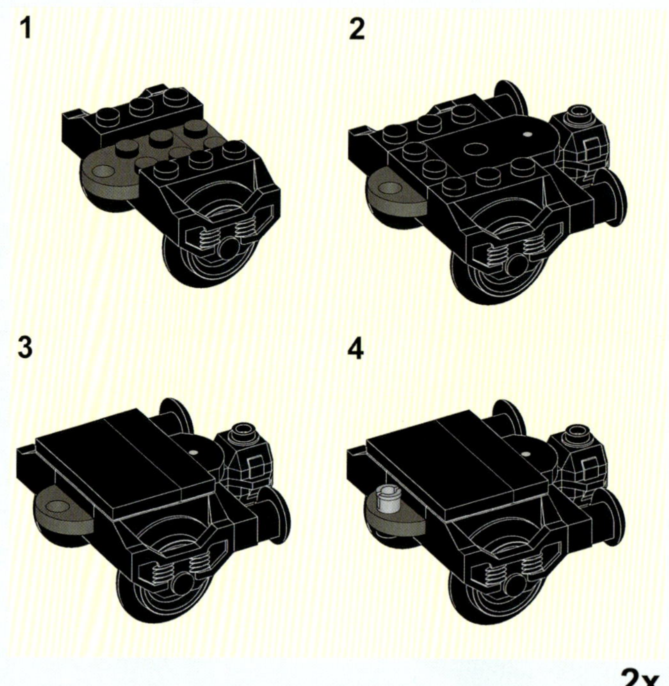

2x

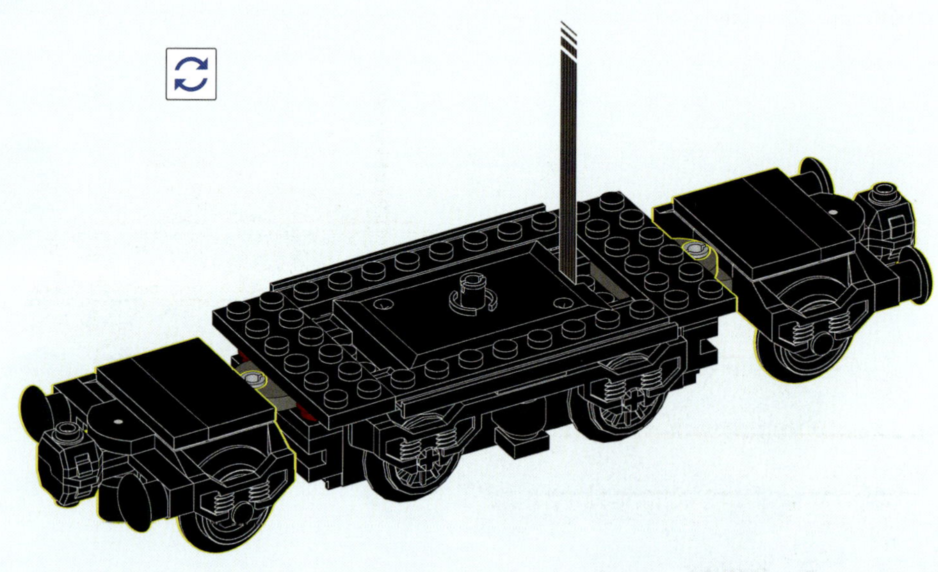

6

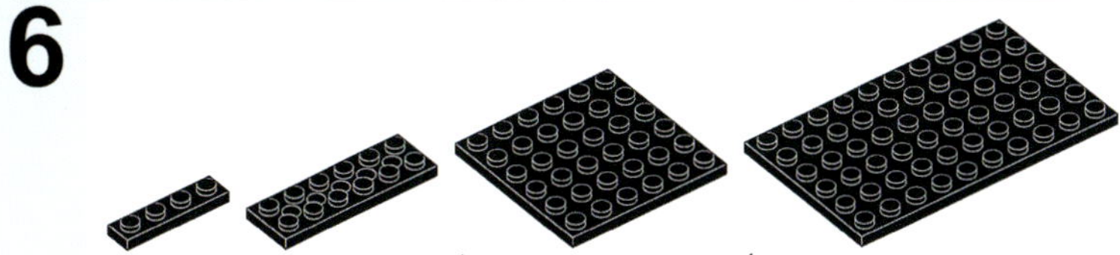

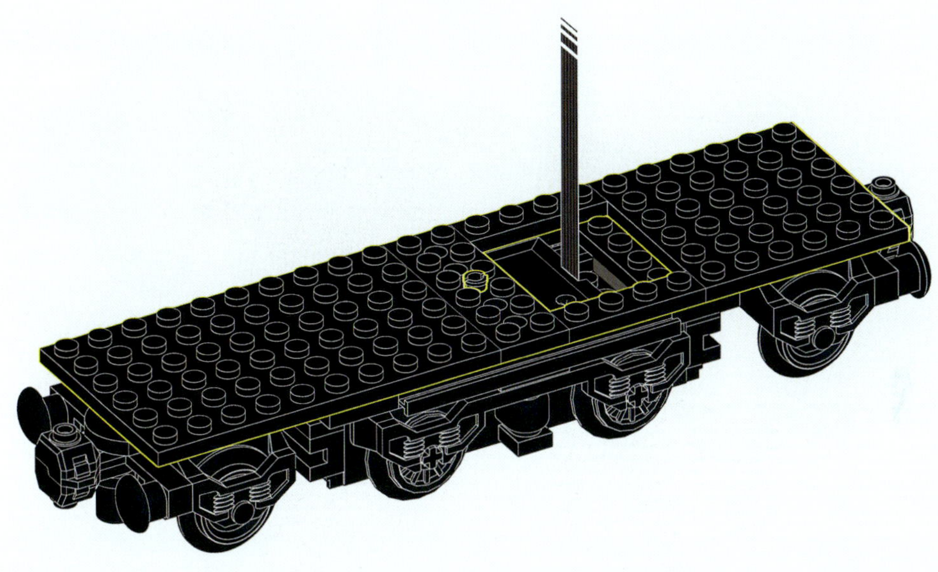

7

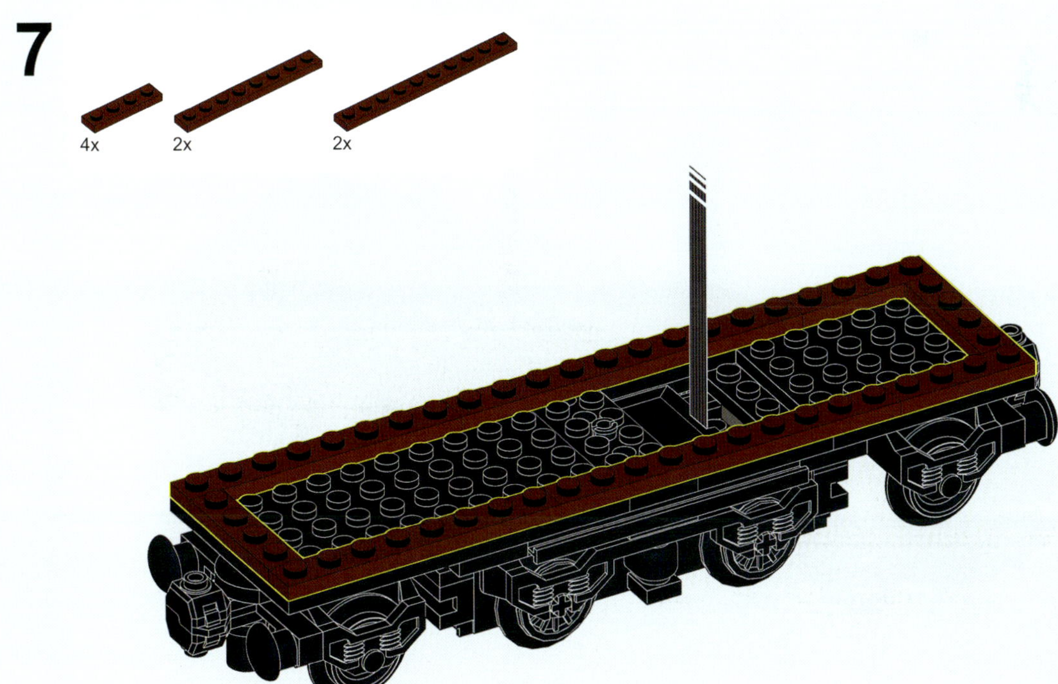

8

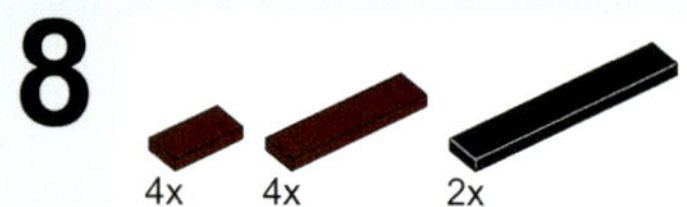

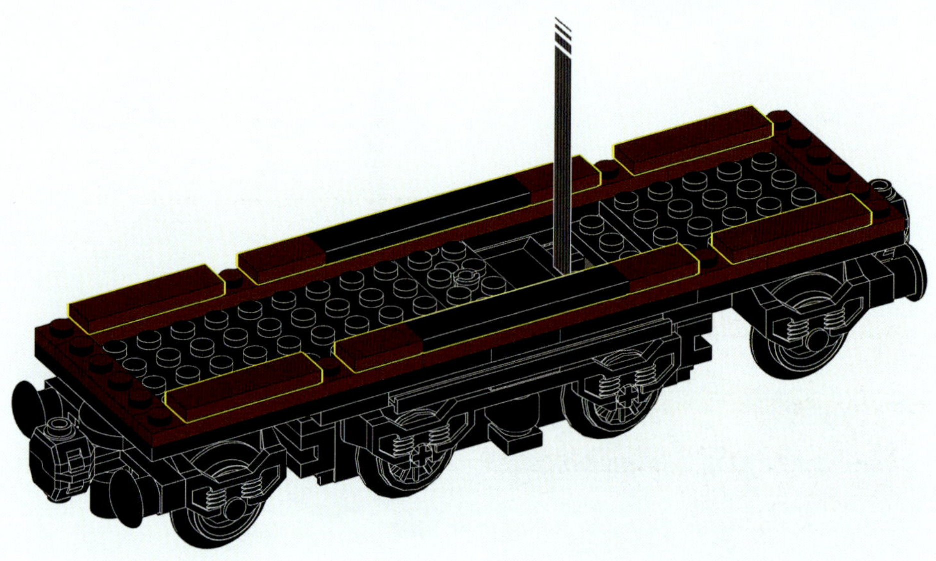

9

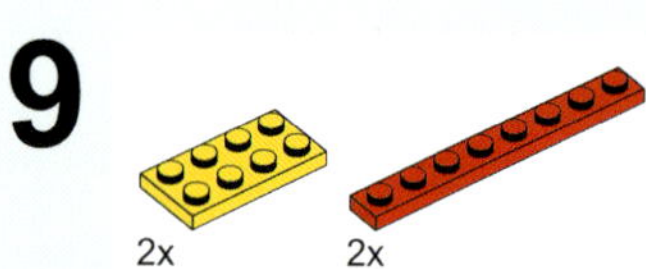

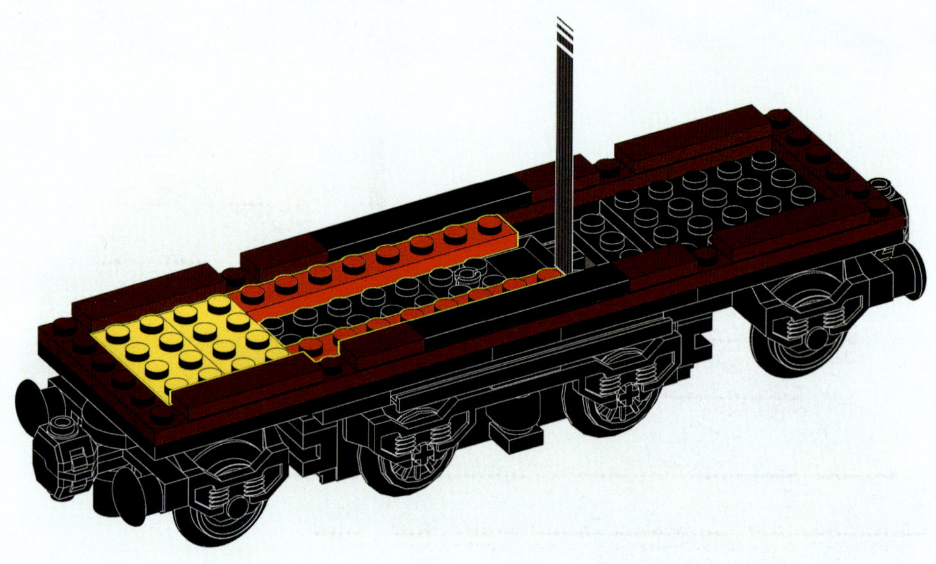

10

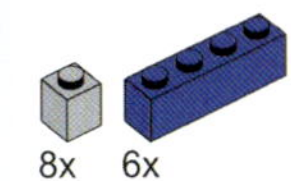

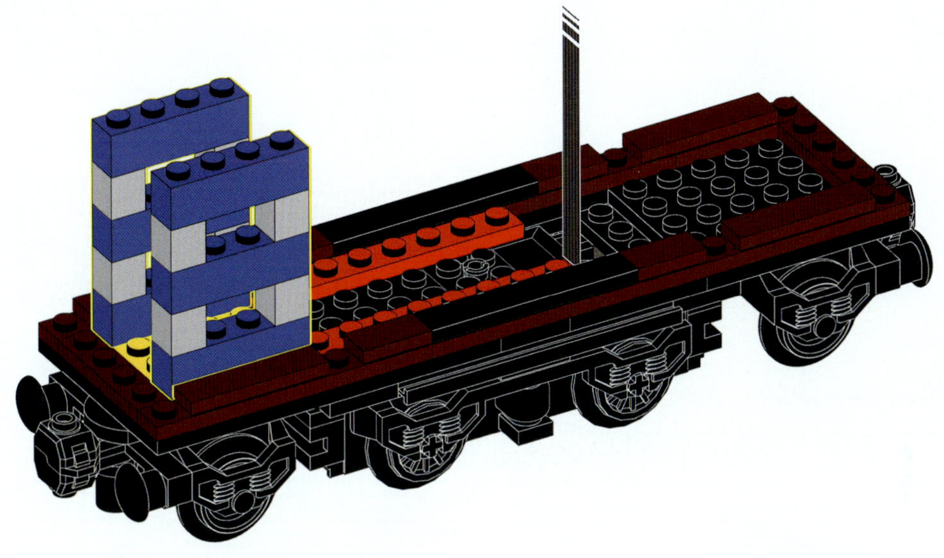

11

4x

4x

4x

1

2

3

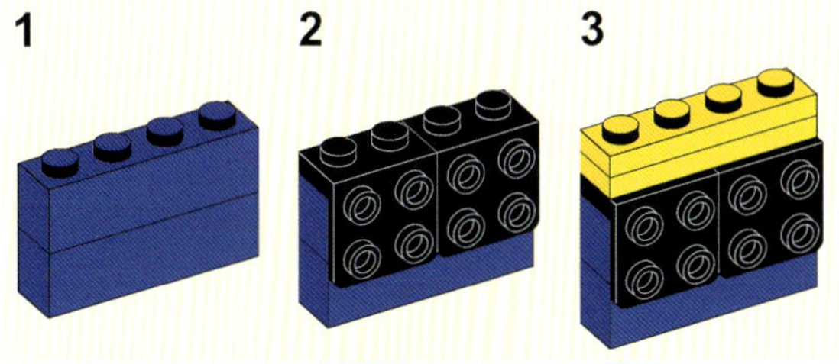

2x

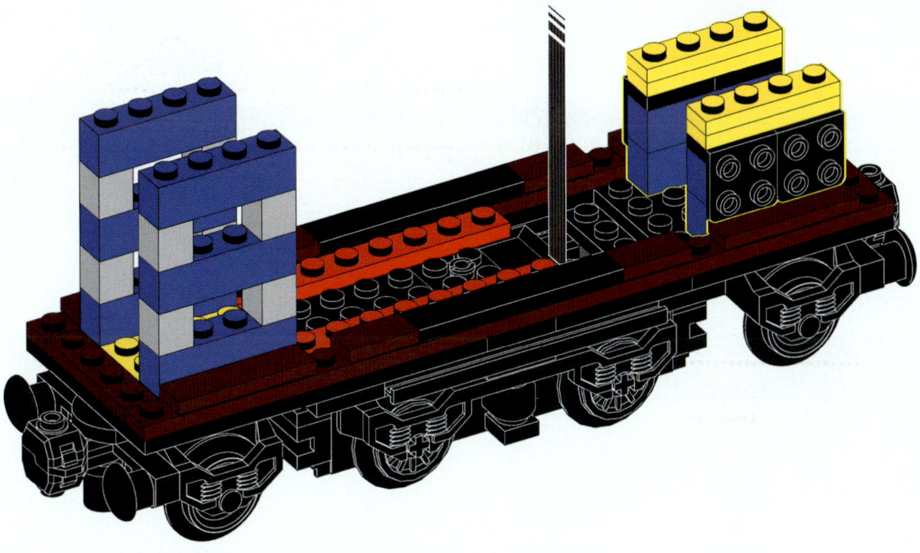

12

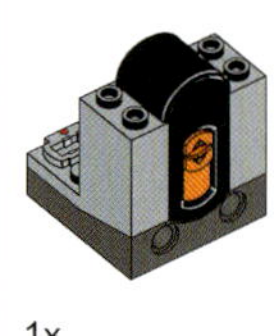

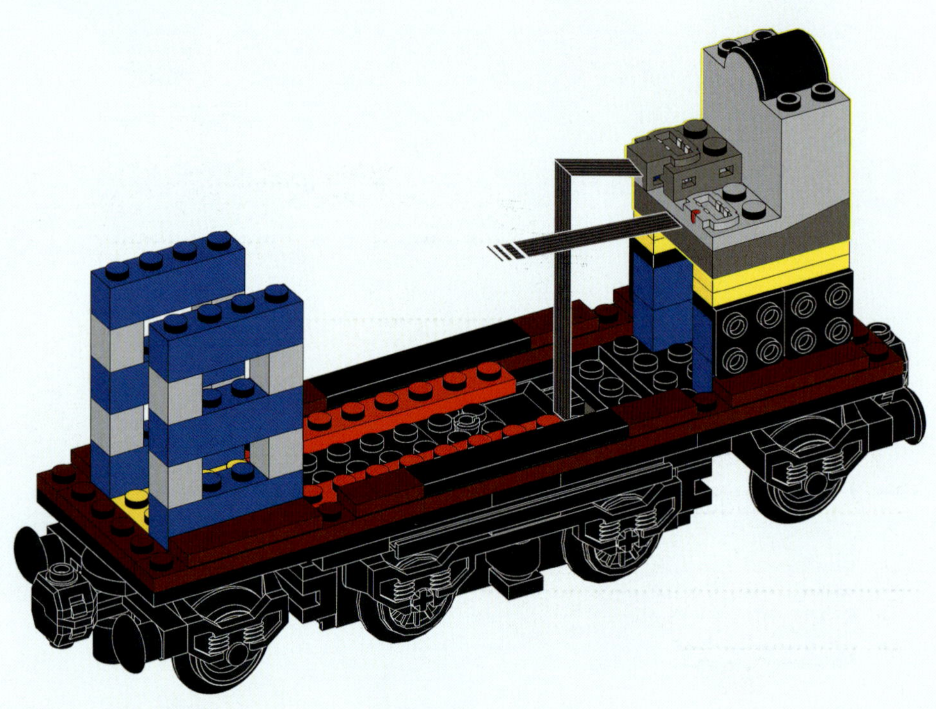

13

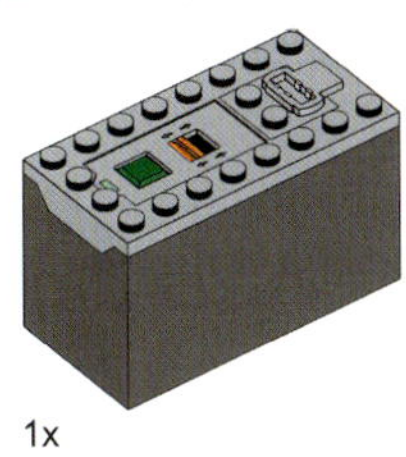

1x

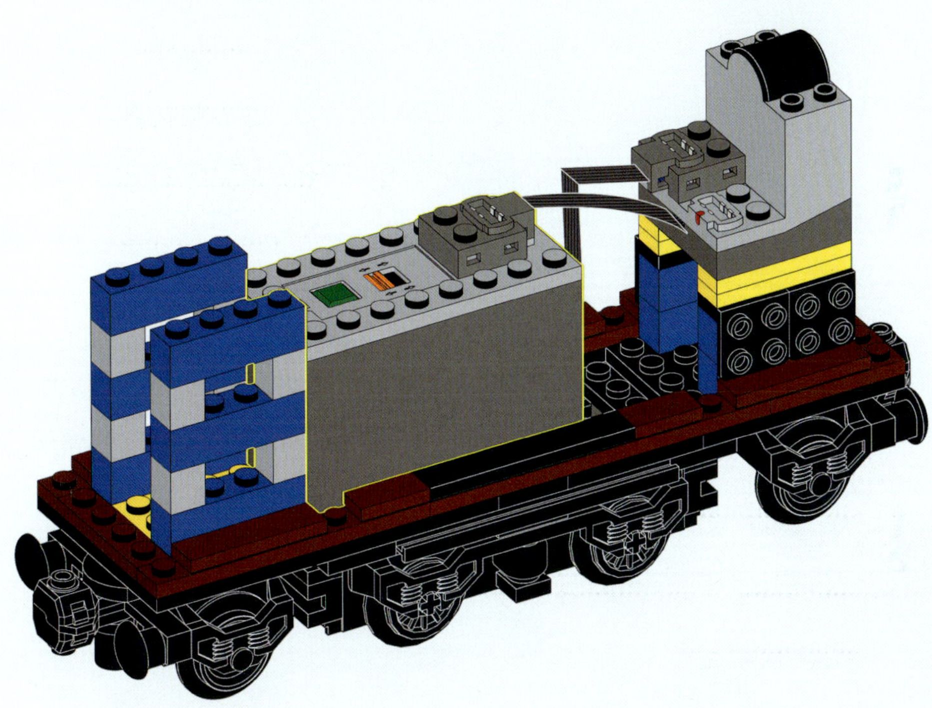

14

20x 2x

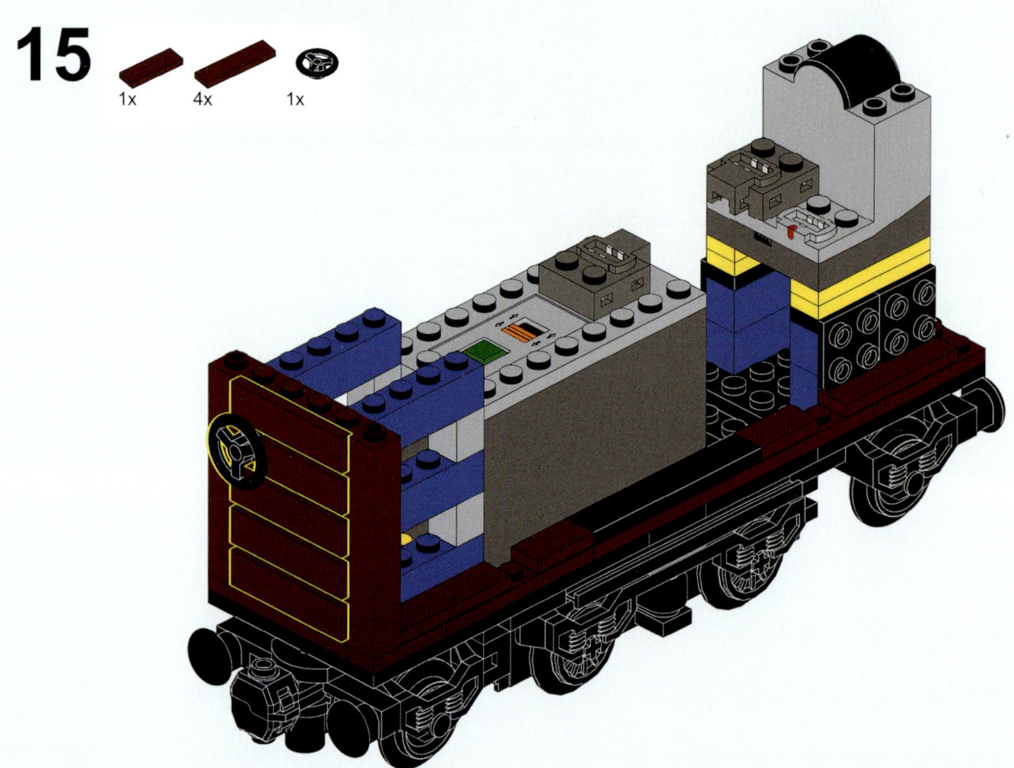

16

4x 3x 6x 5x

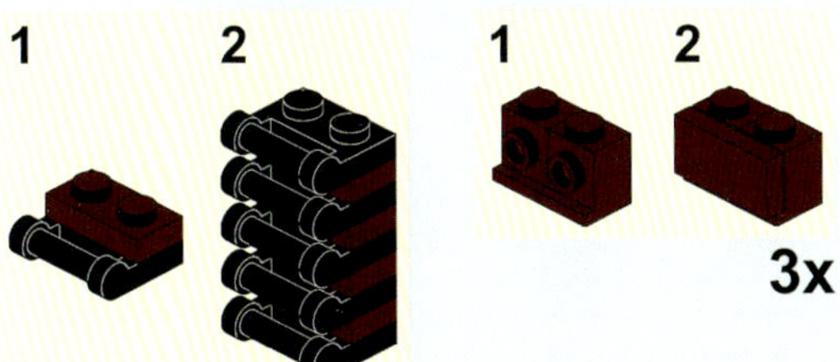

17

8x 2x

18

19

4x 4x

20 4x

21

8x 2x

1

2

2x

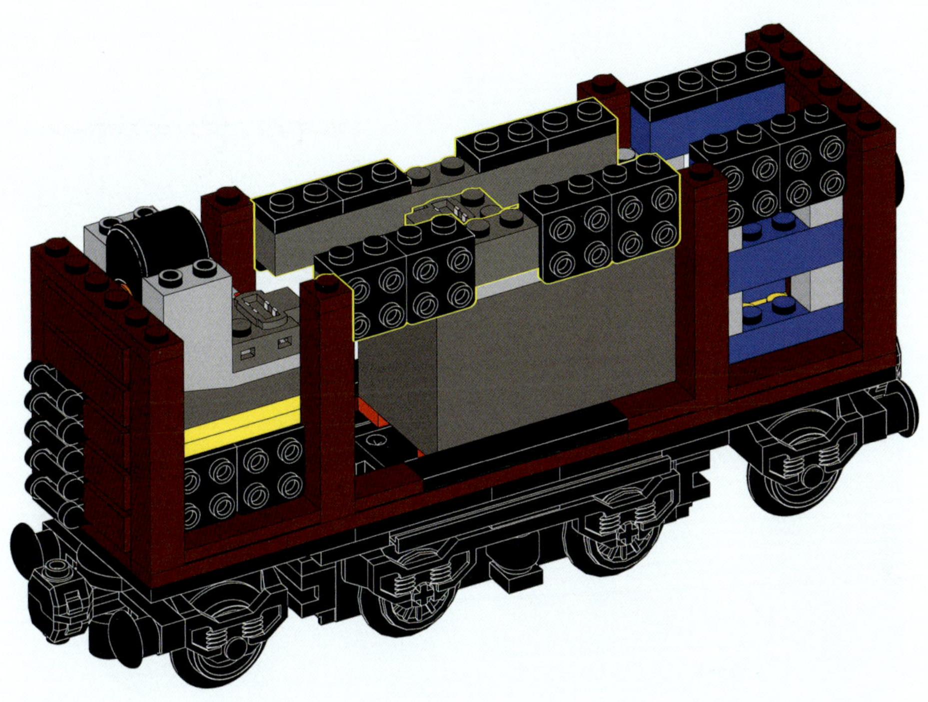

22

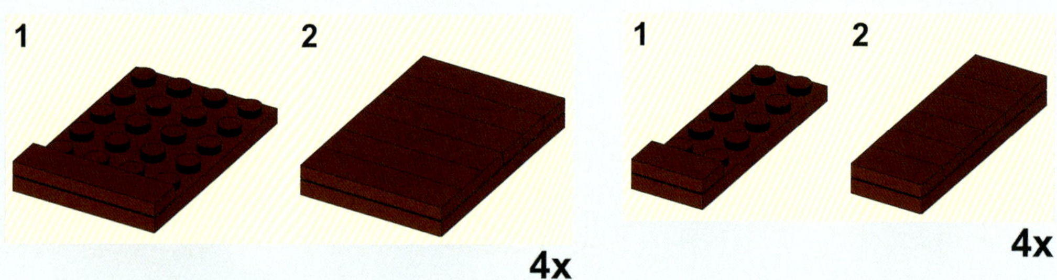

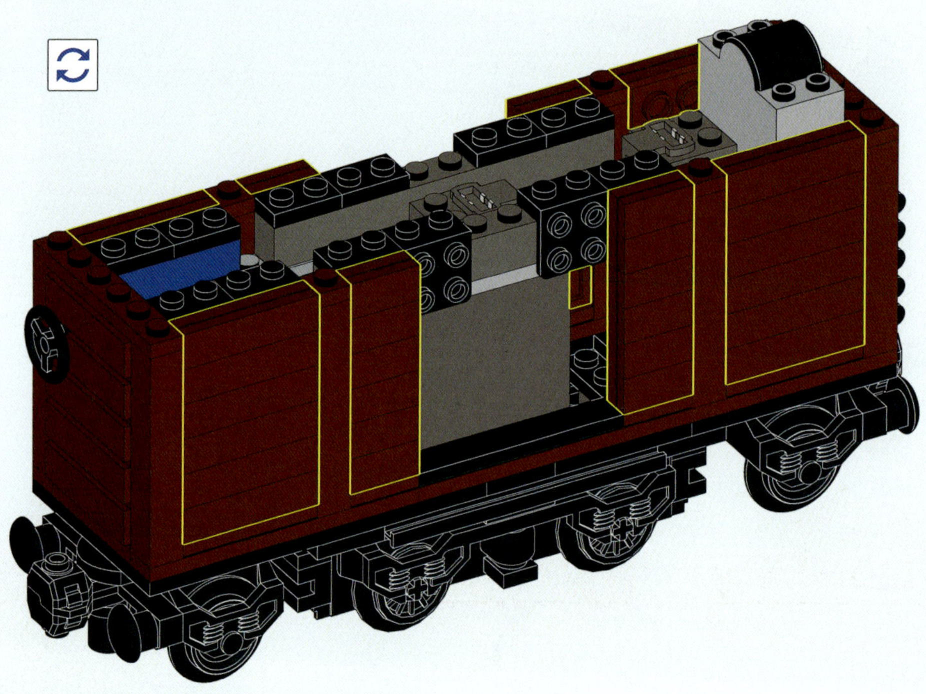

23

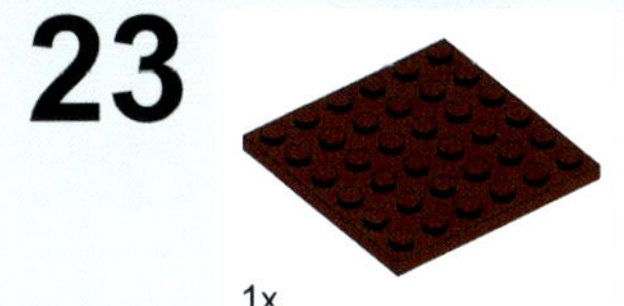

24

25

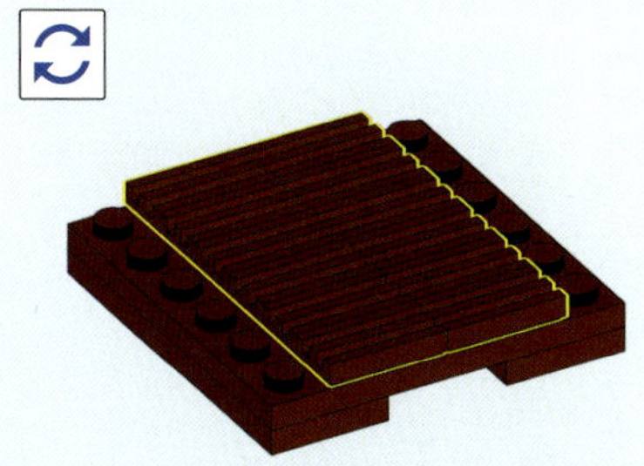

26

4x 2x

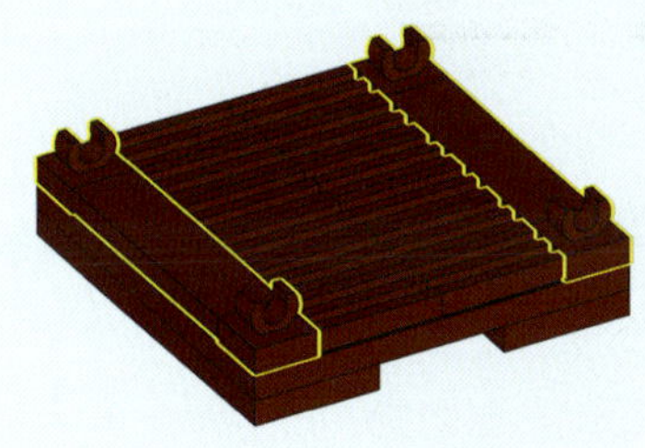

27

2x

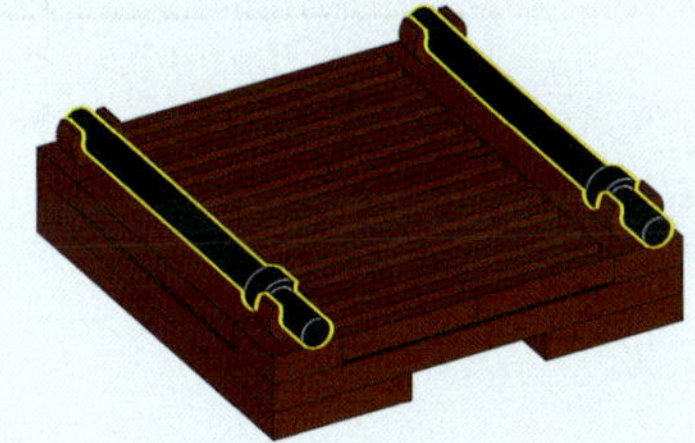

28

2x

2x

29
2x
2x
1
2
2x

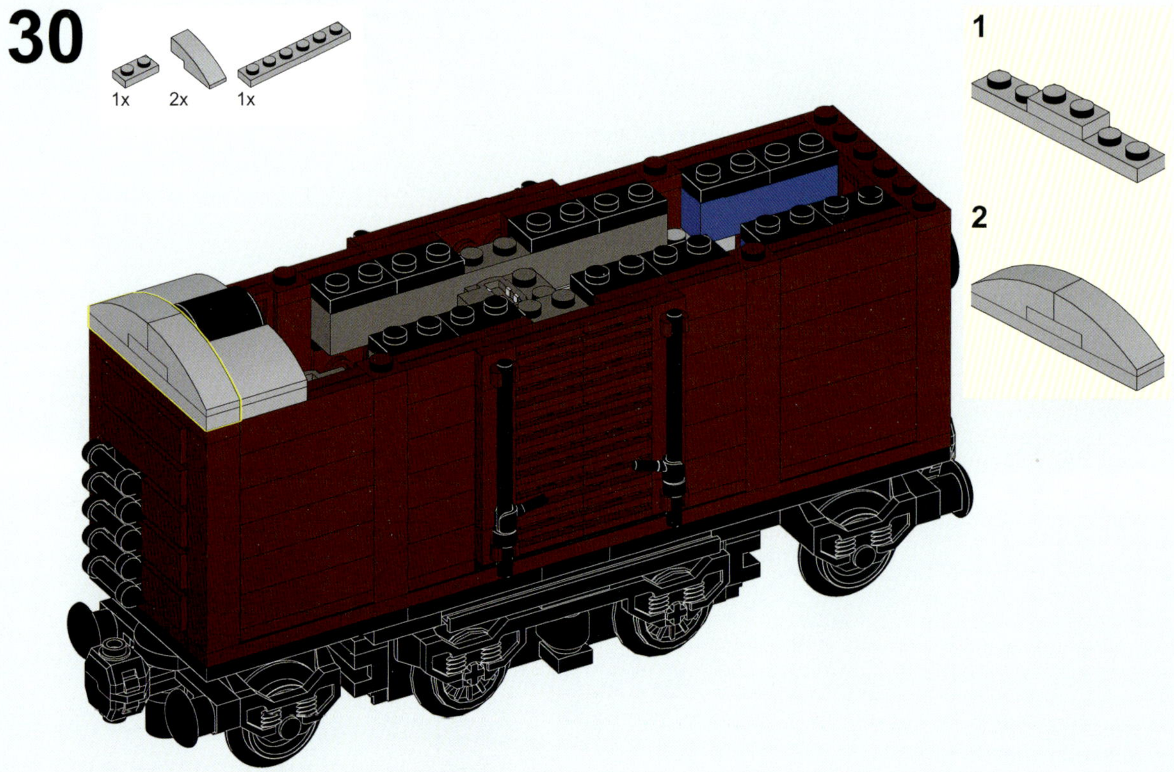
30
1x
2x
1x
1
2

31

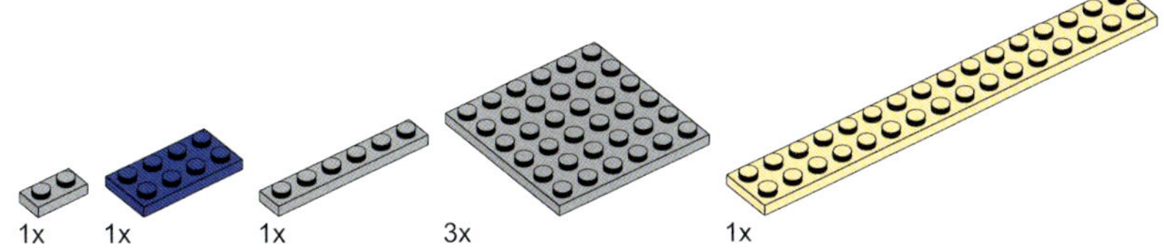

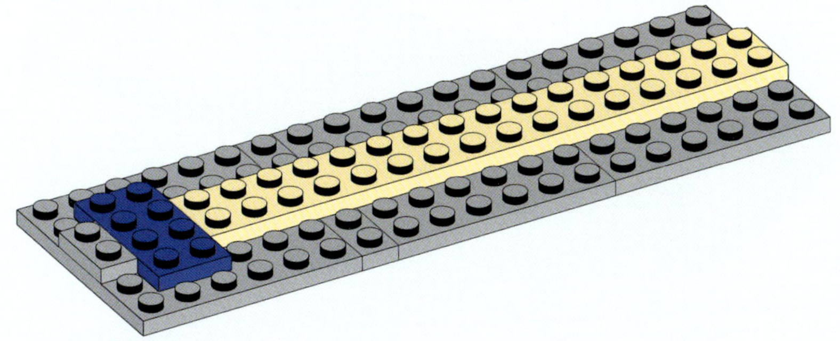

32

34x

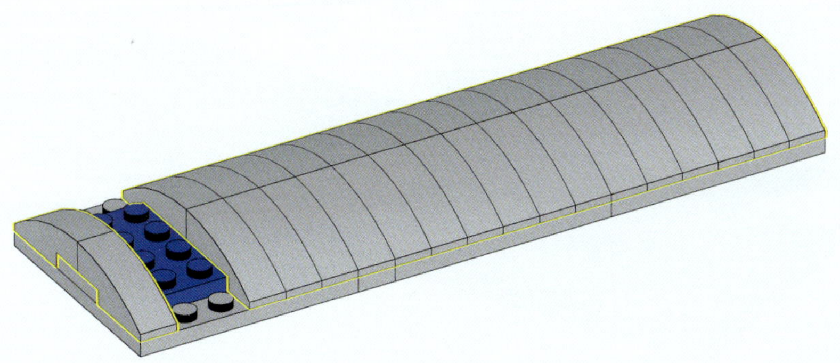

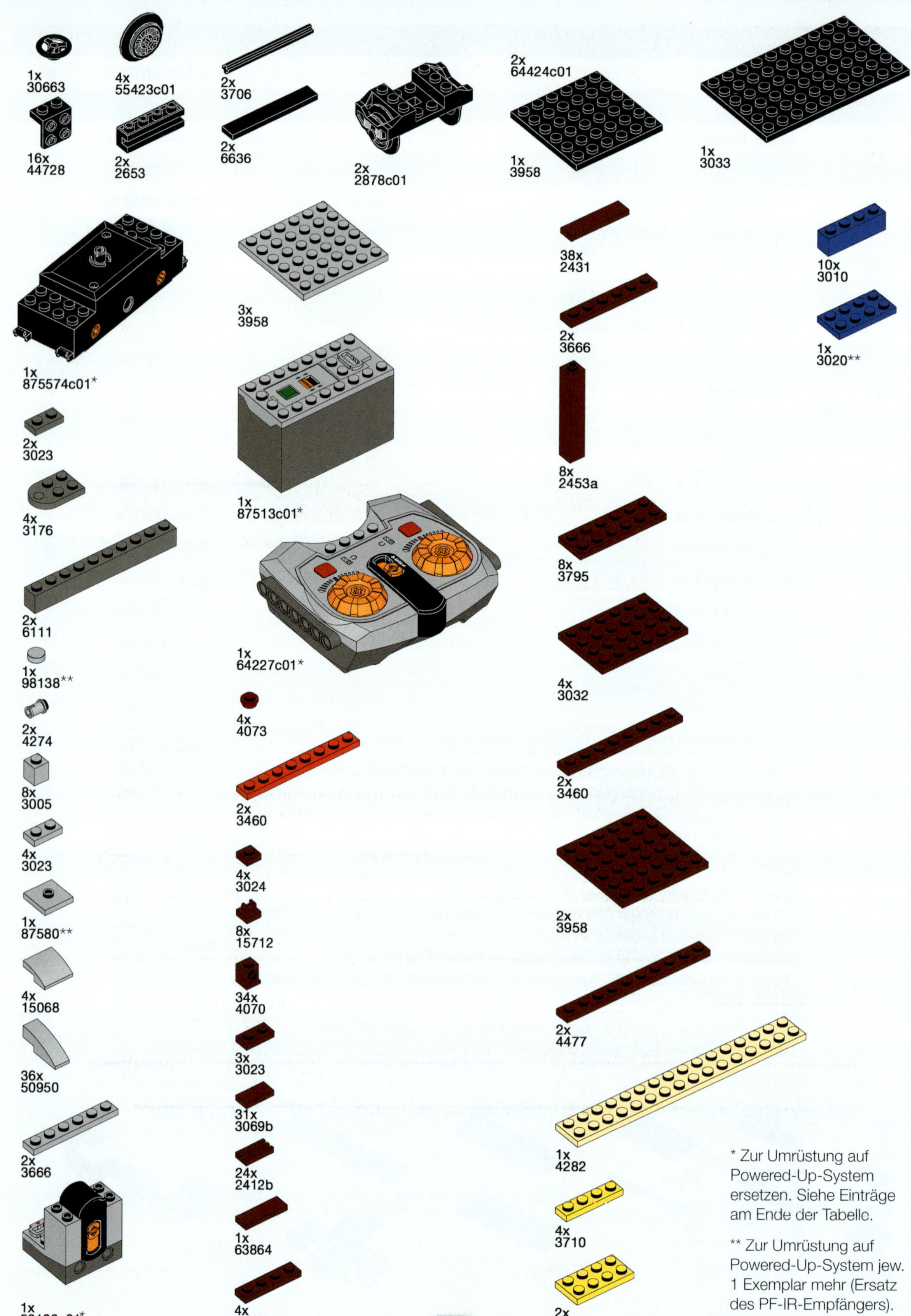

* Zur Umrüstung auf Powered-Up-System ersetzen. Siehe Einträge am Ende der Tabelle.

** Zur Umrüstung auf Powered-Up-System jew. 1 Exemplar mehr (Ersatz des PF-IR-Empfängers).

GEDECKTER GÜTERWAGEN
ALTERNATIVE FARBSCHEMATA

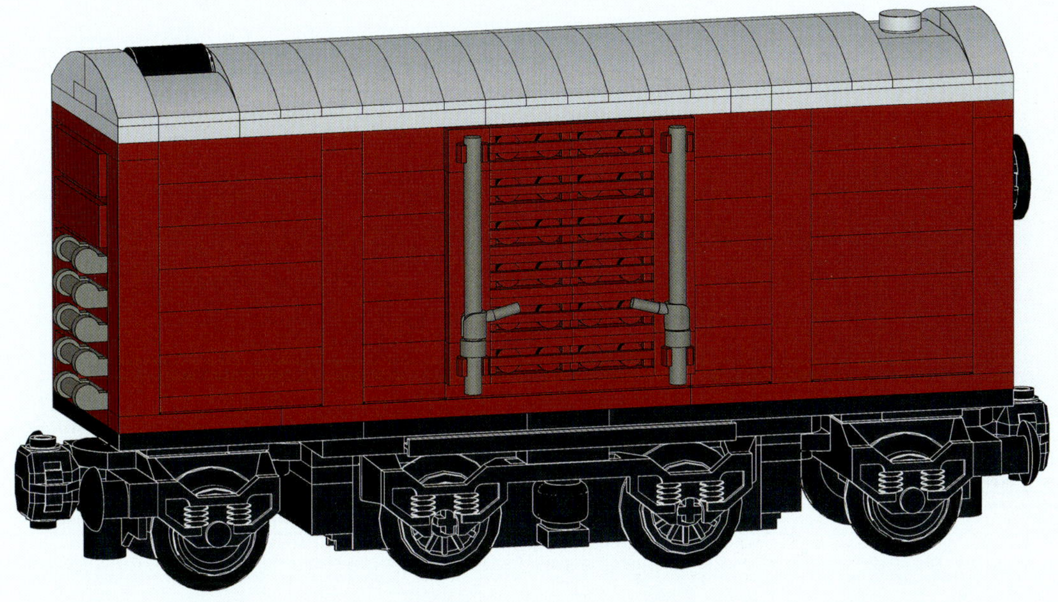

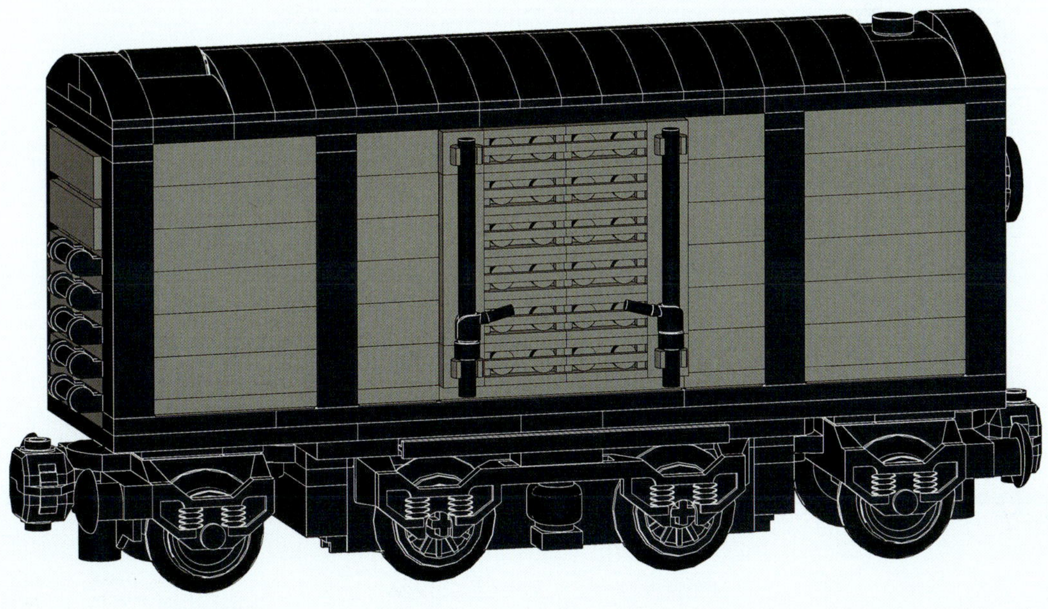

EMD FL9

Diesel-Elektrolok

»Da in dieser Lok kein Motor eingebaut ist, musst du sie mit einem Güterwagen mit Antrieb koppeln, um deinen Zug über die Gleise fahren zu lassen.«

Teile		698
Steintypen		161
Breite	2.8 in	7,1 cm
Höhe	4.3 in	10,9 cm
Länge	14.3 in	36,3 cm

1

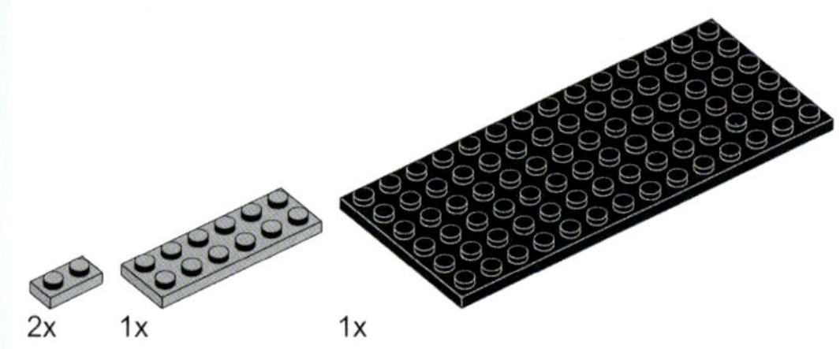

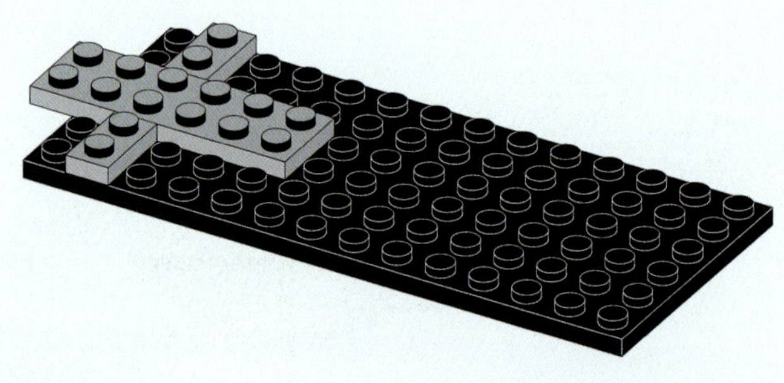

2

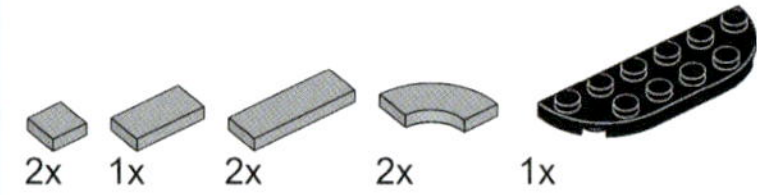

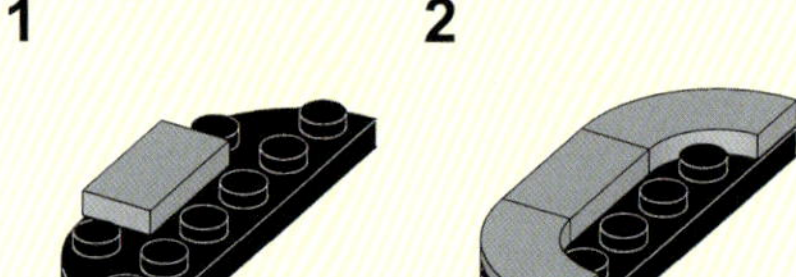

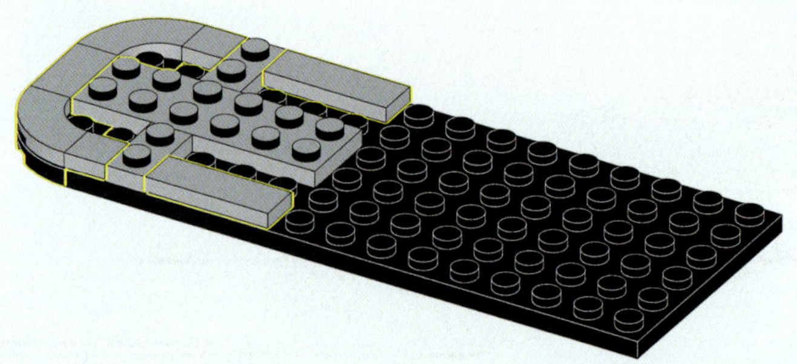

3

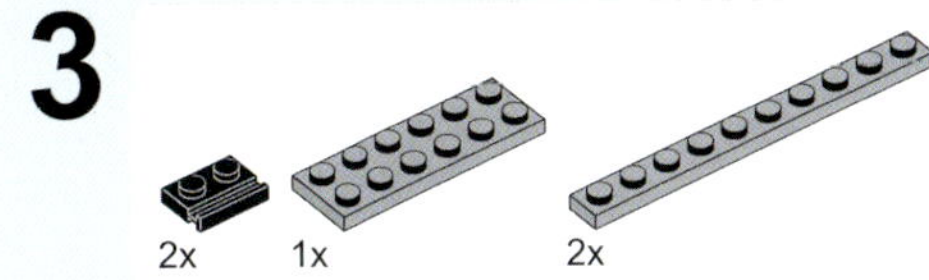

4

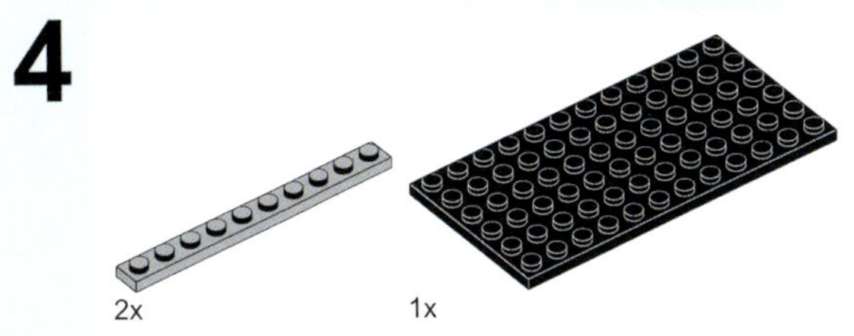

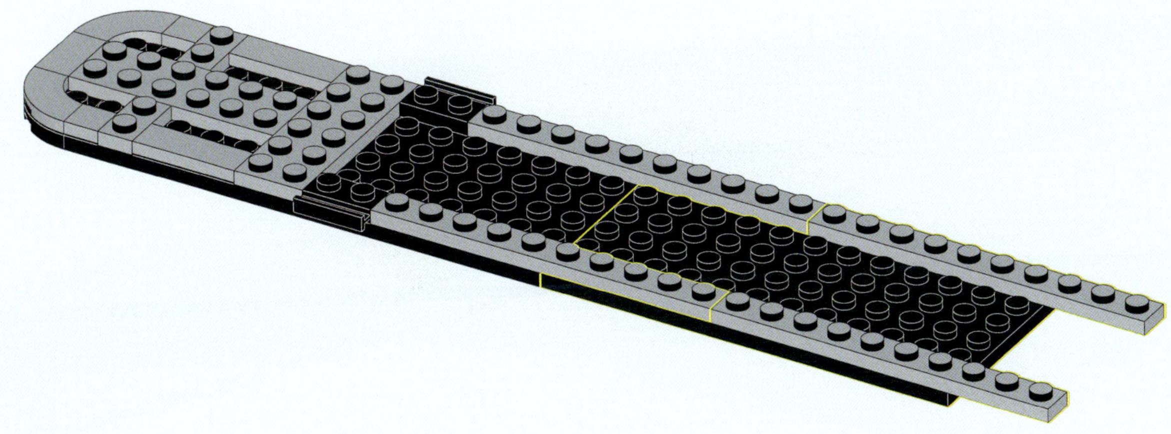

5

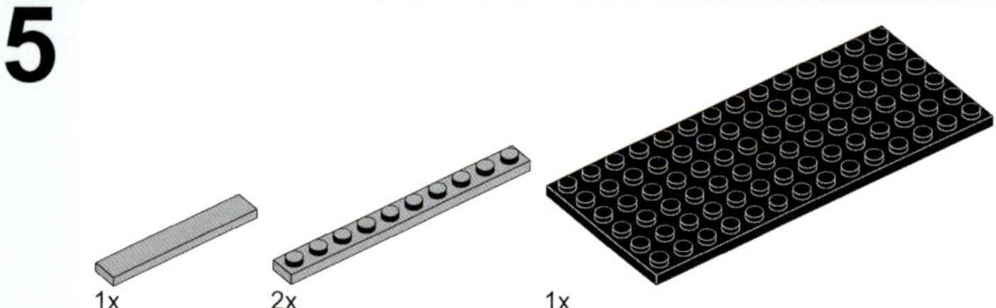

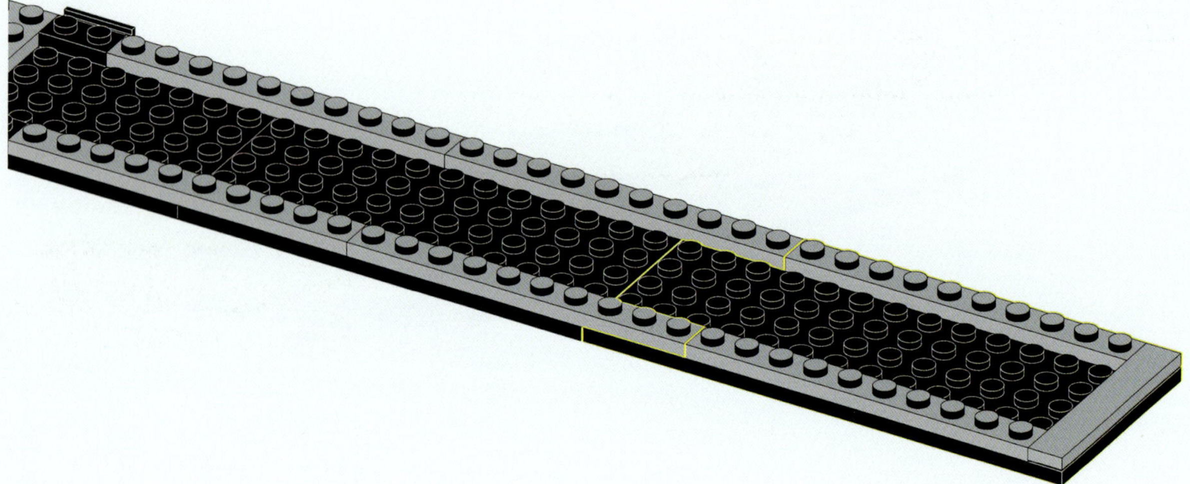

6

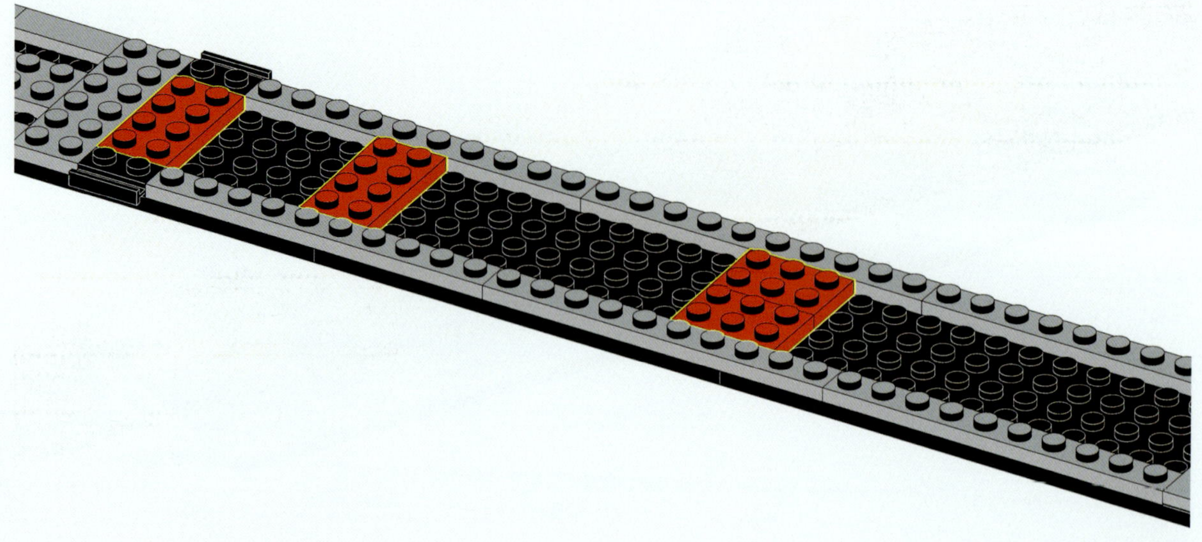

7

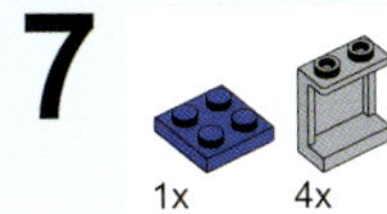

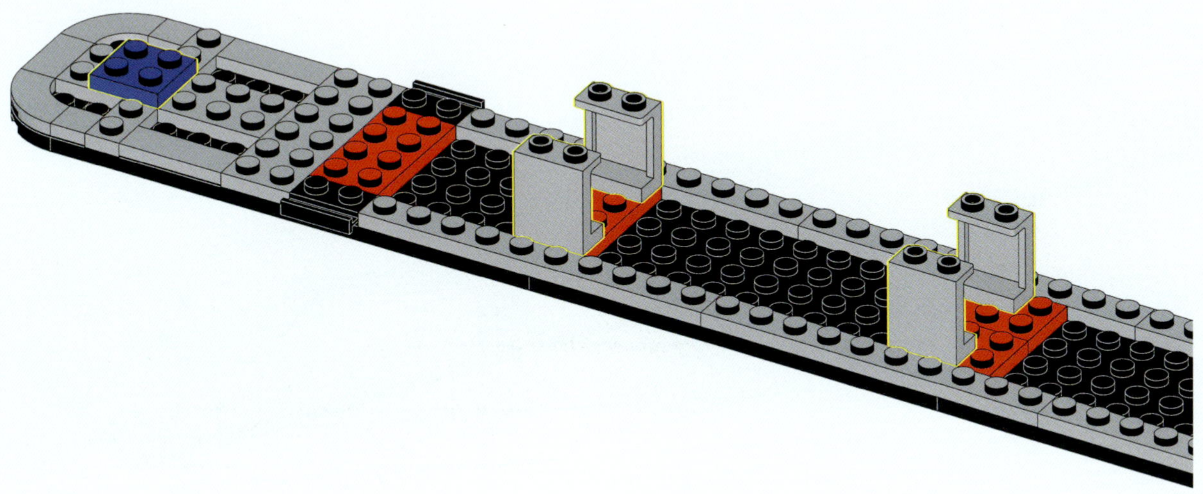

8

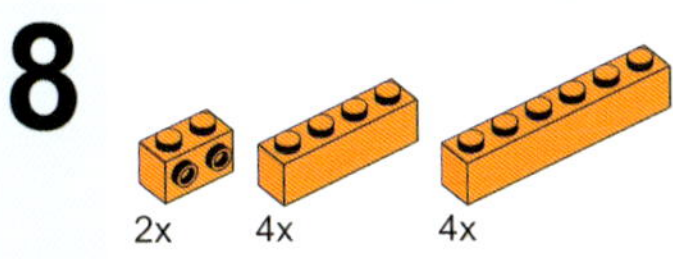

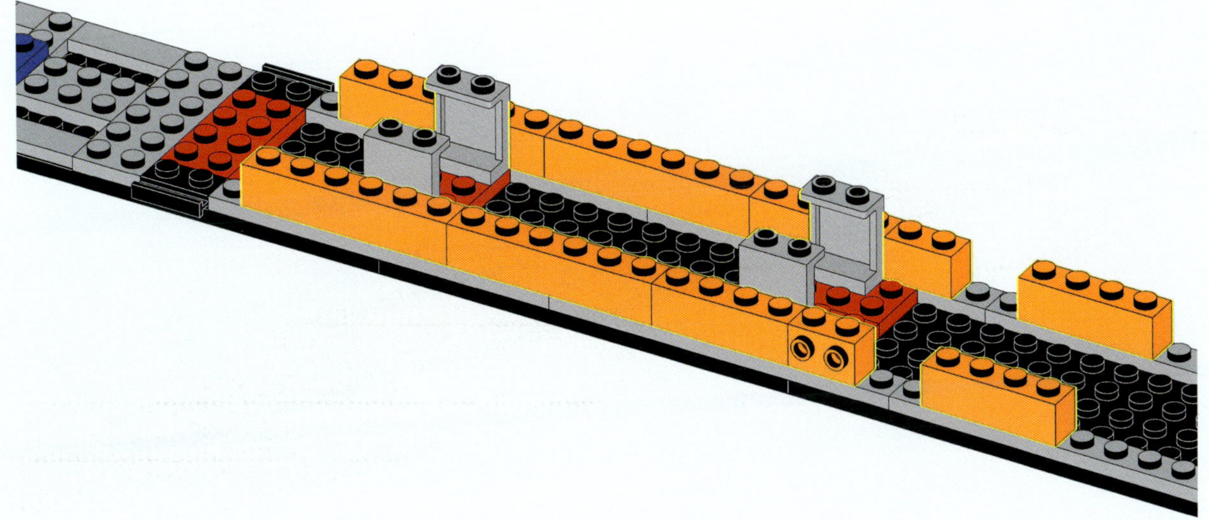

9

2x 2x 2x 6x

10

4x 4x

1 2

2x

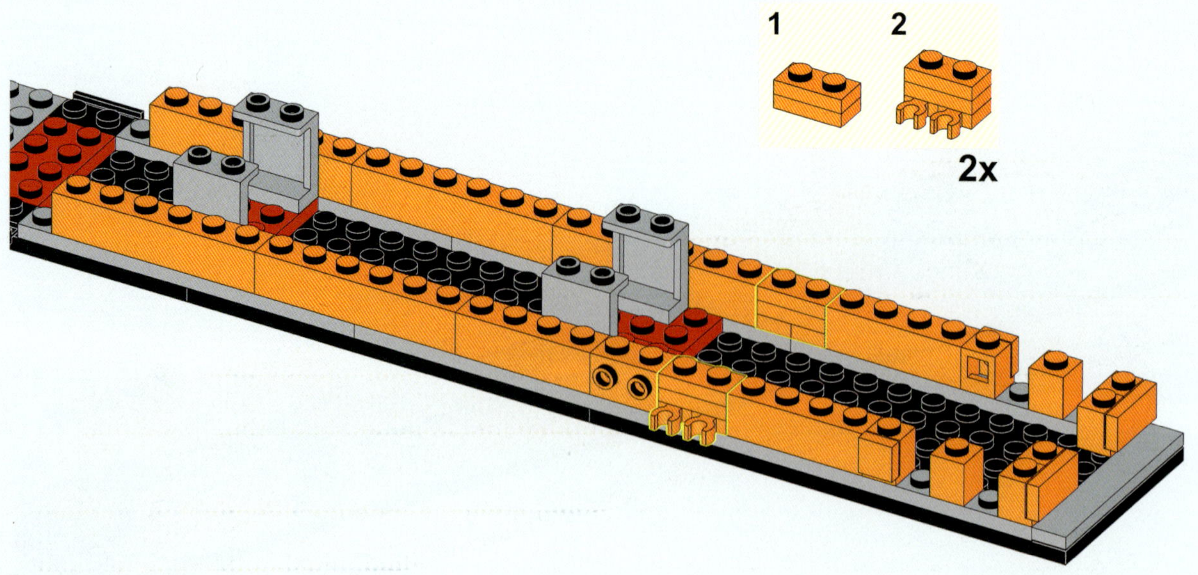

11

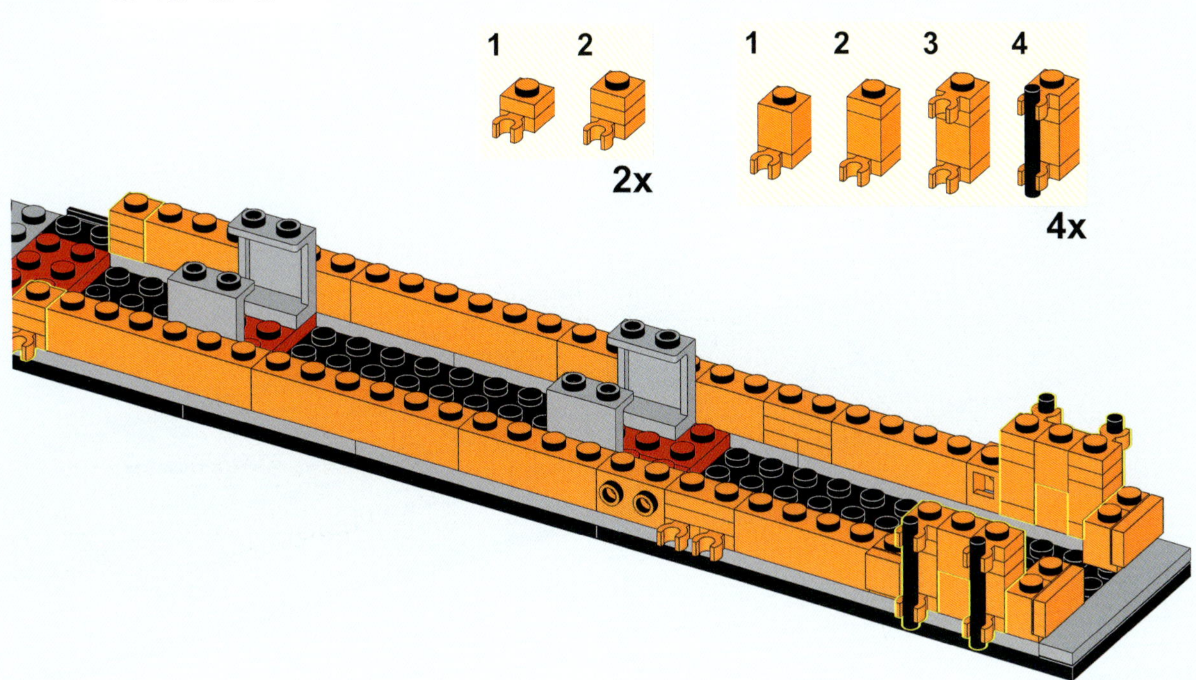

12

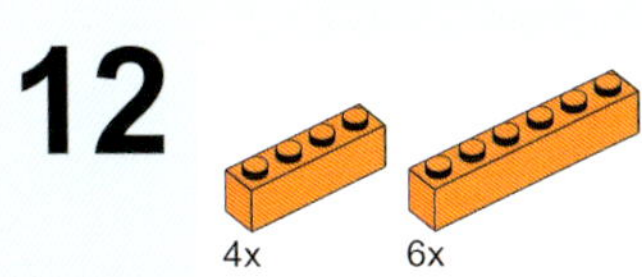

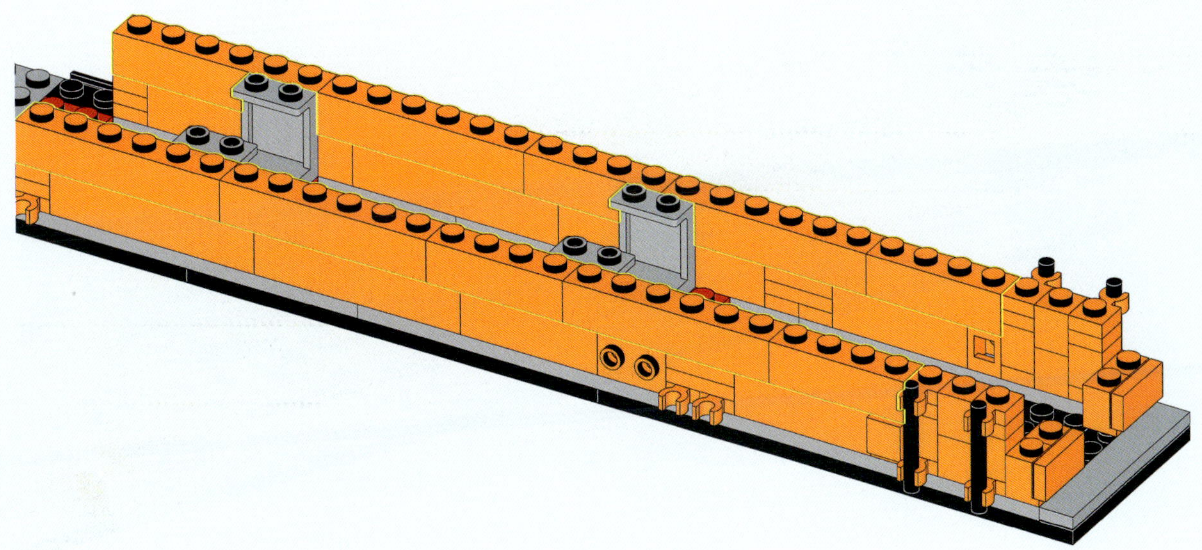

13

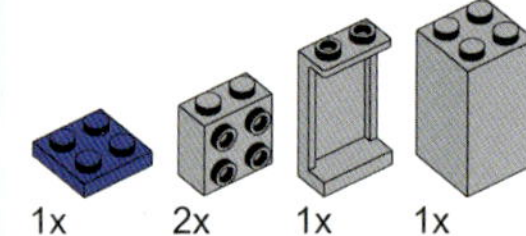

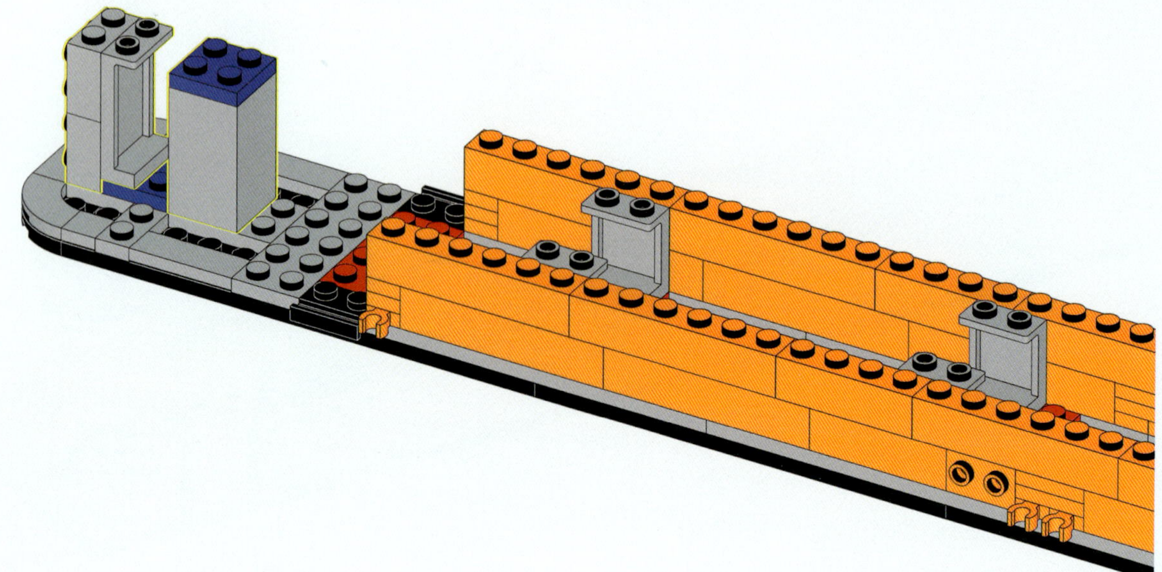

14

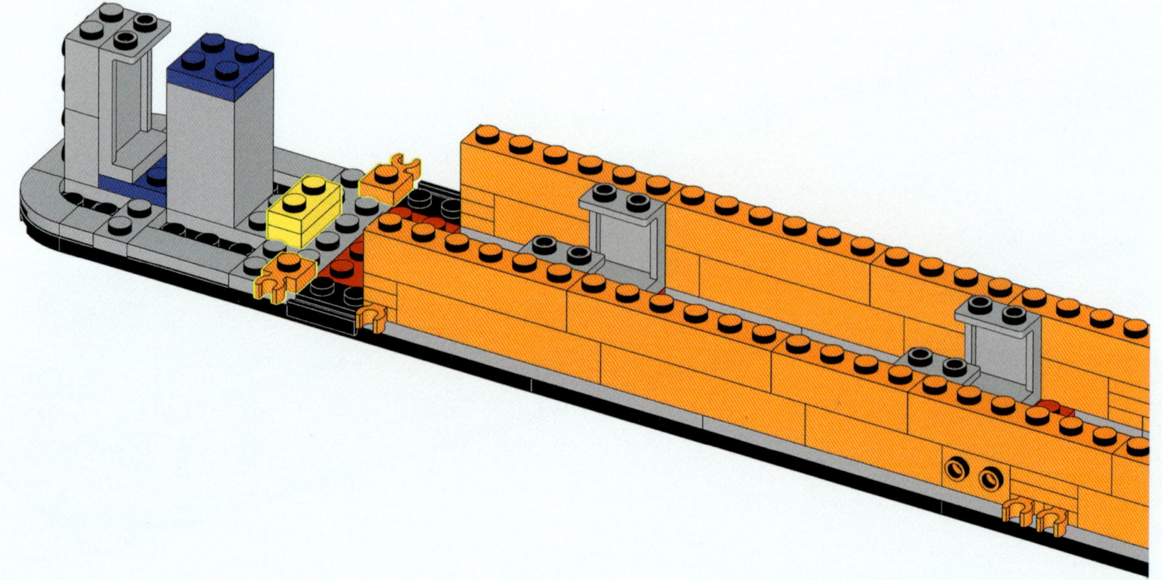

15

4x 2x 2x 2x
1 2 3 4
1 2 3 4

16

2x 2x
1 2
1 2

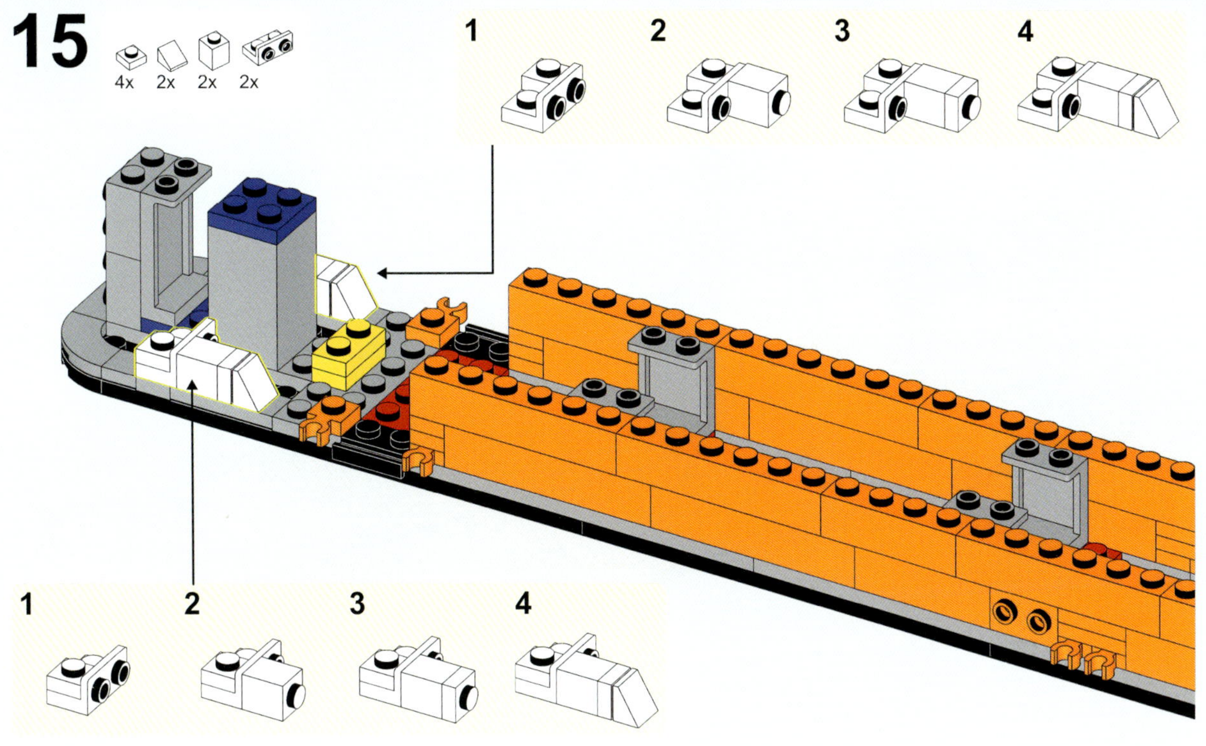

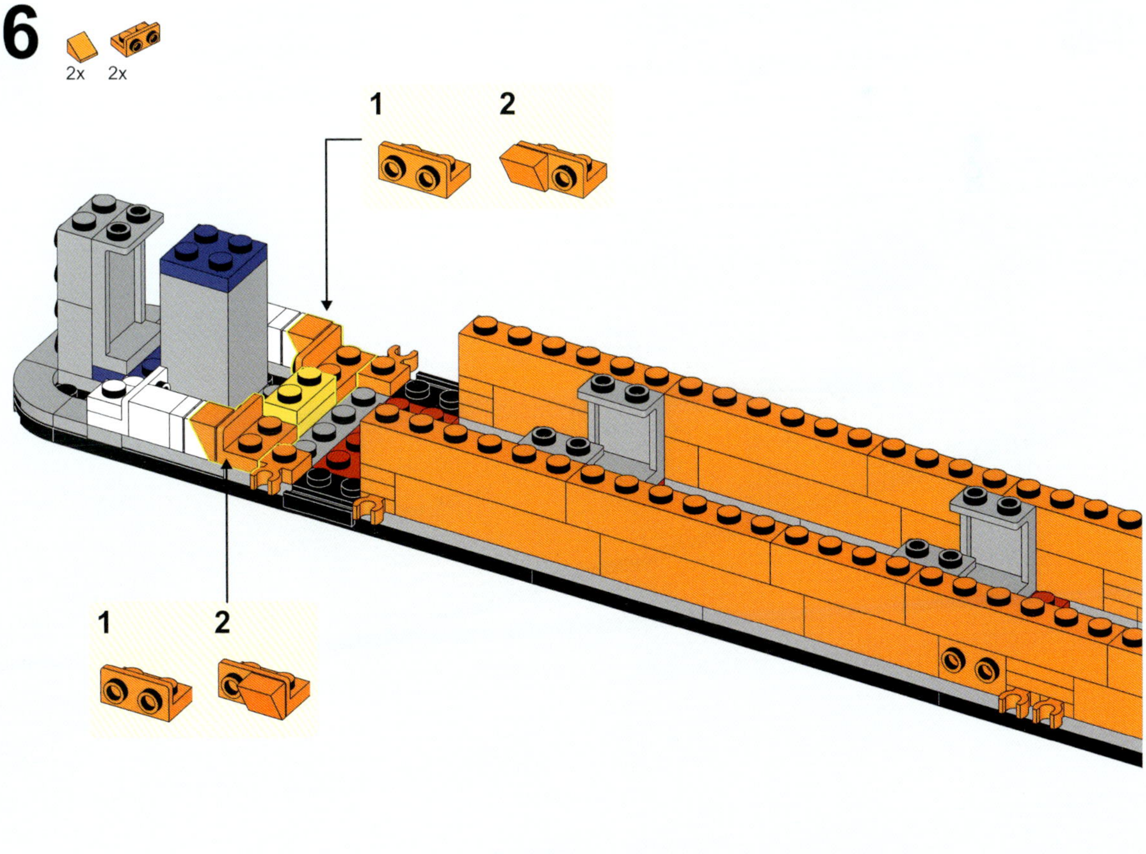

17

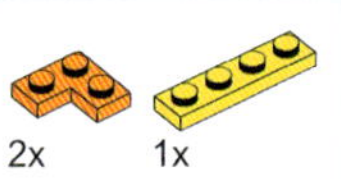

2x 1x

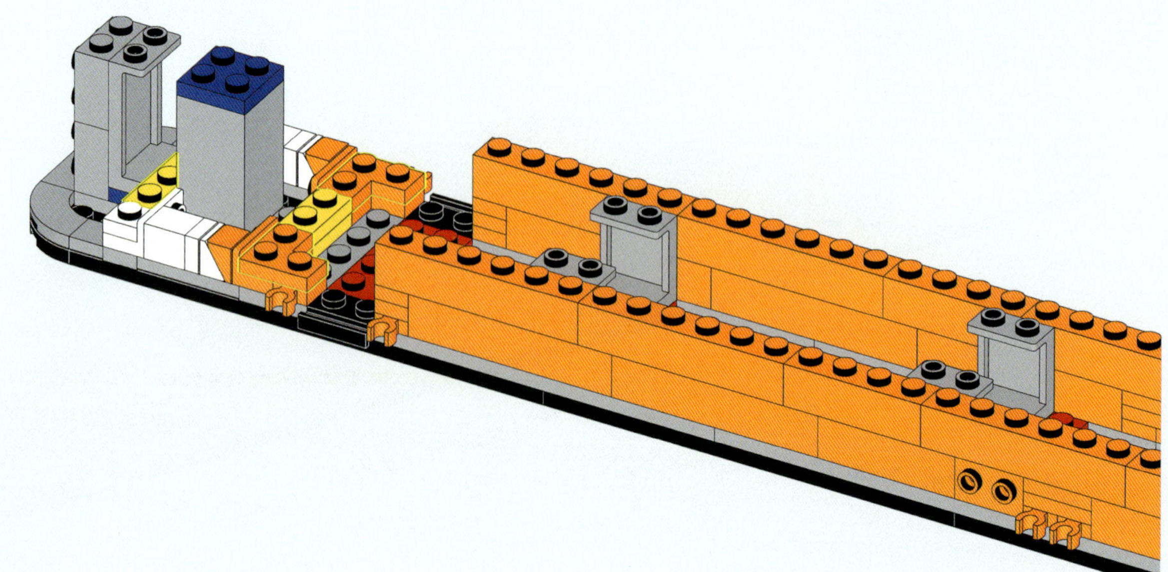

18

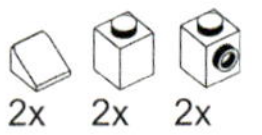

2x 2x 2x

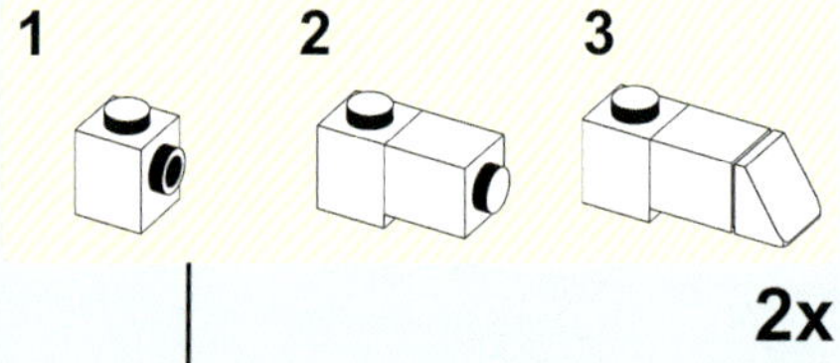

1 2 3

2x

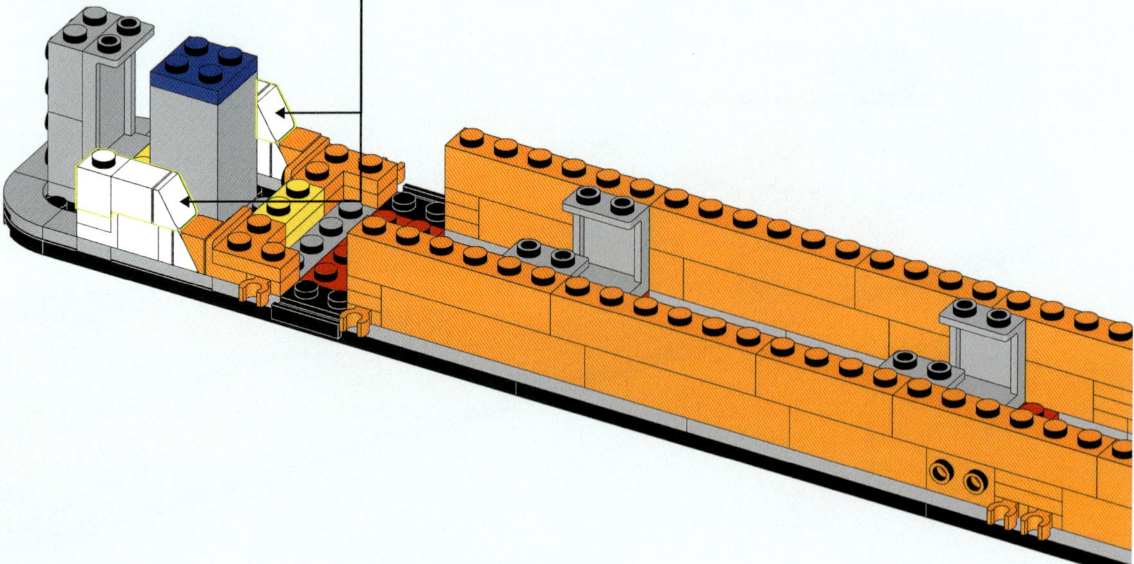

19

4x
2x
2x
2x
1
2
3
2x

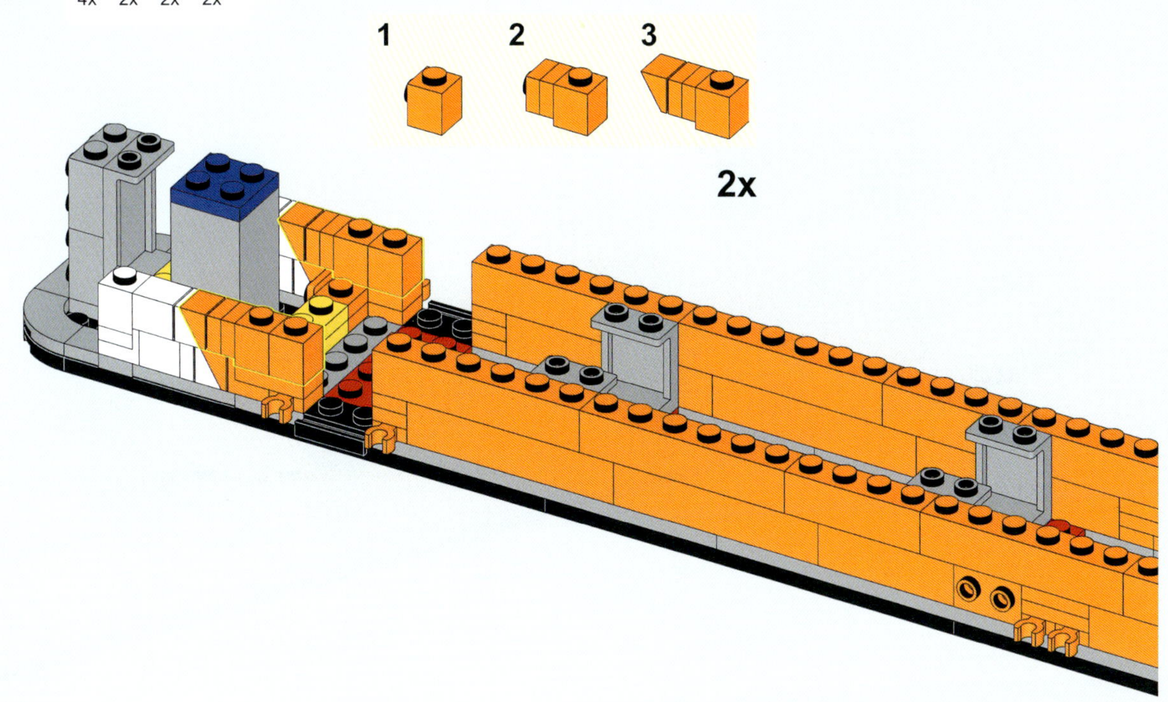

20

2x
4x
2x
1
2
1
2

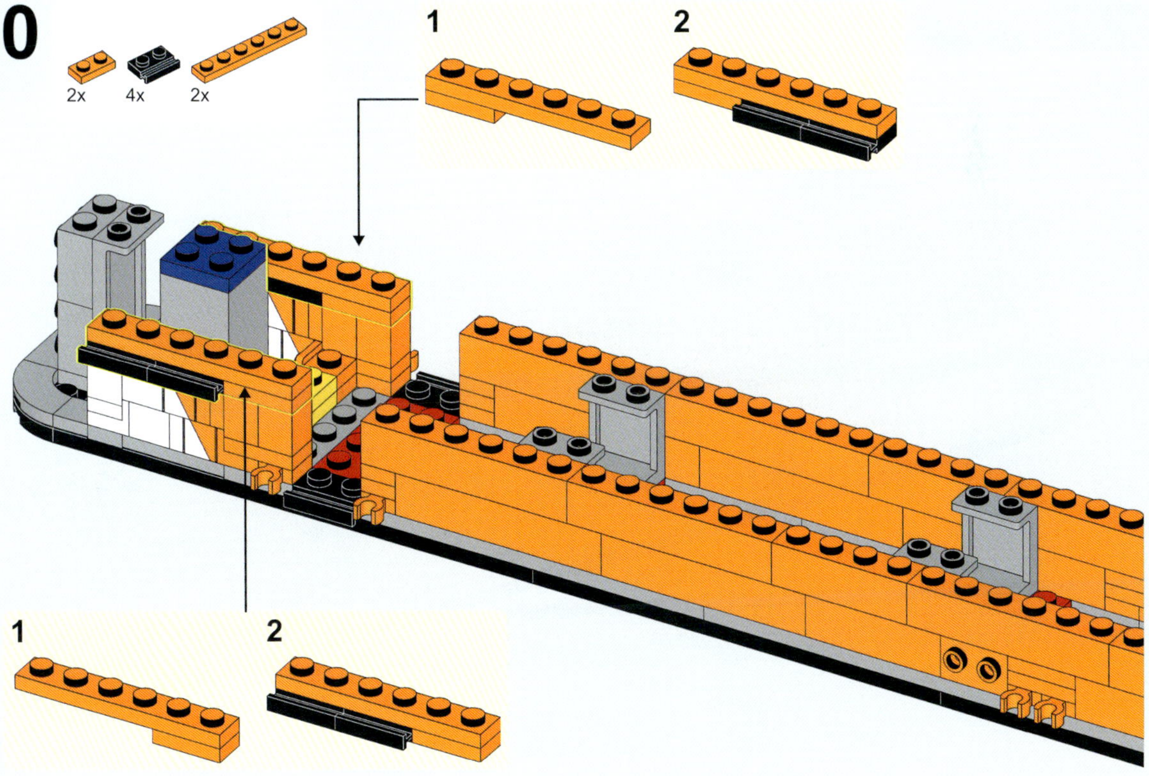

21

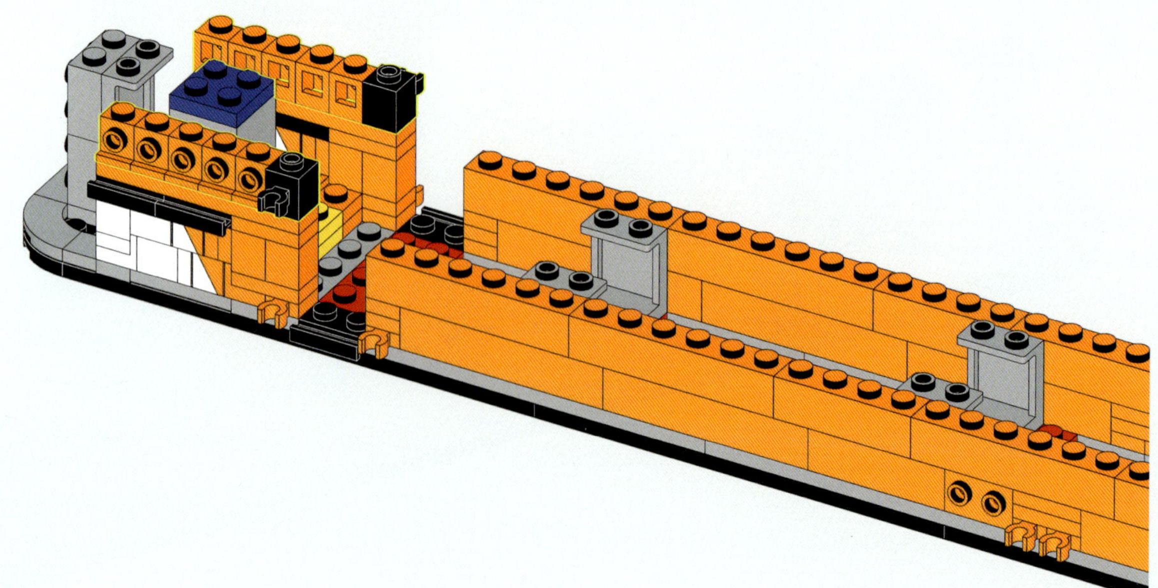

22

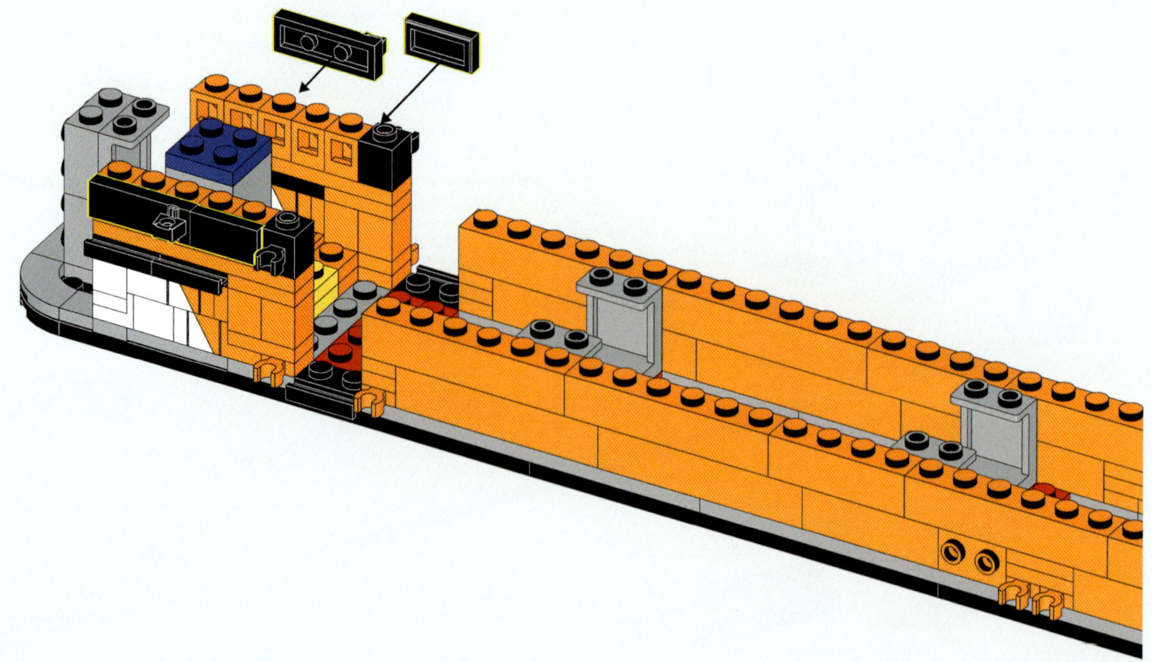

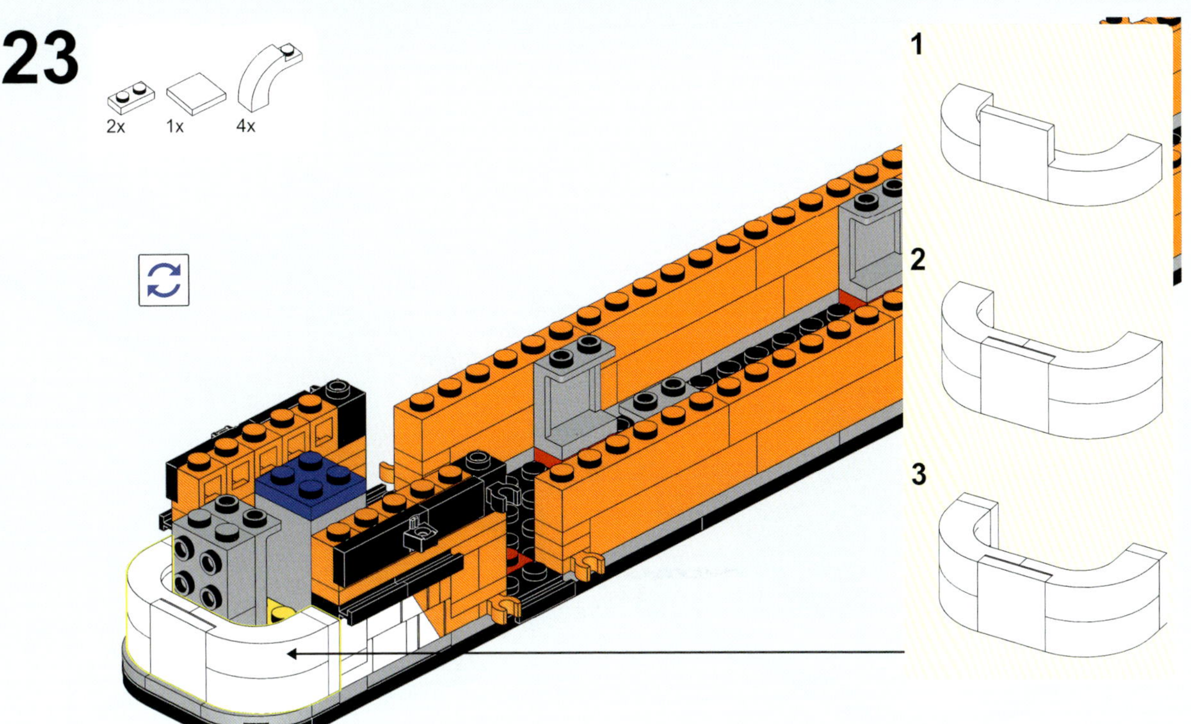

24

2x 1x

1

2

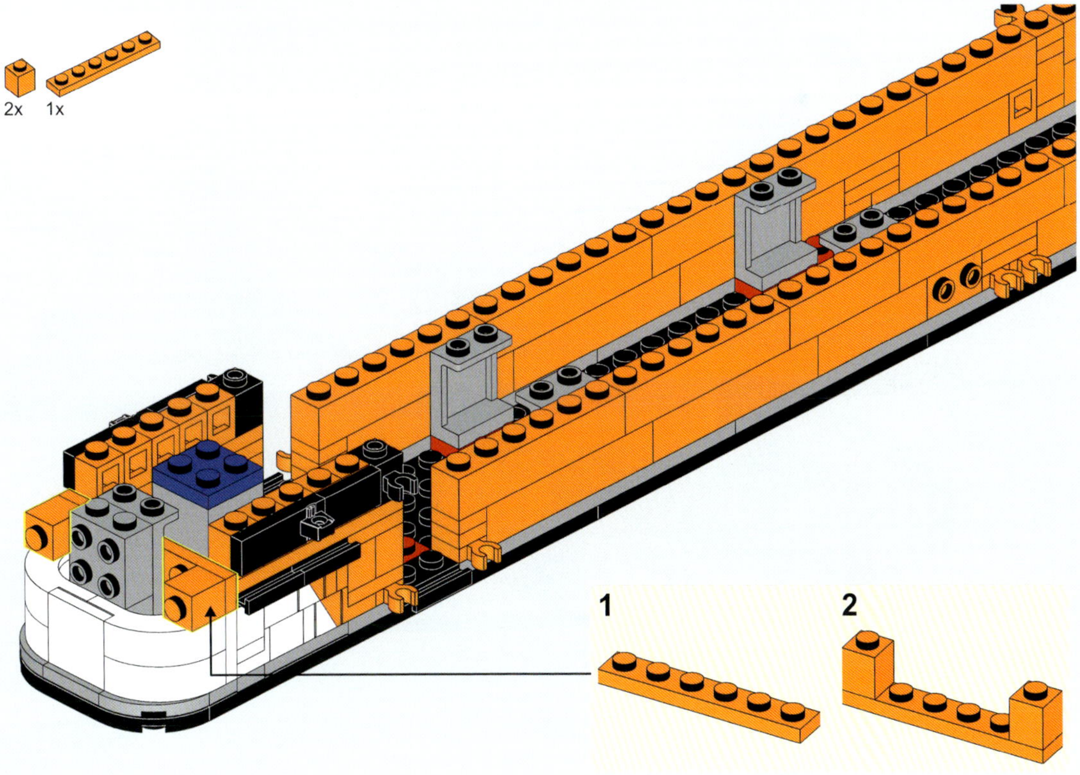

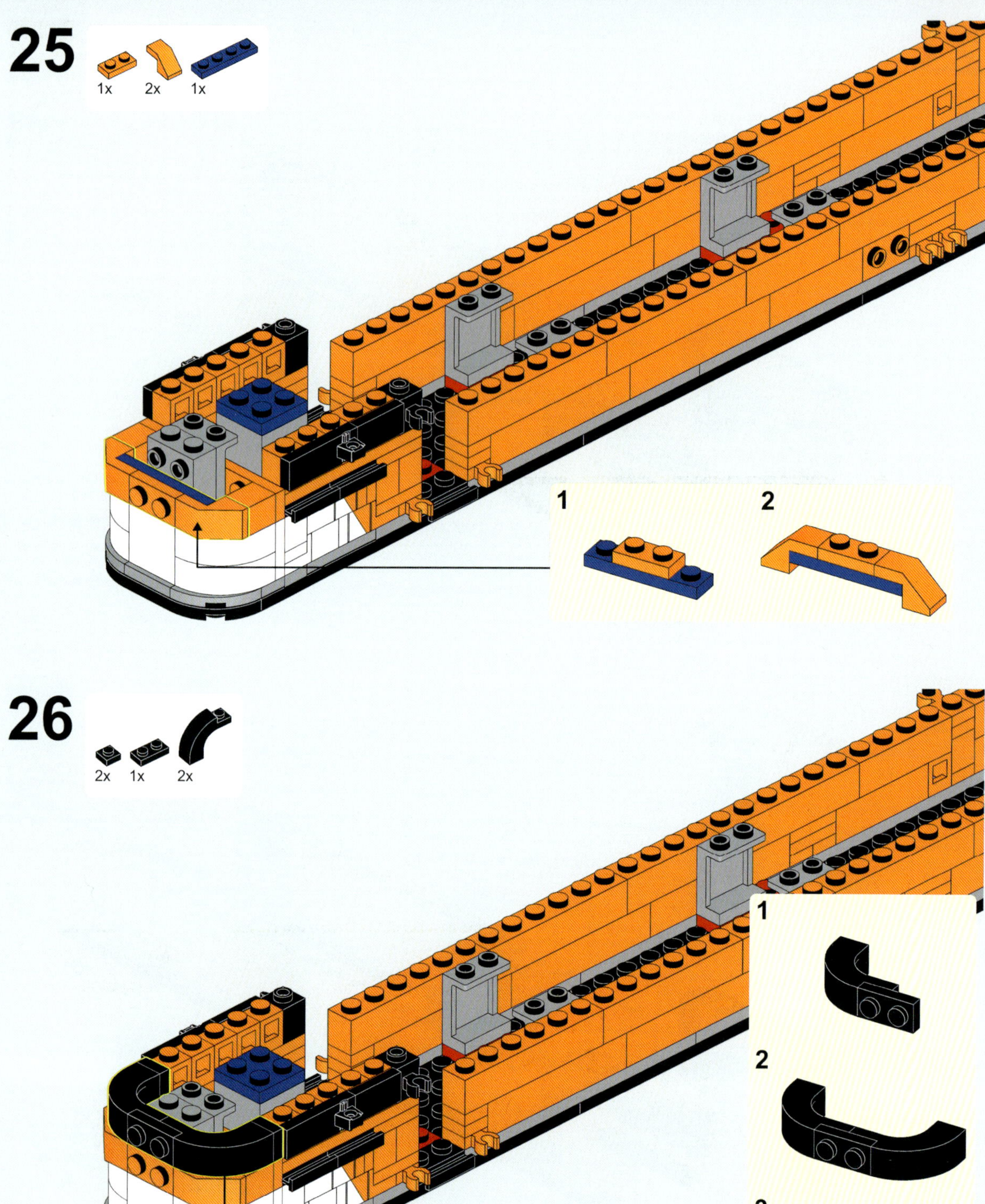
25
1x
2x
1x
1
2
26
2x
1x
2x
1
2
3

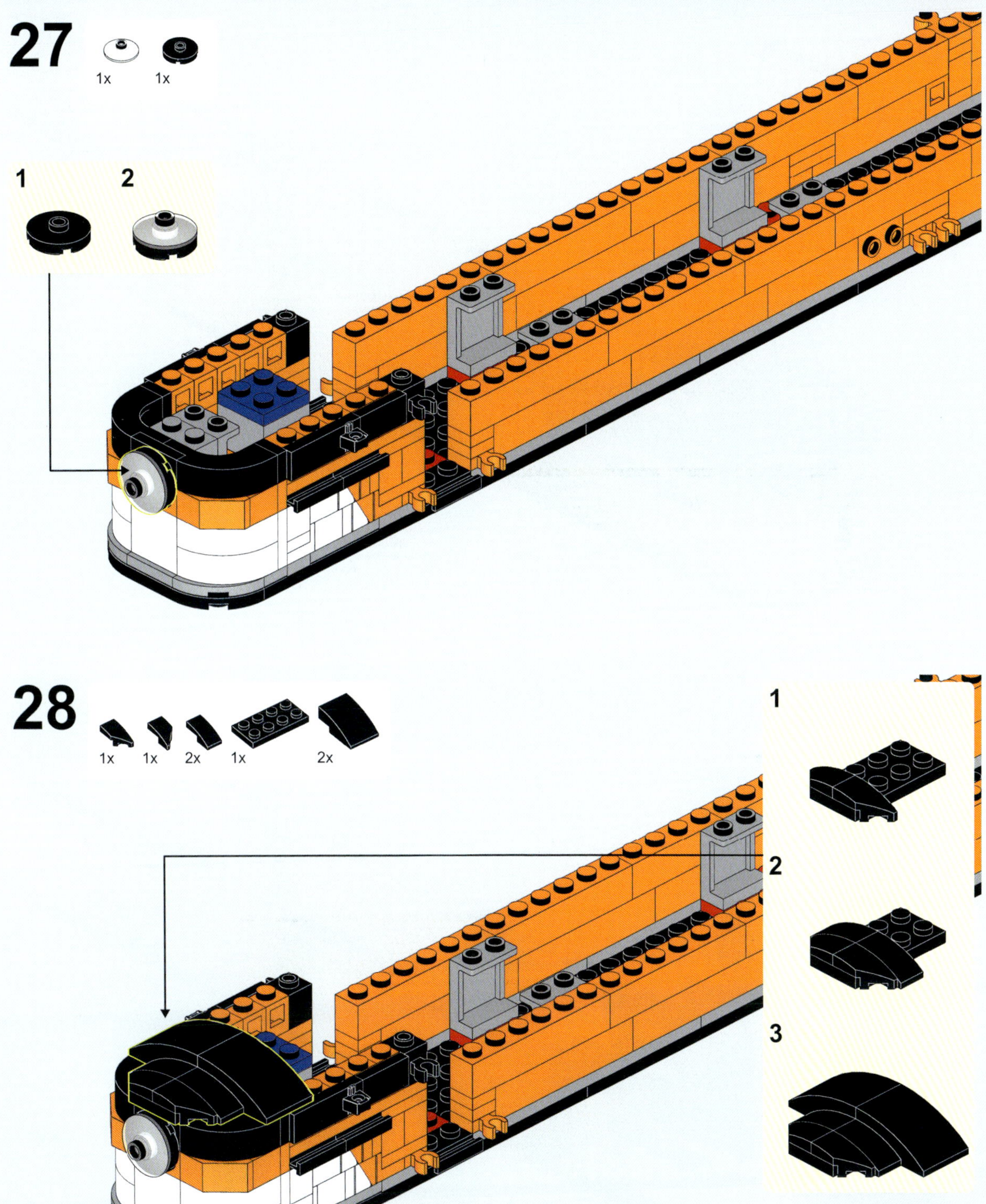
27
1x
1x
1
2
28
1x
1x
2x
1x
2x
1
2
3

29

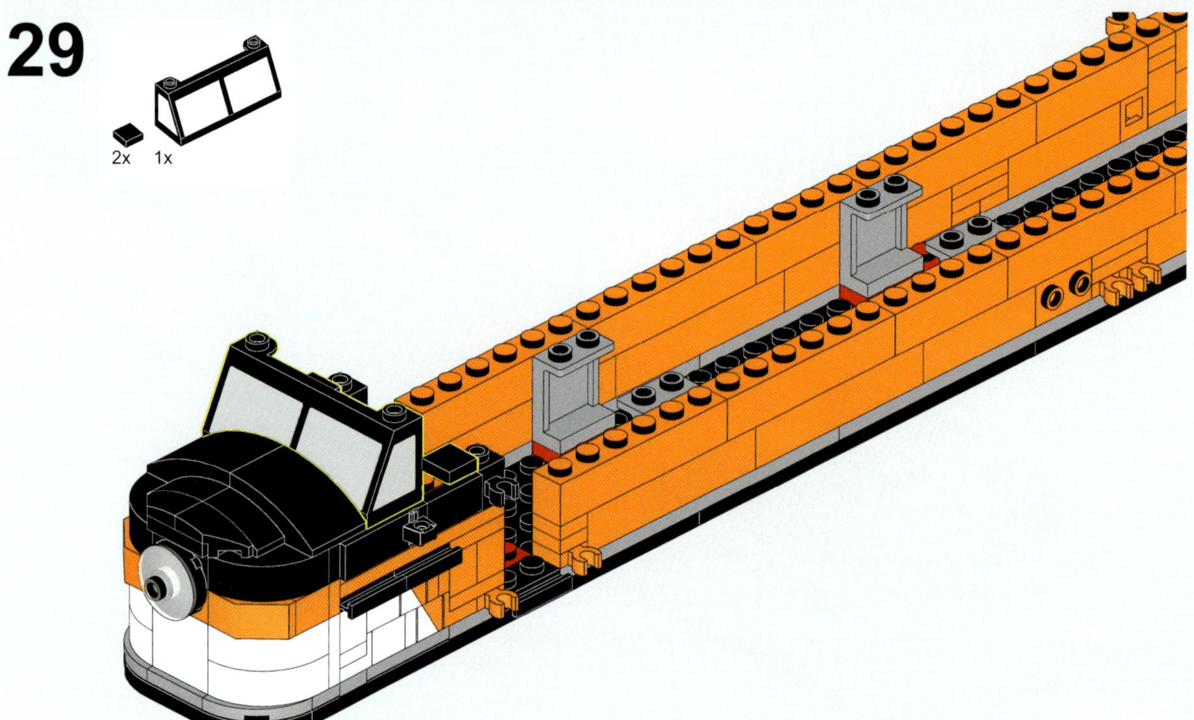

30

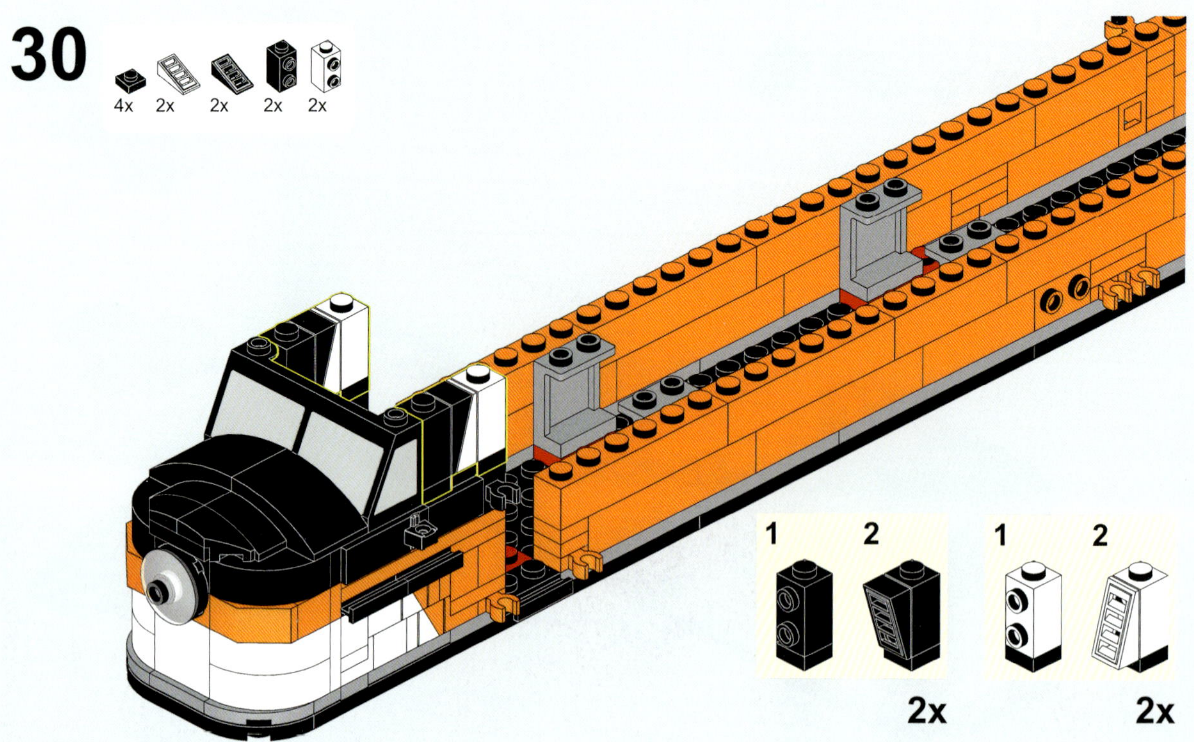

31

2x

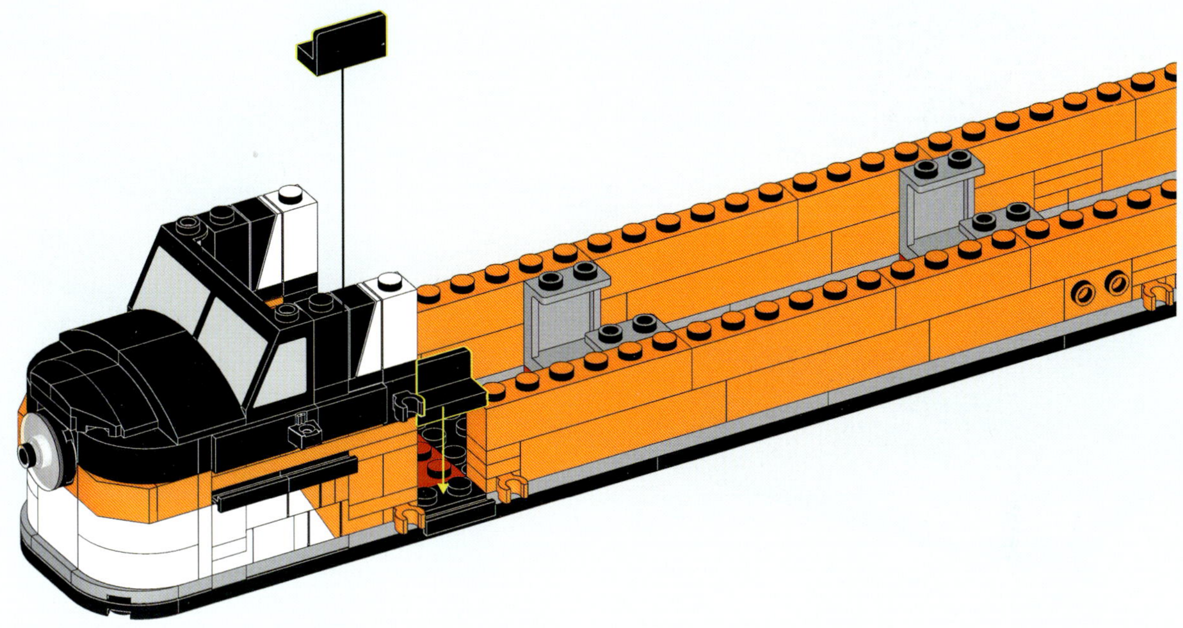

32

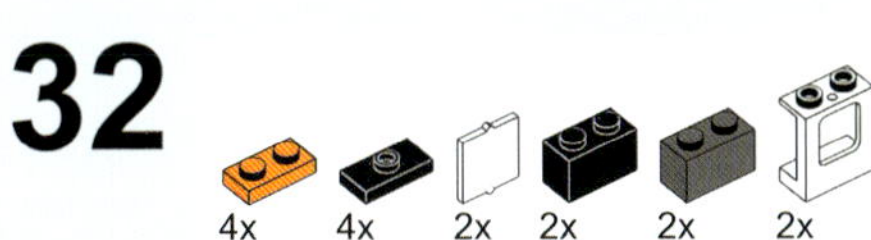

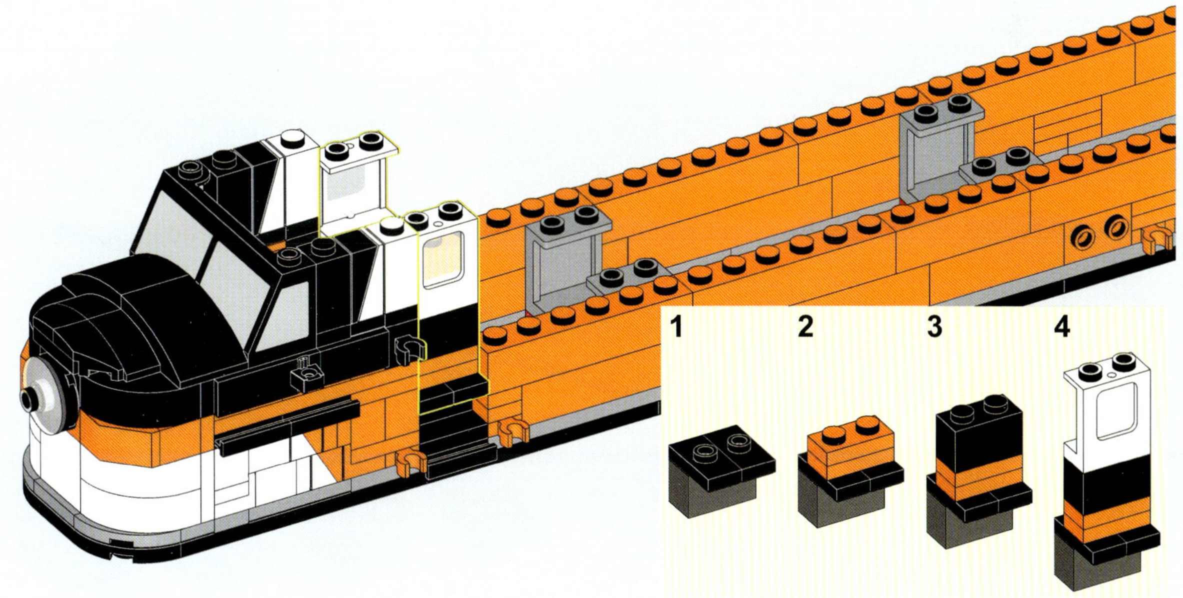

33

4x

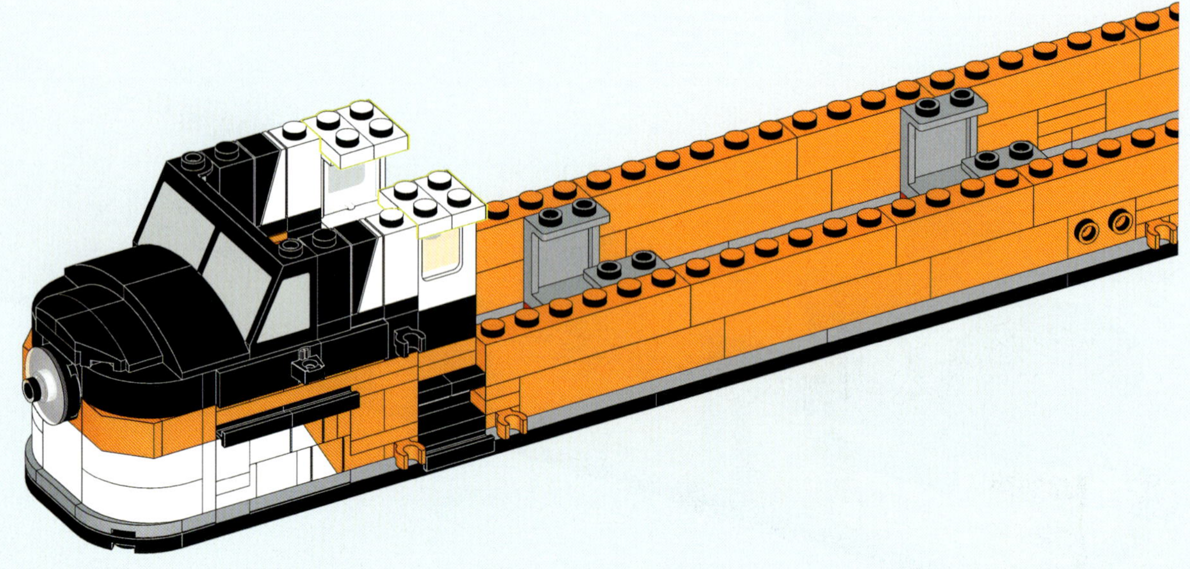

34

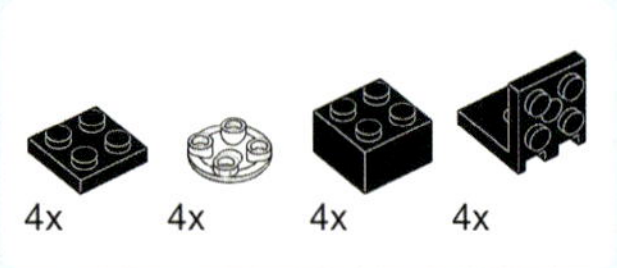

4x 4x 4x 4x

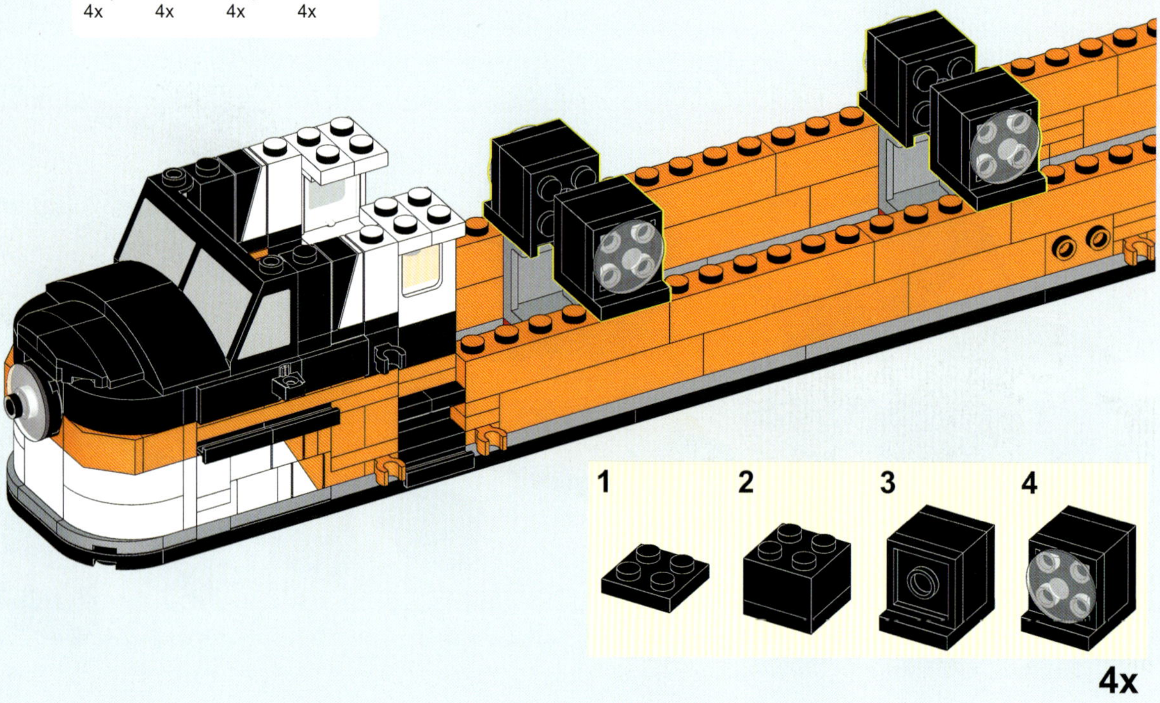

1 2 3 4

4x

35

2x 6x 2x 2x 2x

36

4x 2x 6x

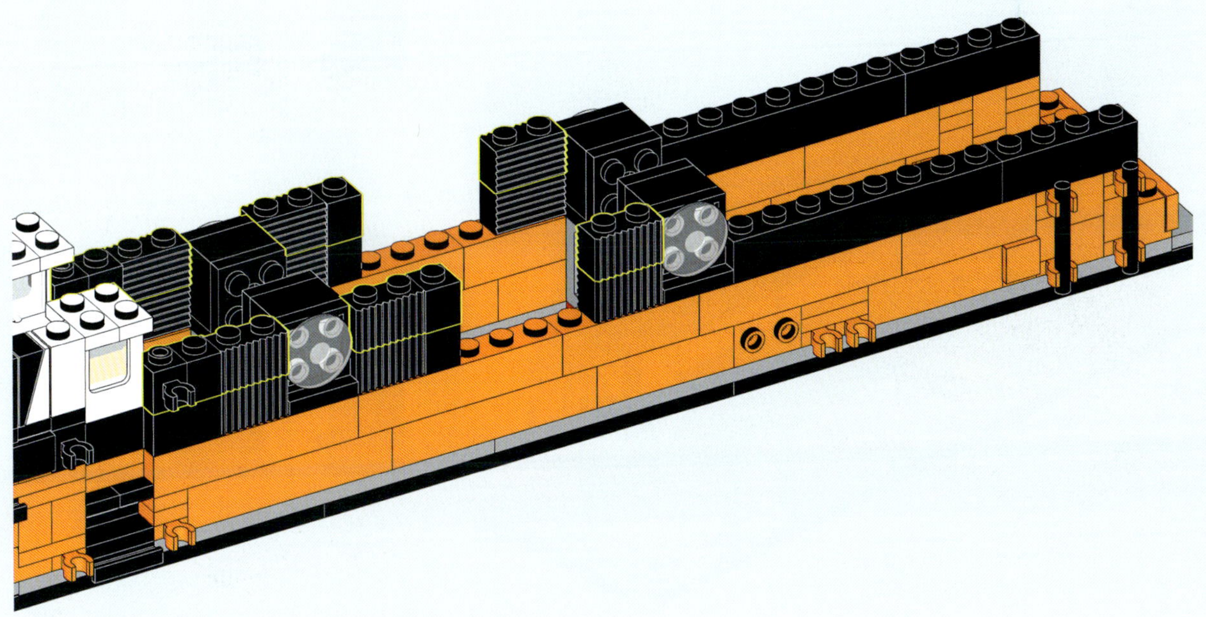

37

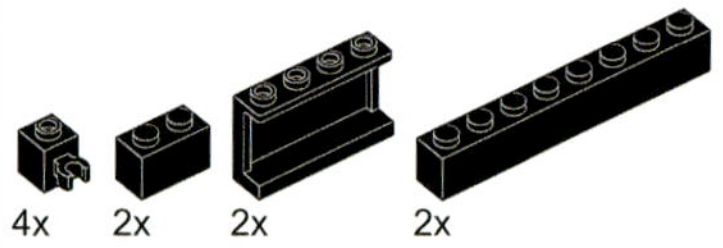

4x 2x 2x 2x

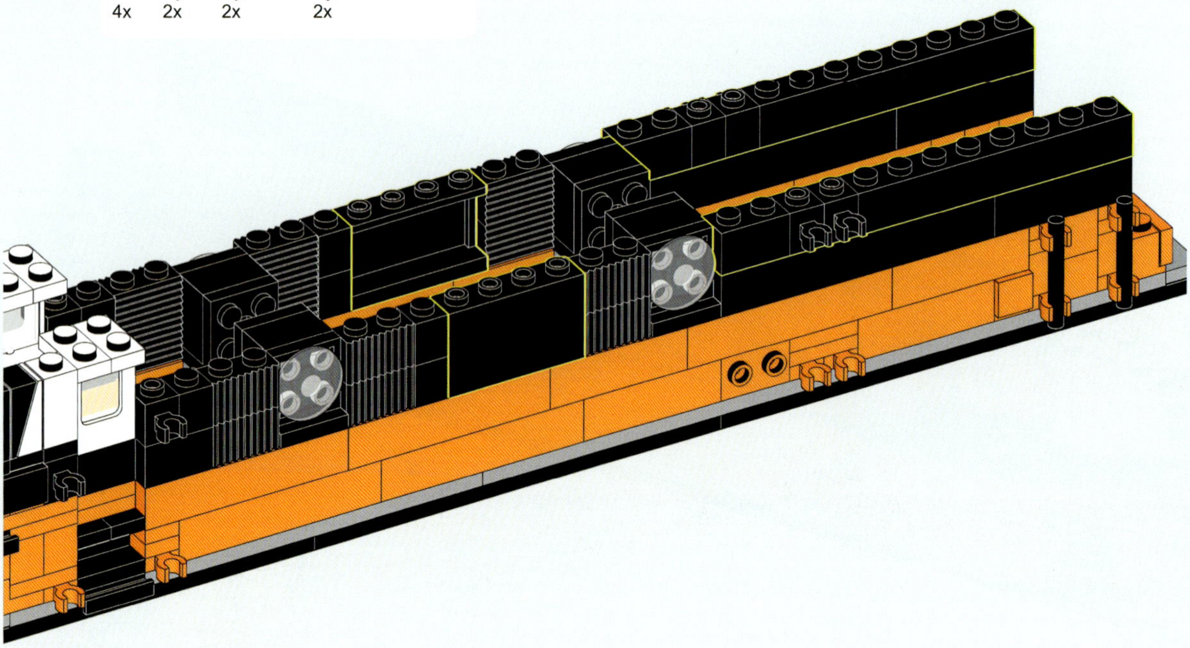

38

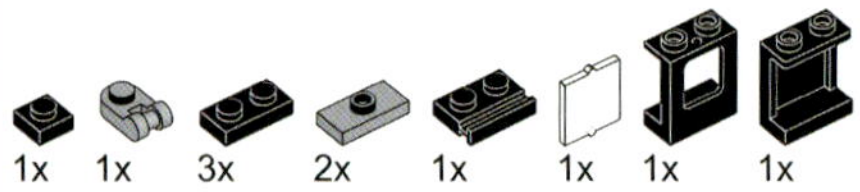

1x 1x 3x 2x 1x 1x 1x 1x

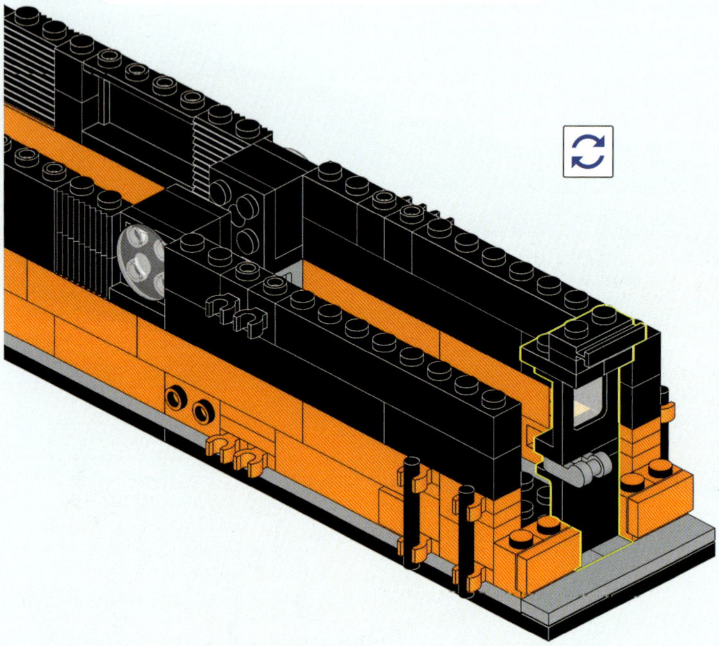

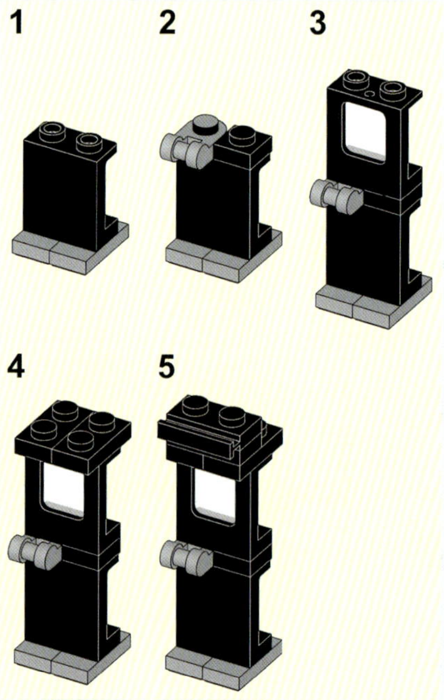

1 2 3

4 5

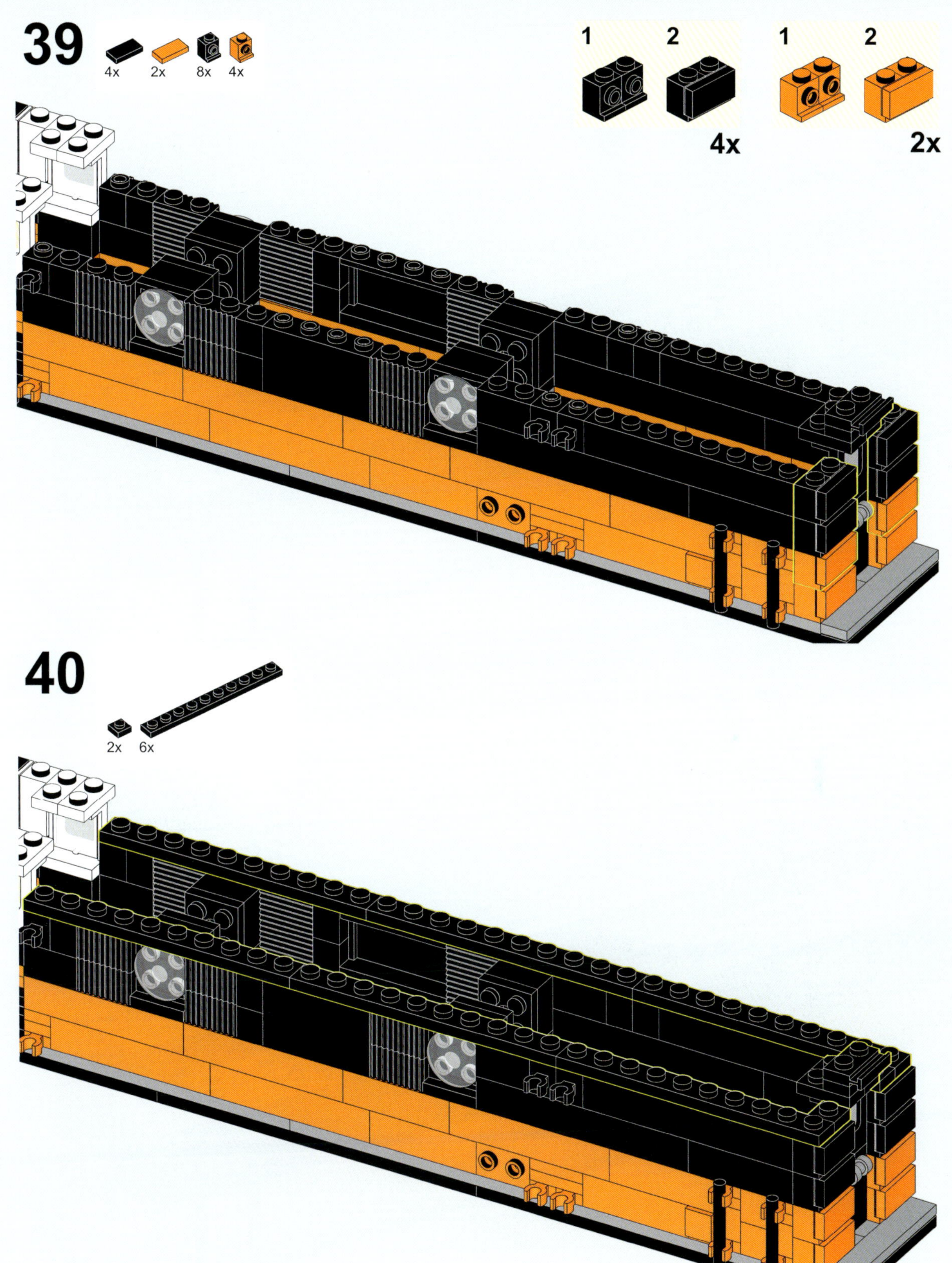
39
4x
2x
8x
4x
1
2
4x
1
2
2x
40
2x
6x

41

58x

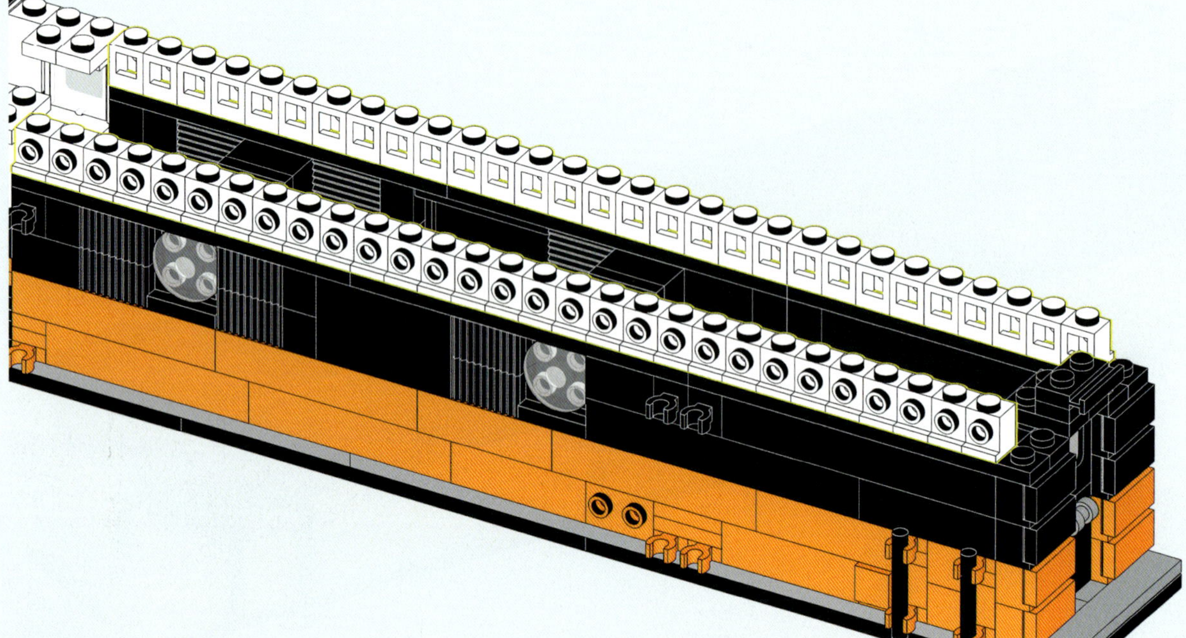

42

1x 2x 2x

43

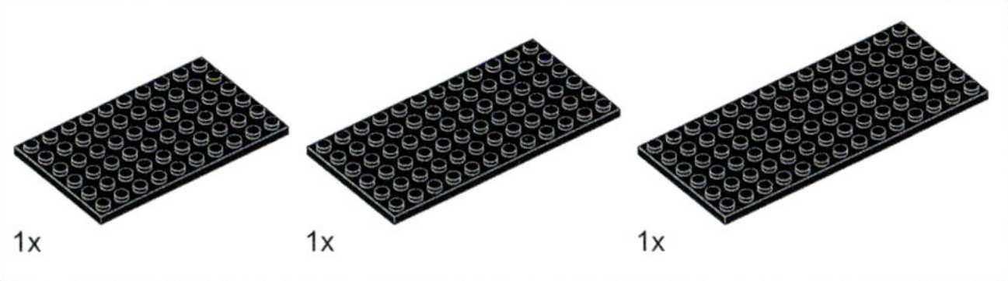

1x 1x 1x

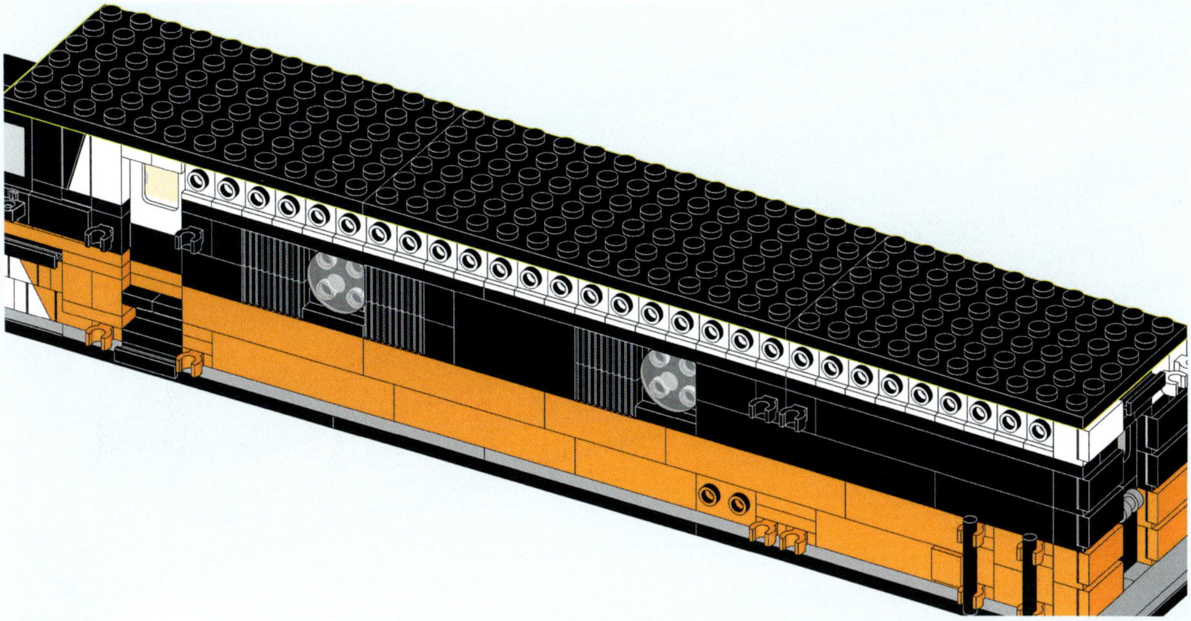

44

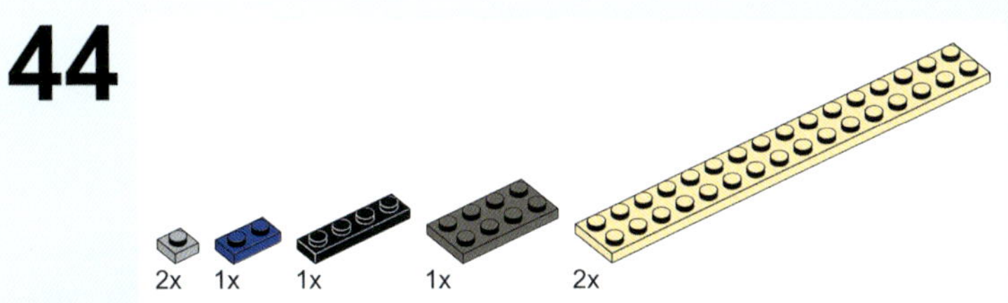

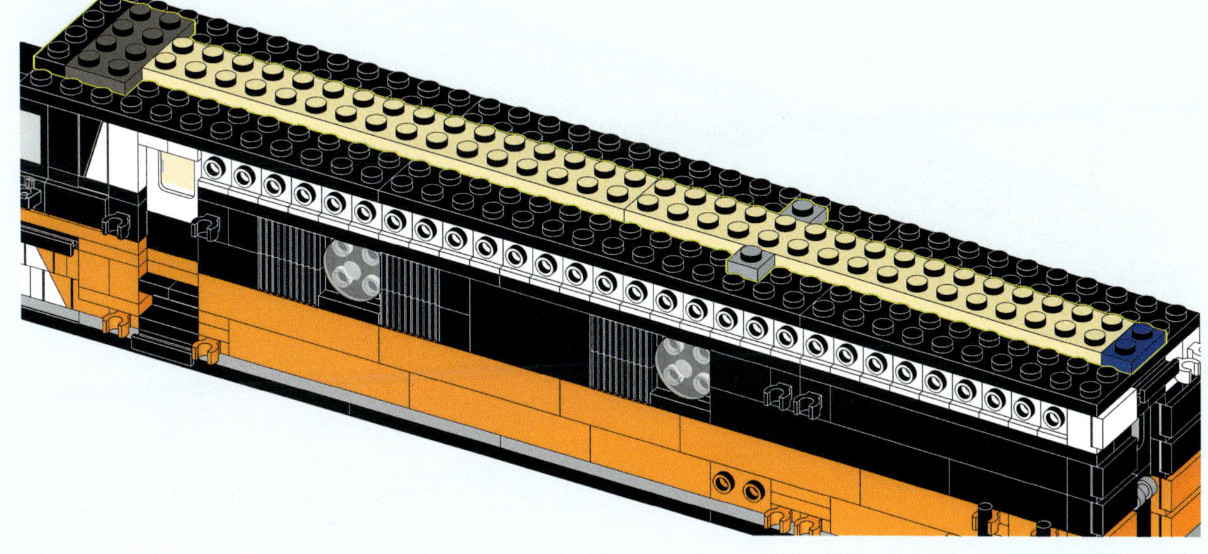

45 1x 14x

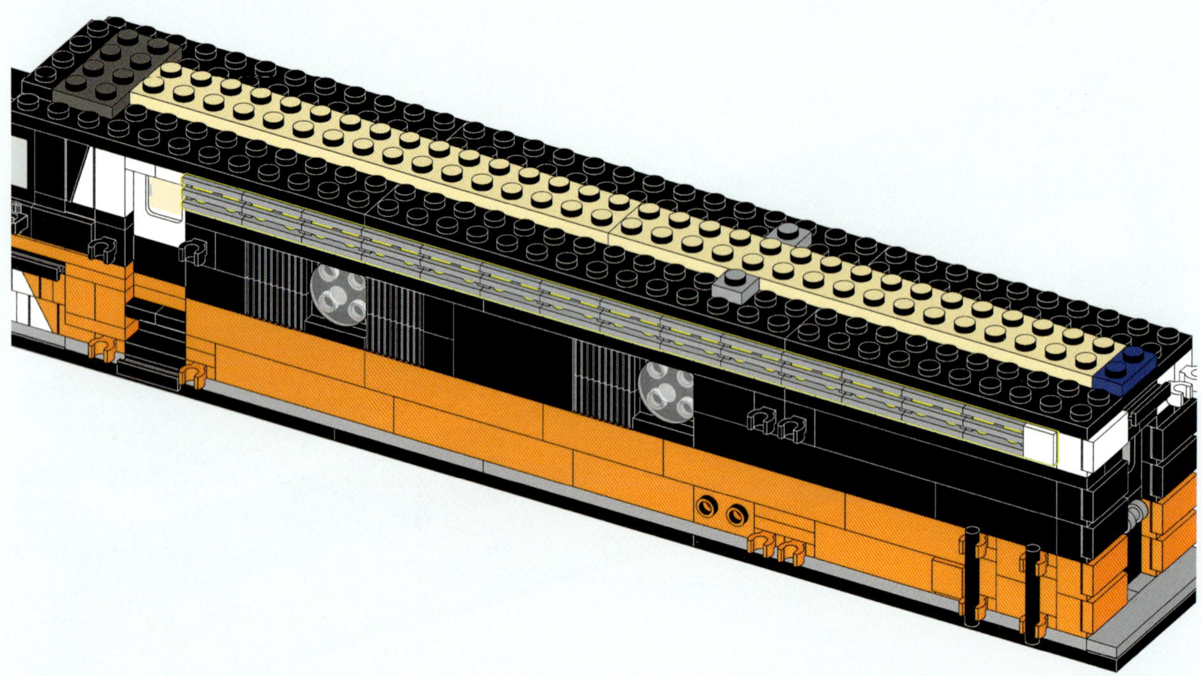

46 1x 14x

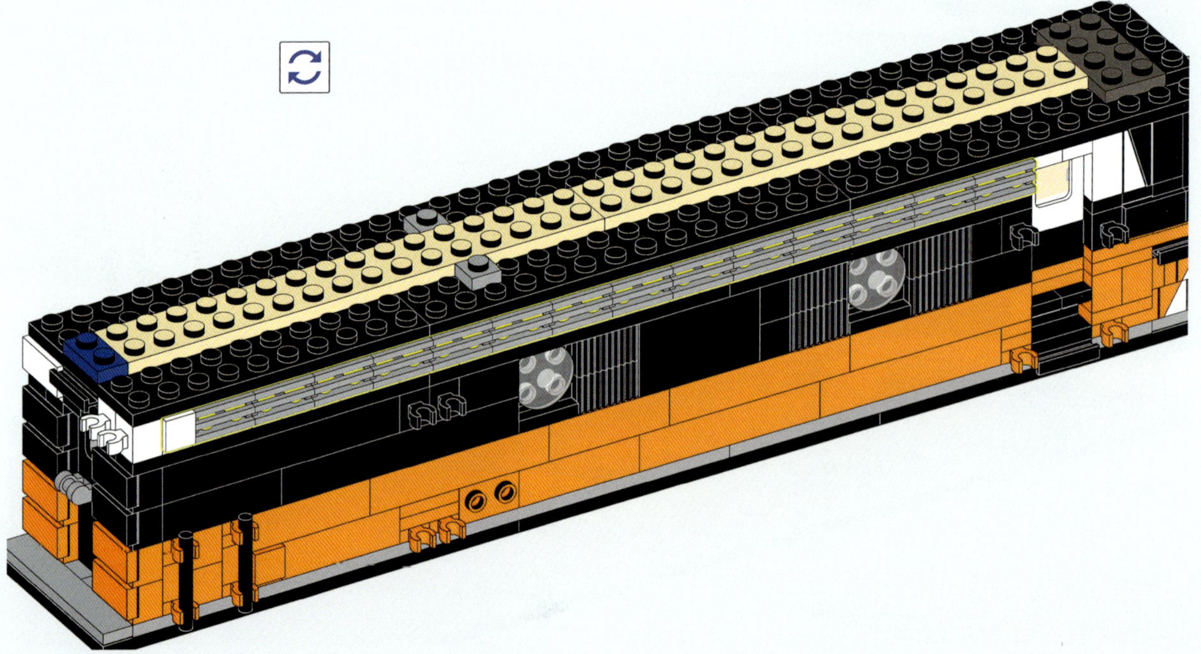

47

1x 1x 2x 10x

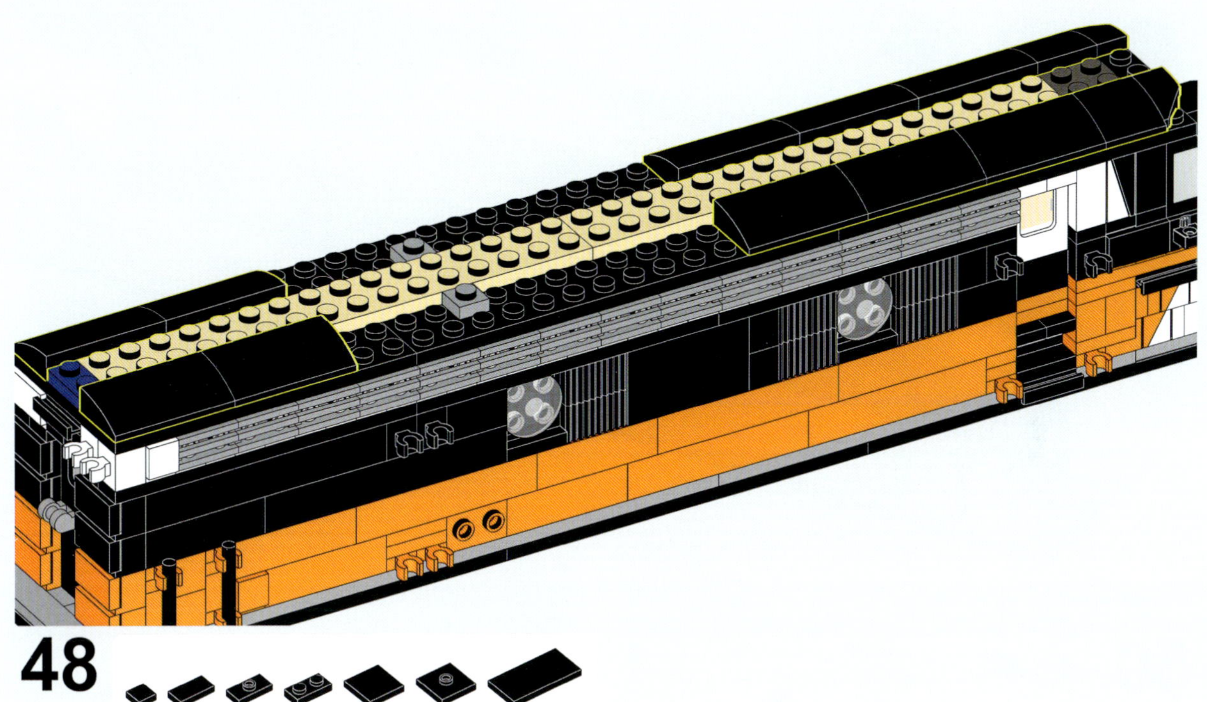

48

2x 3x 2x 1x 2x 1x 2x

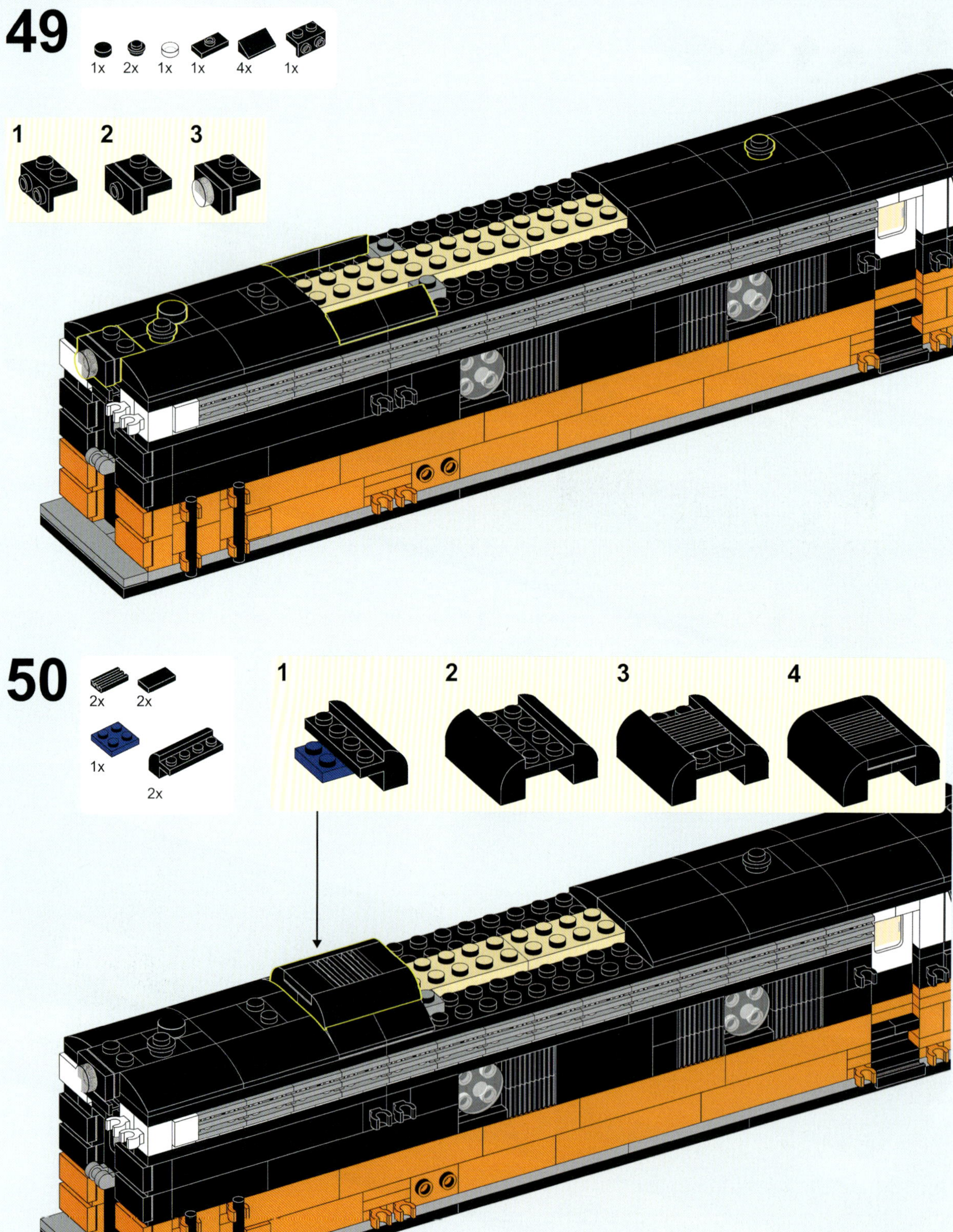

49
1x 2x 1x 1x 4x 1x
1
2
3
50
2x 2x
1x
2x
1
2
3
4

51

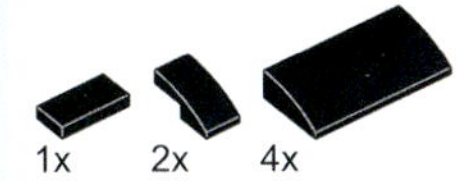

52

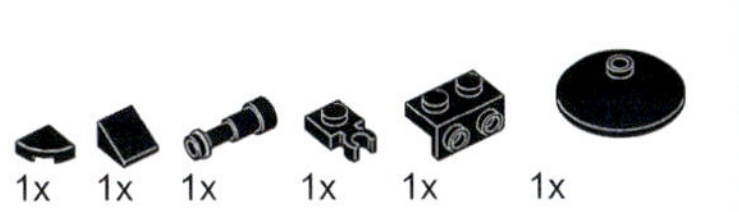

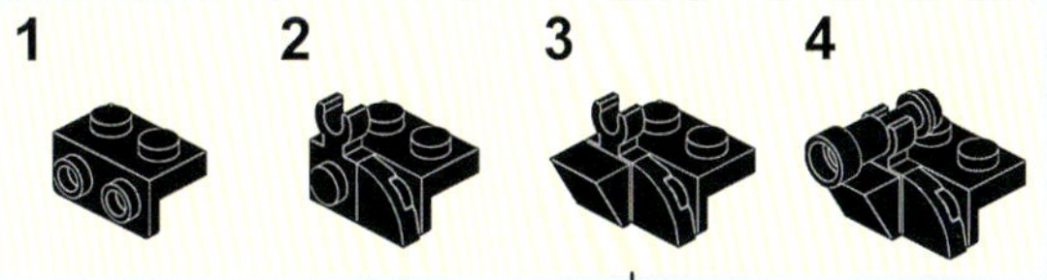

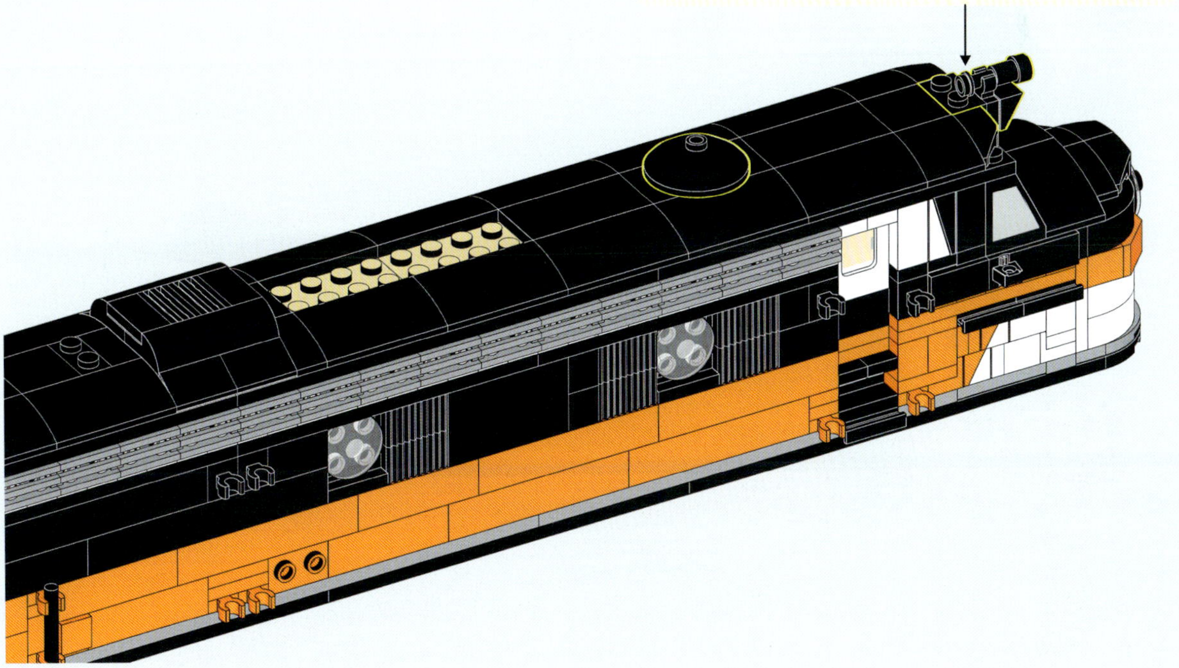

53

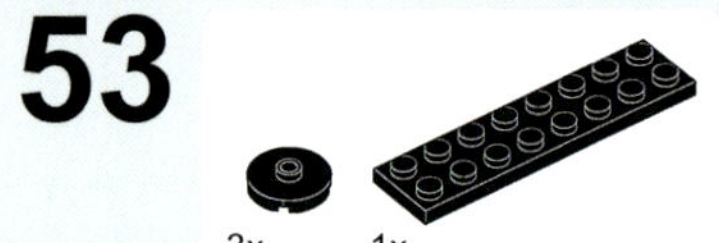

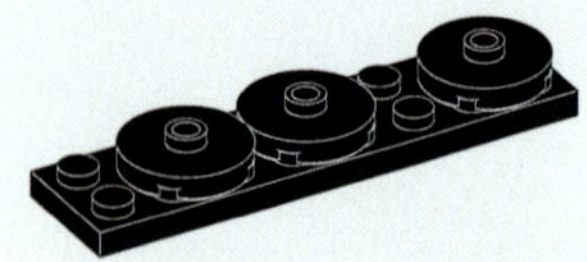

54

4x

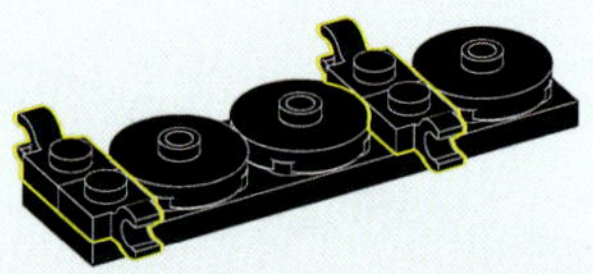

55

3x

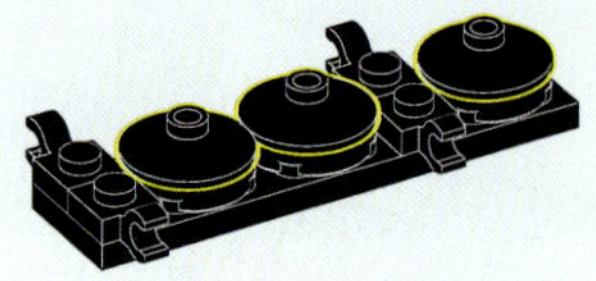

56

3x

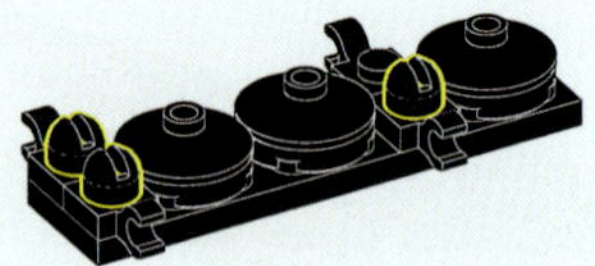

57 1x

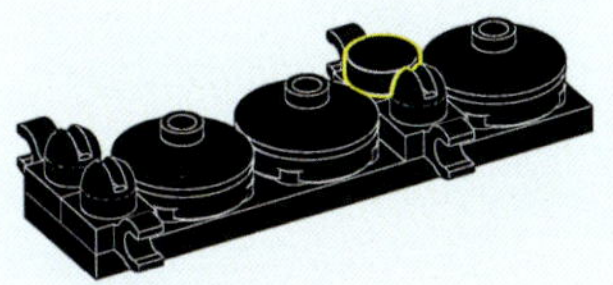

58

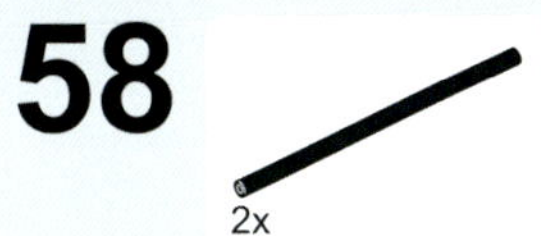

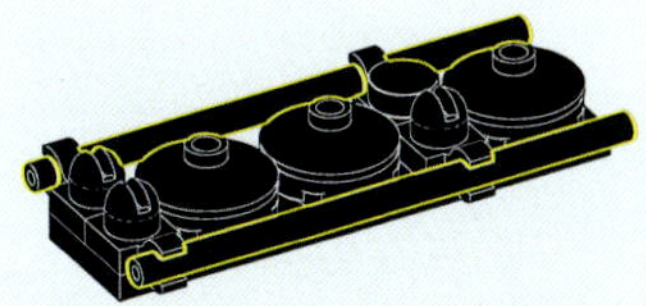

59 6x

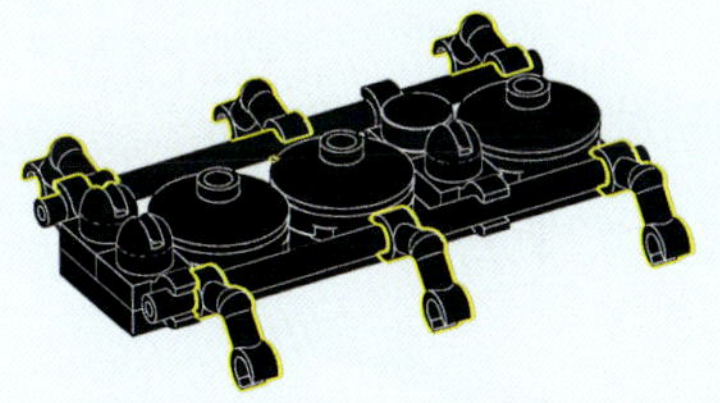

60

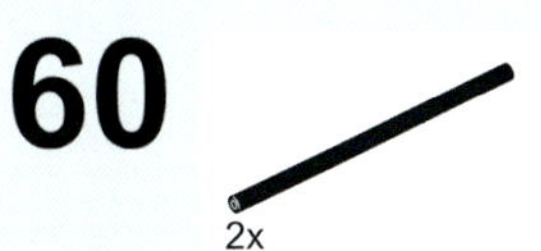

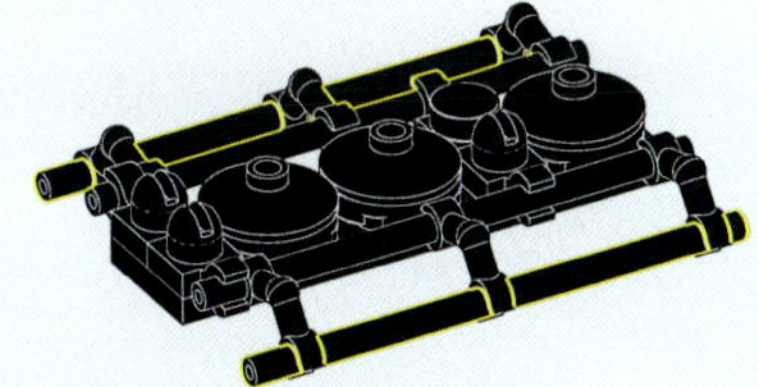

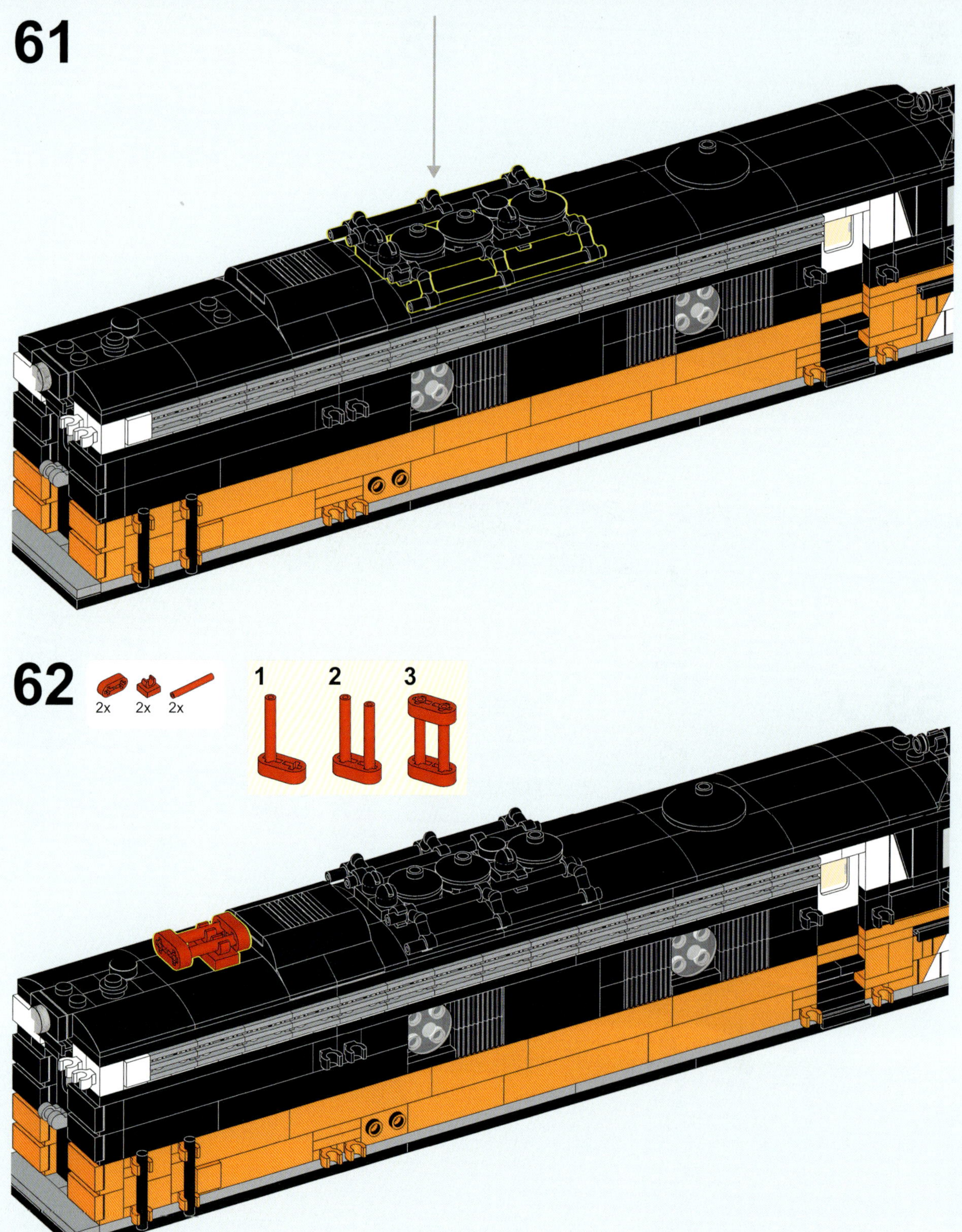
61
62
2x
2x
2x
1
2
3

63

2x

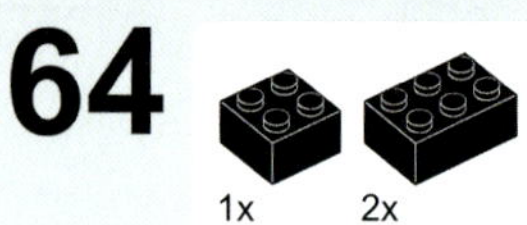
64
1x
2x

65
2x

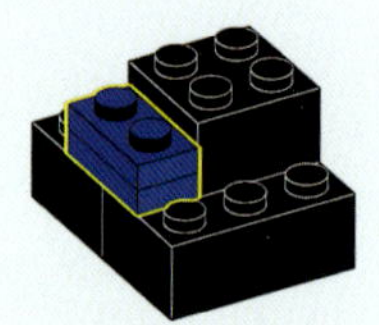

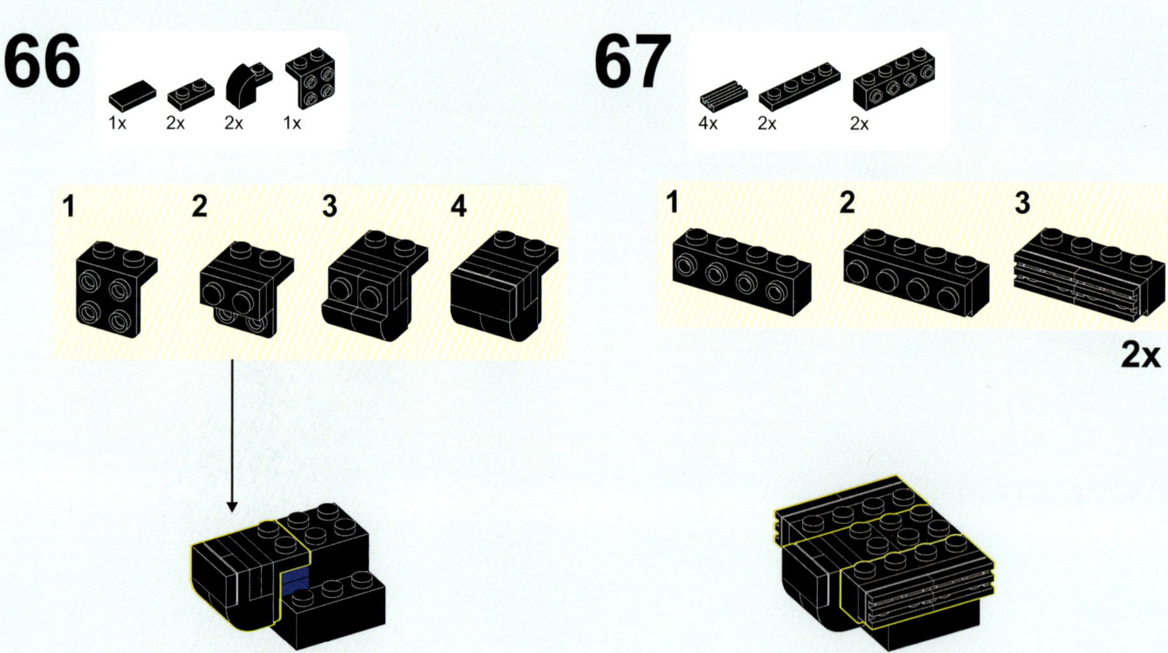
66
1x
2x
2x
1x
1
2
3
4
67
4x
2x
2x
1
2
3
2x

68

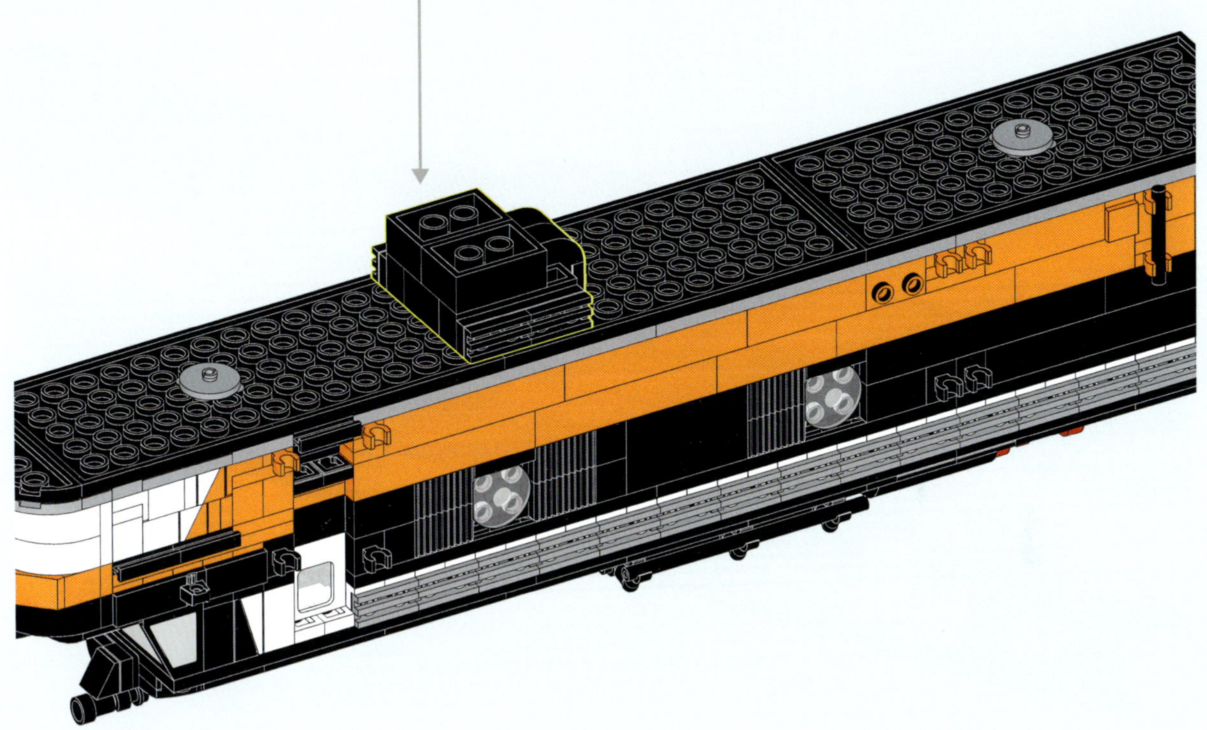

69

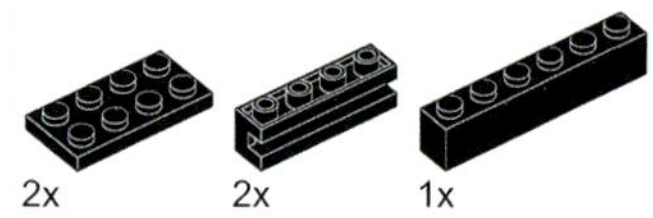

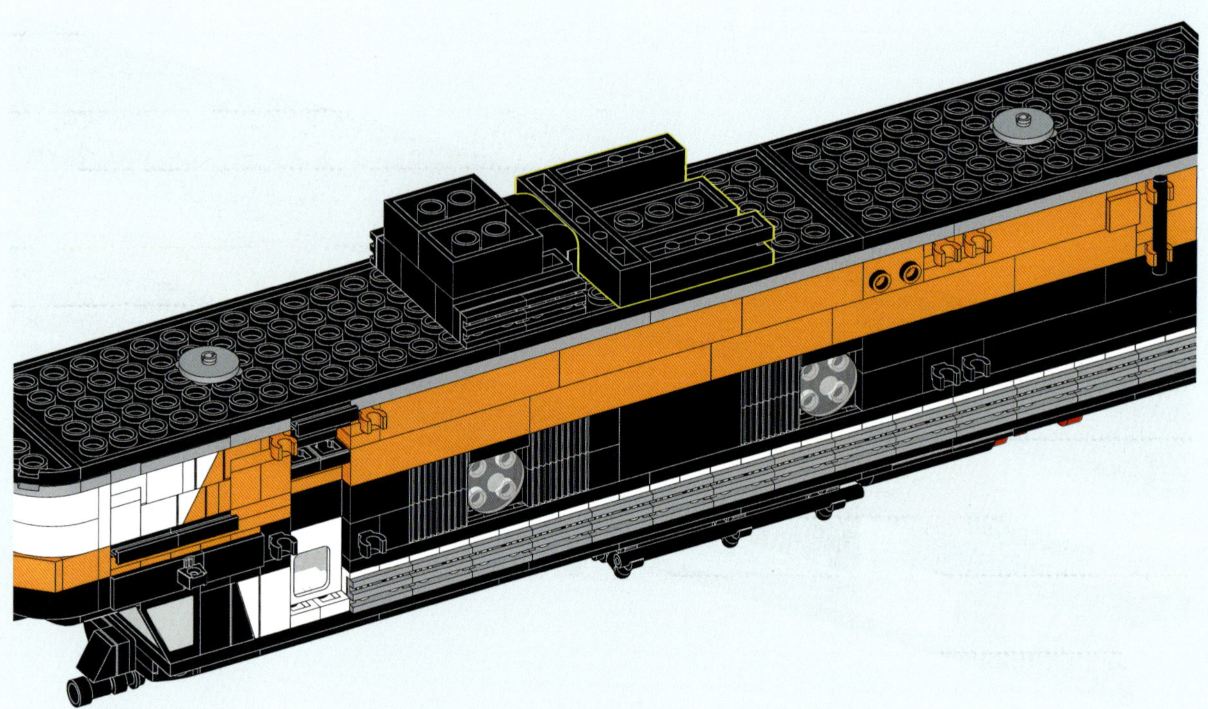

70

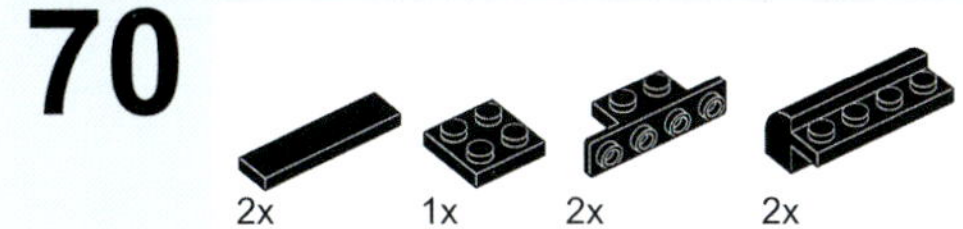

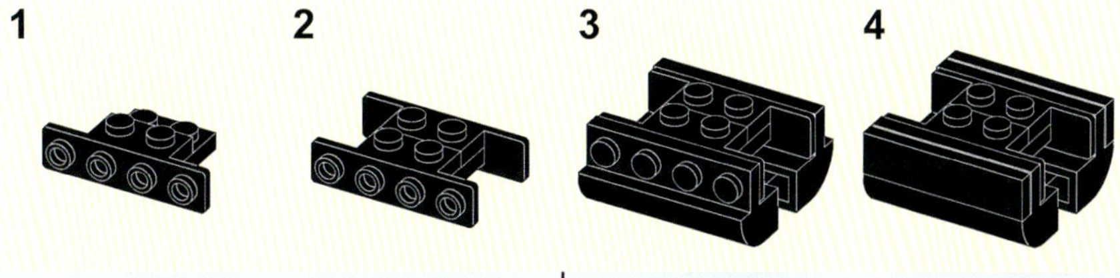

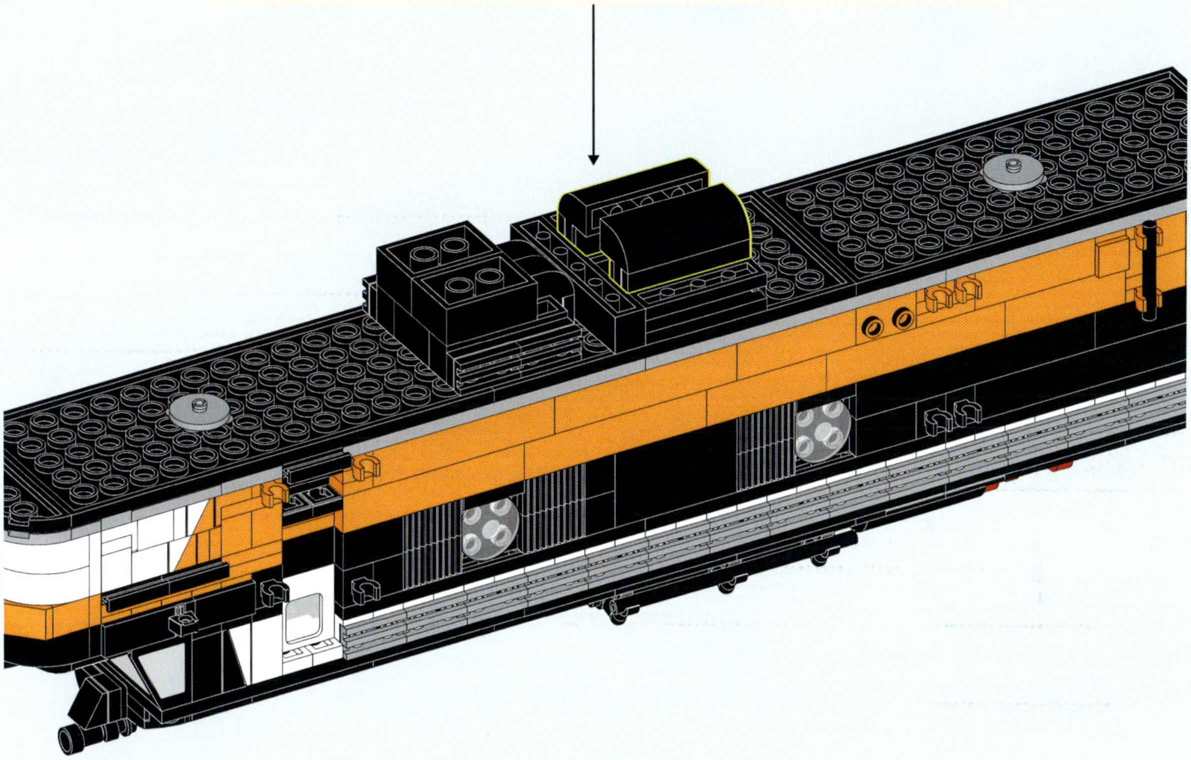

1 2 3 4

71

2x

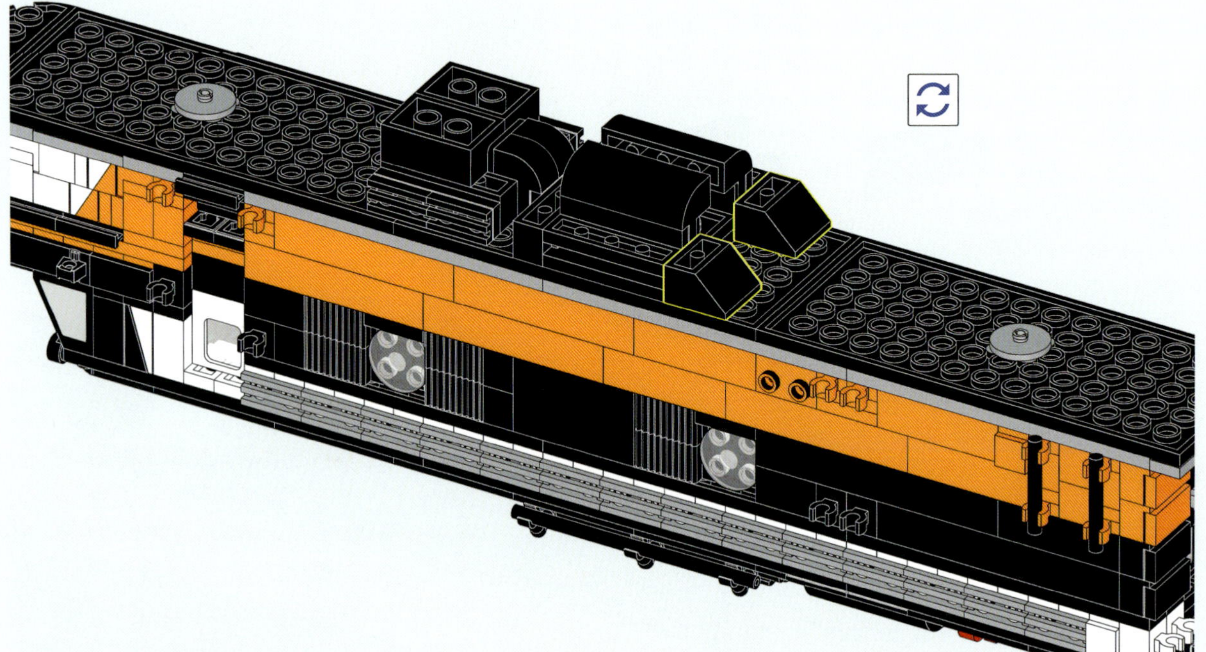

72

2x 4x

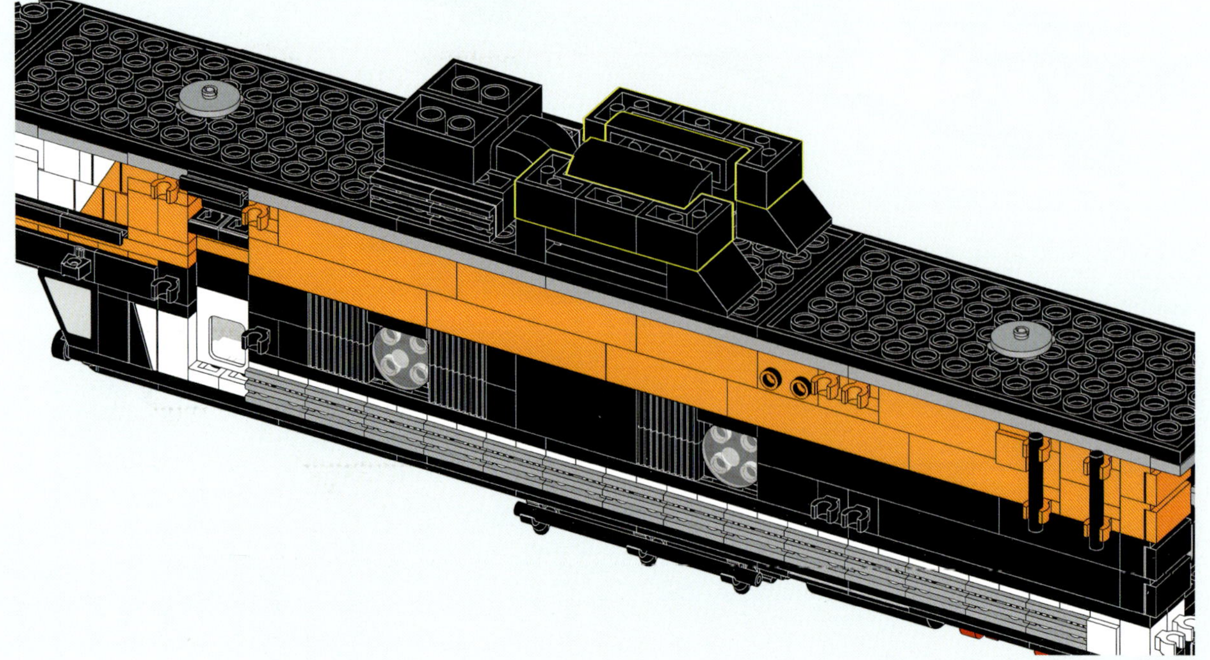

73

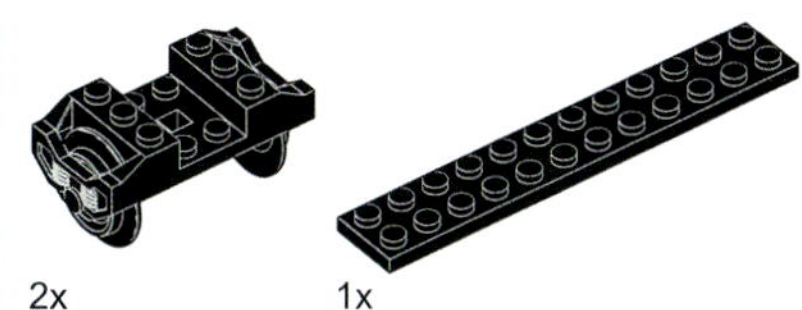

74

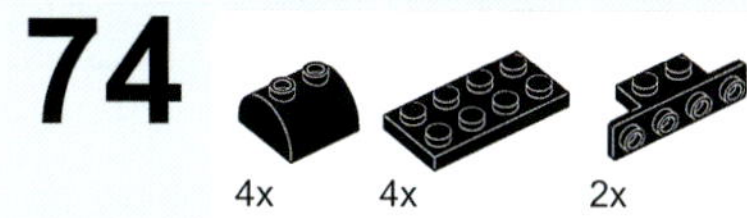

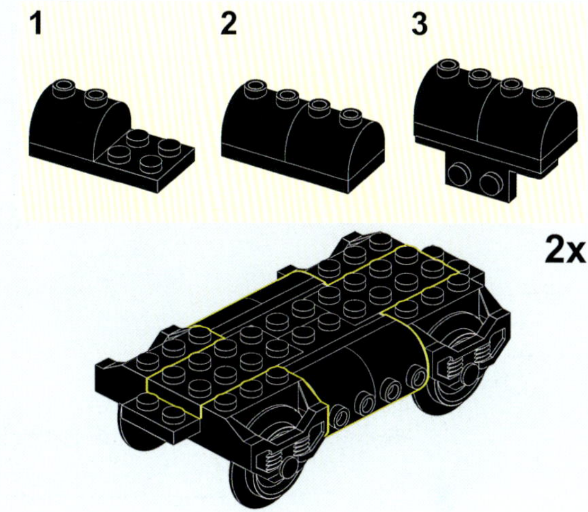

75

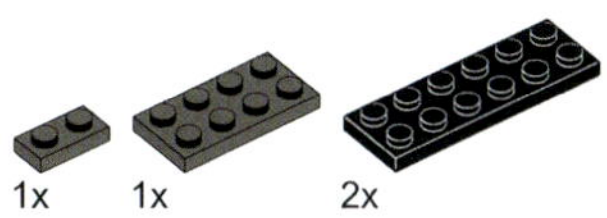

76

4x 4x 2x

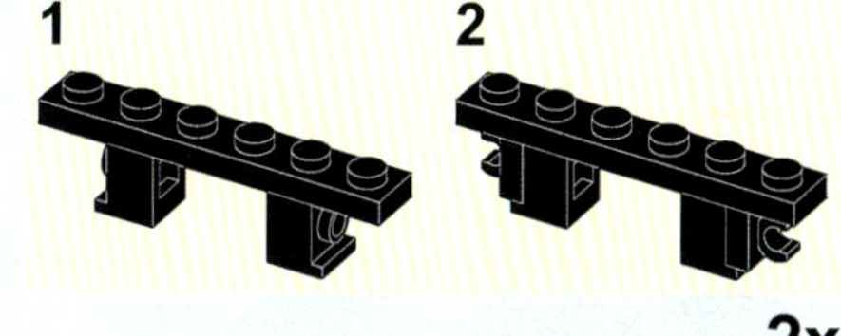

2x

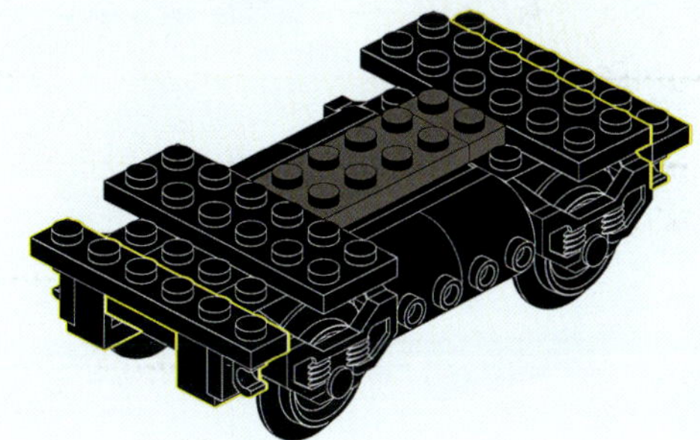

77

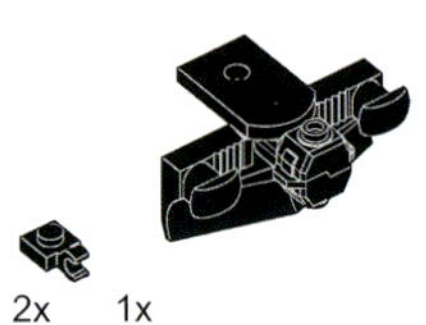

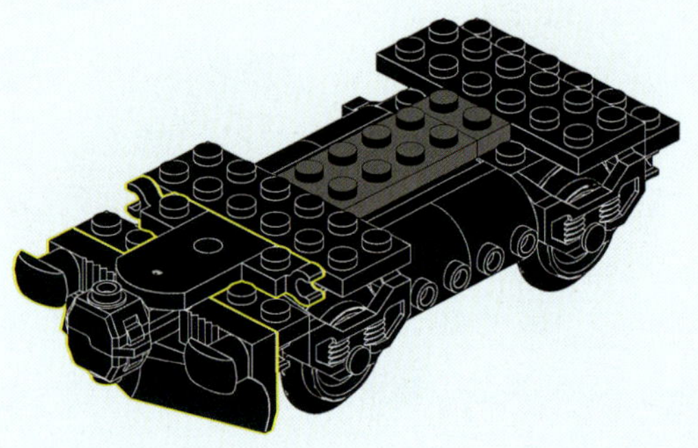

78

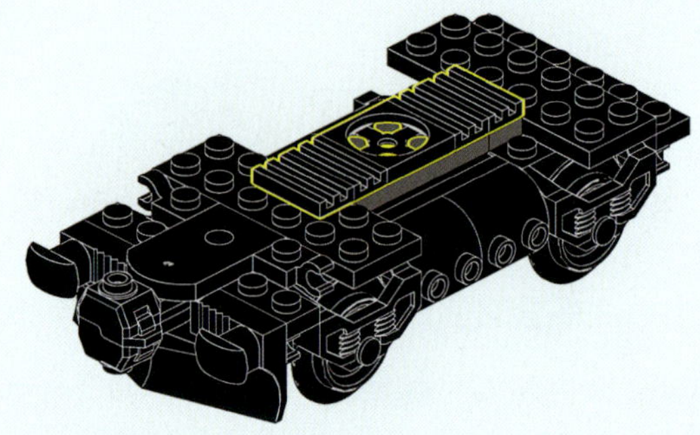

79

80

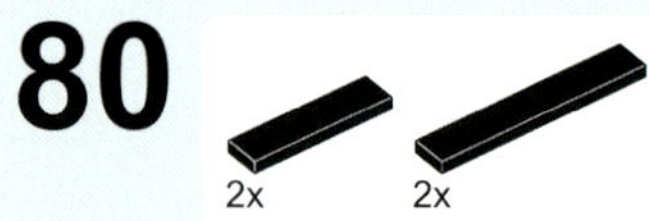

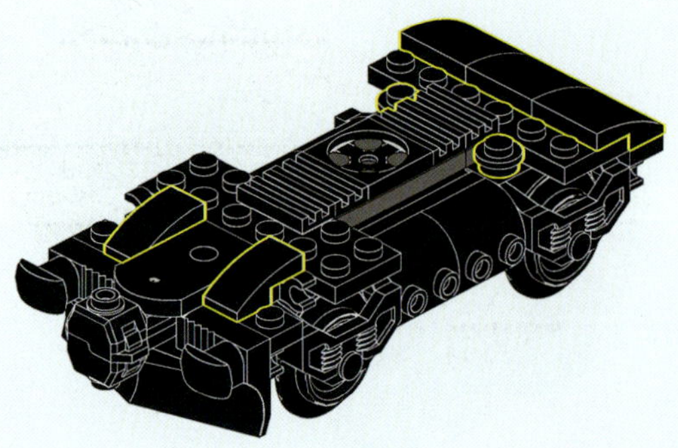

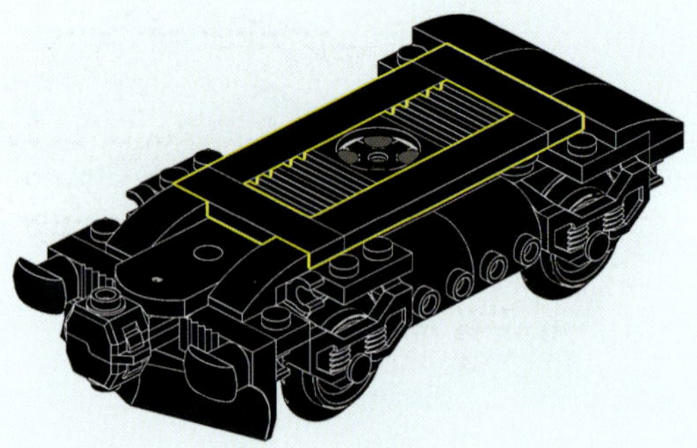

81

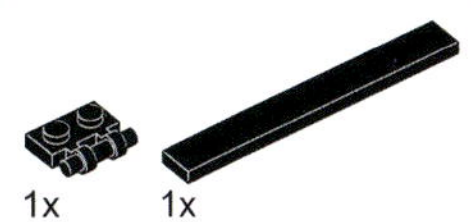

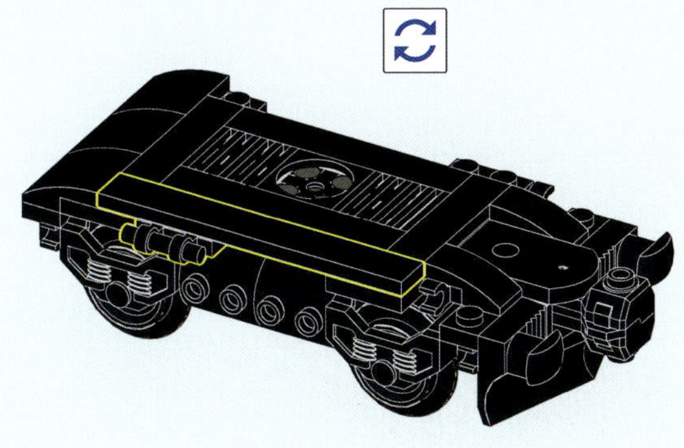

82

1x 2x

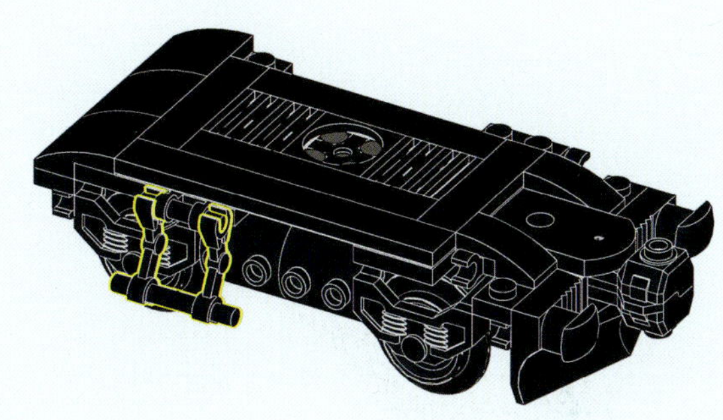

83

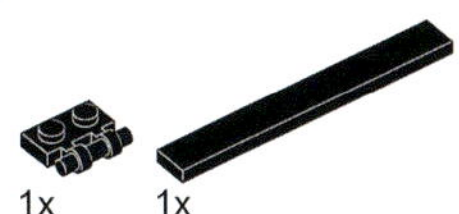

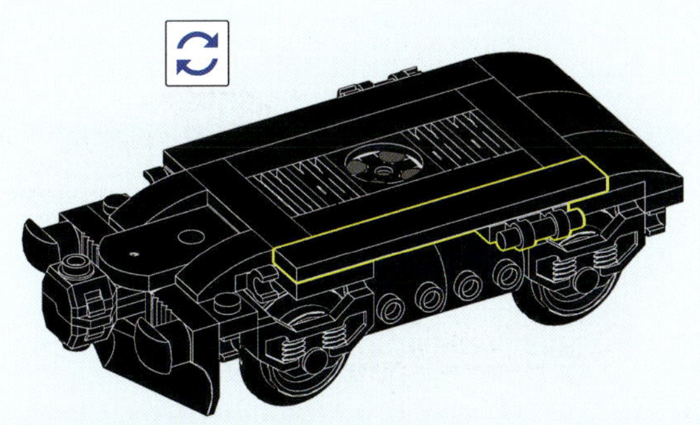

84

1x 2x

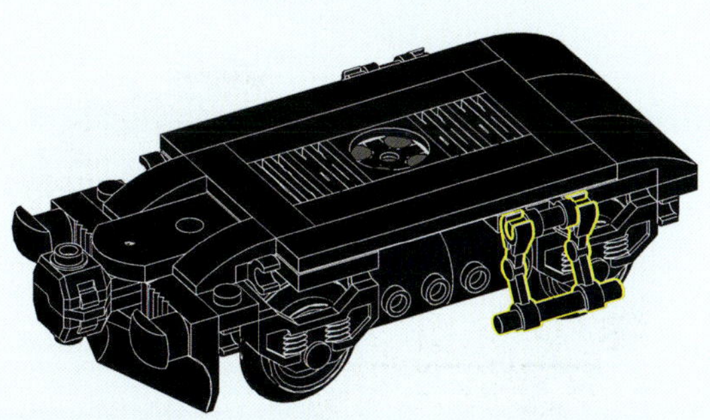

85

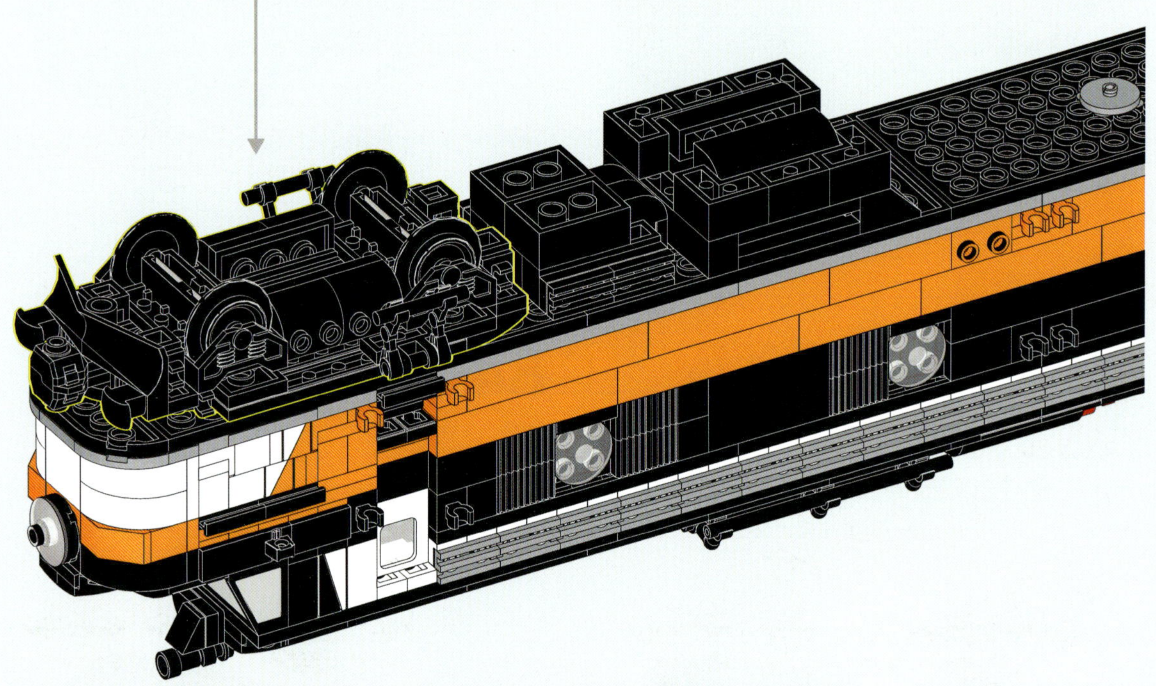

86

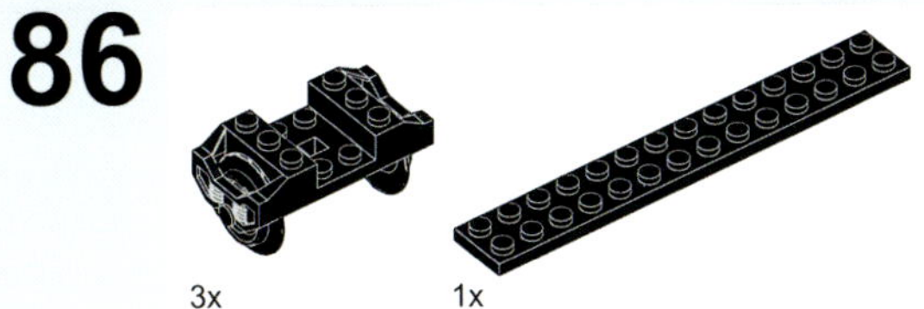

87

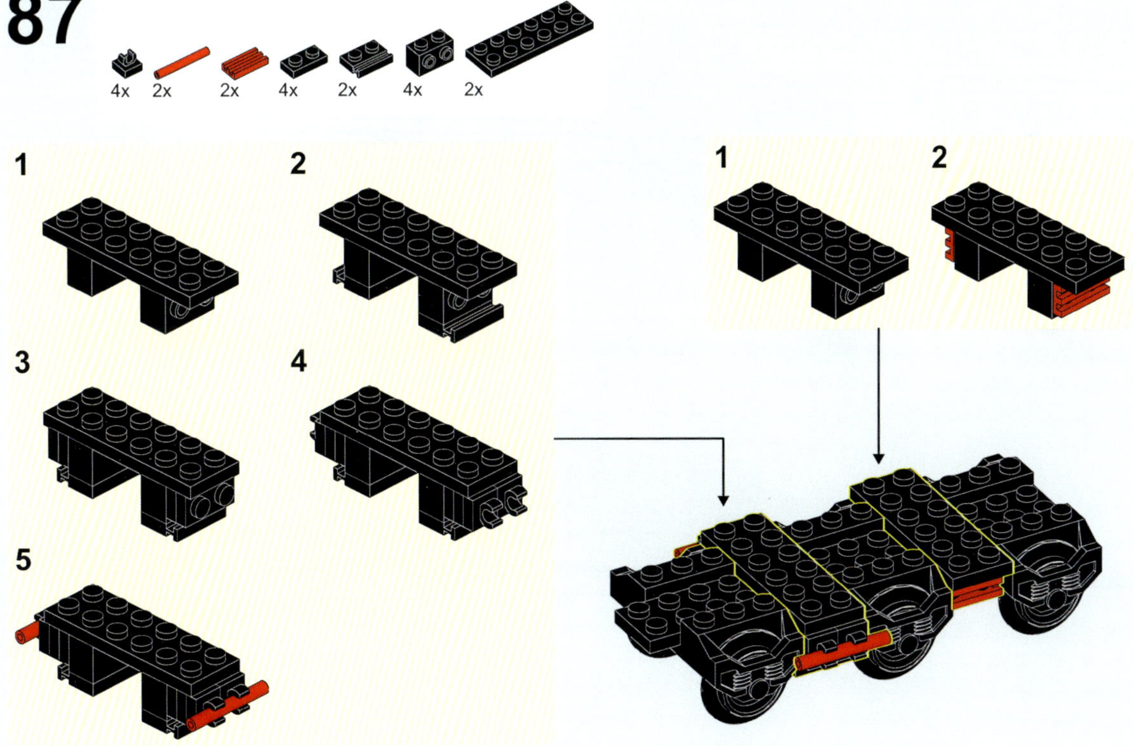

88

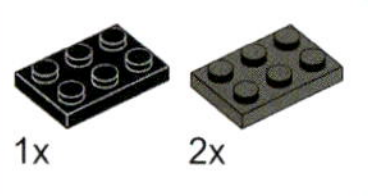

1x 2x

89

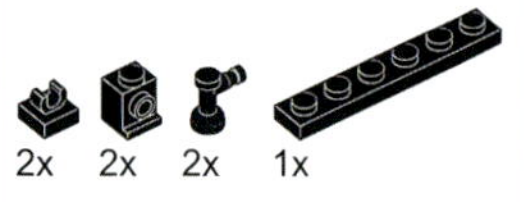

2x 2x 2x 1x

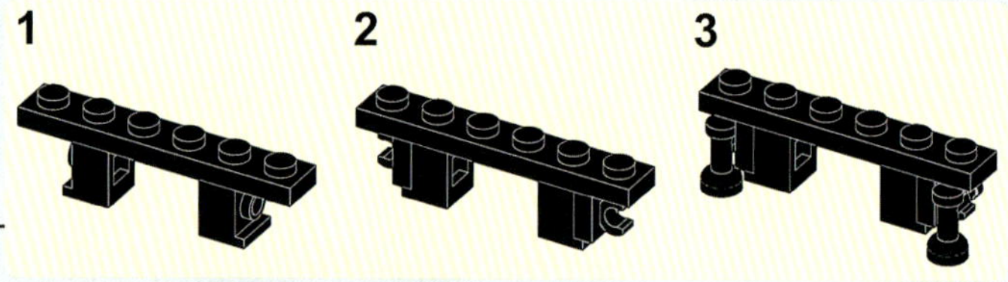

1 2 3

90

2x

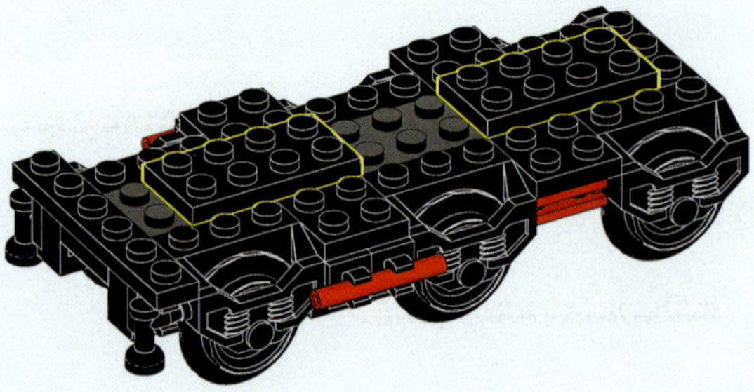

91

92

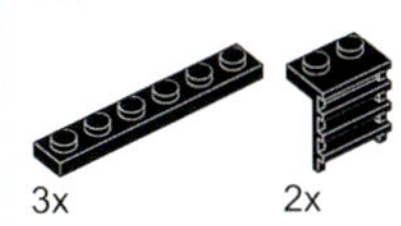

93

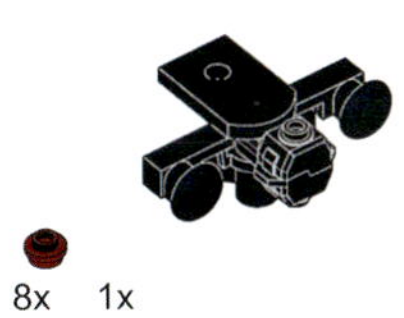

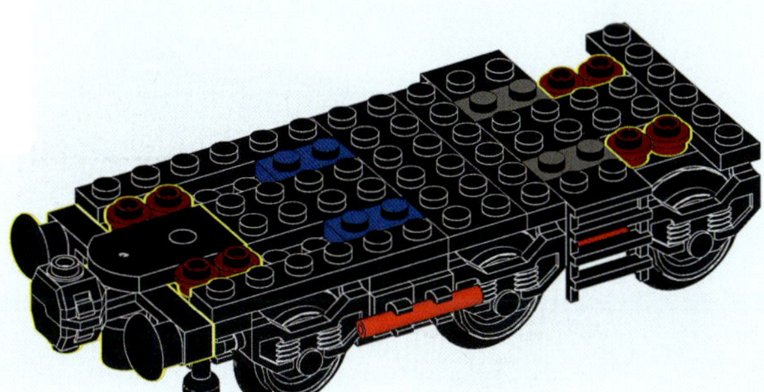

94

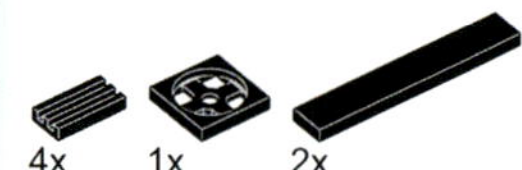

95

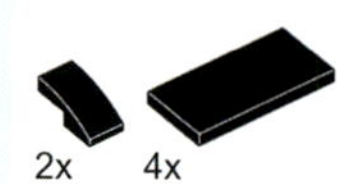

96

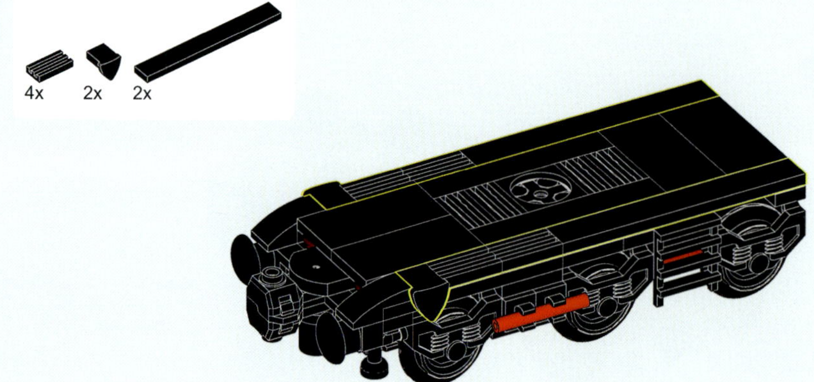

97

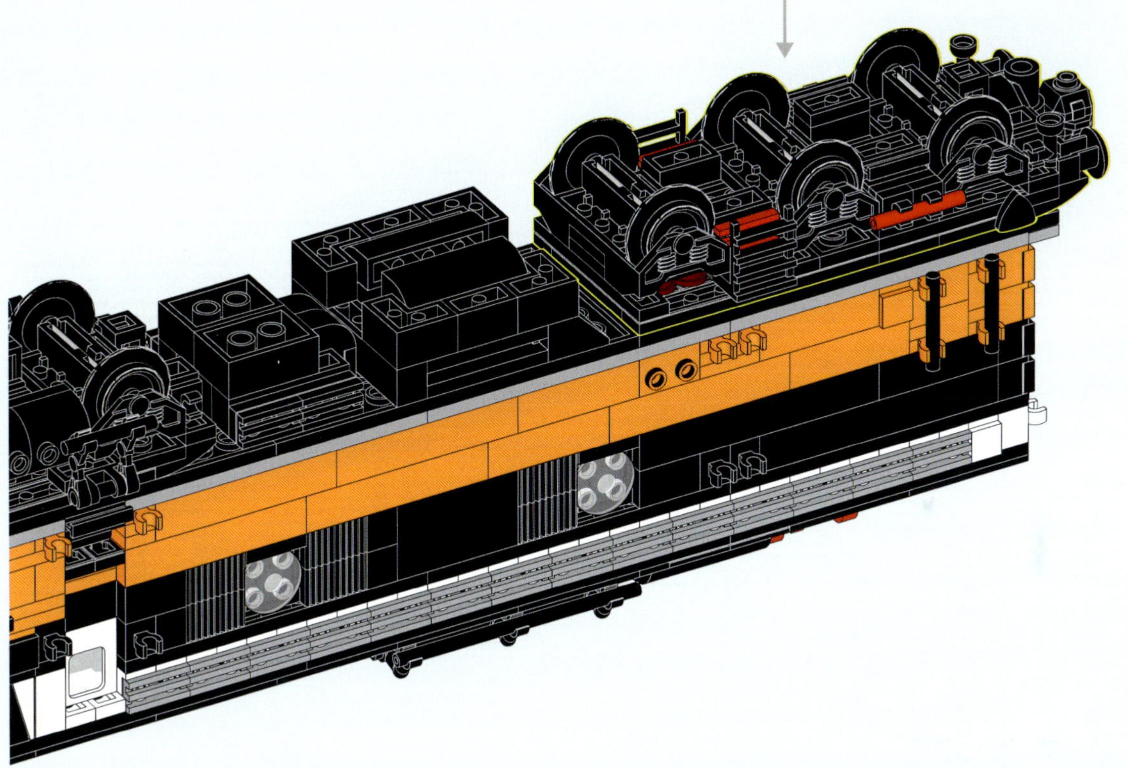

98

1x 4x

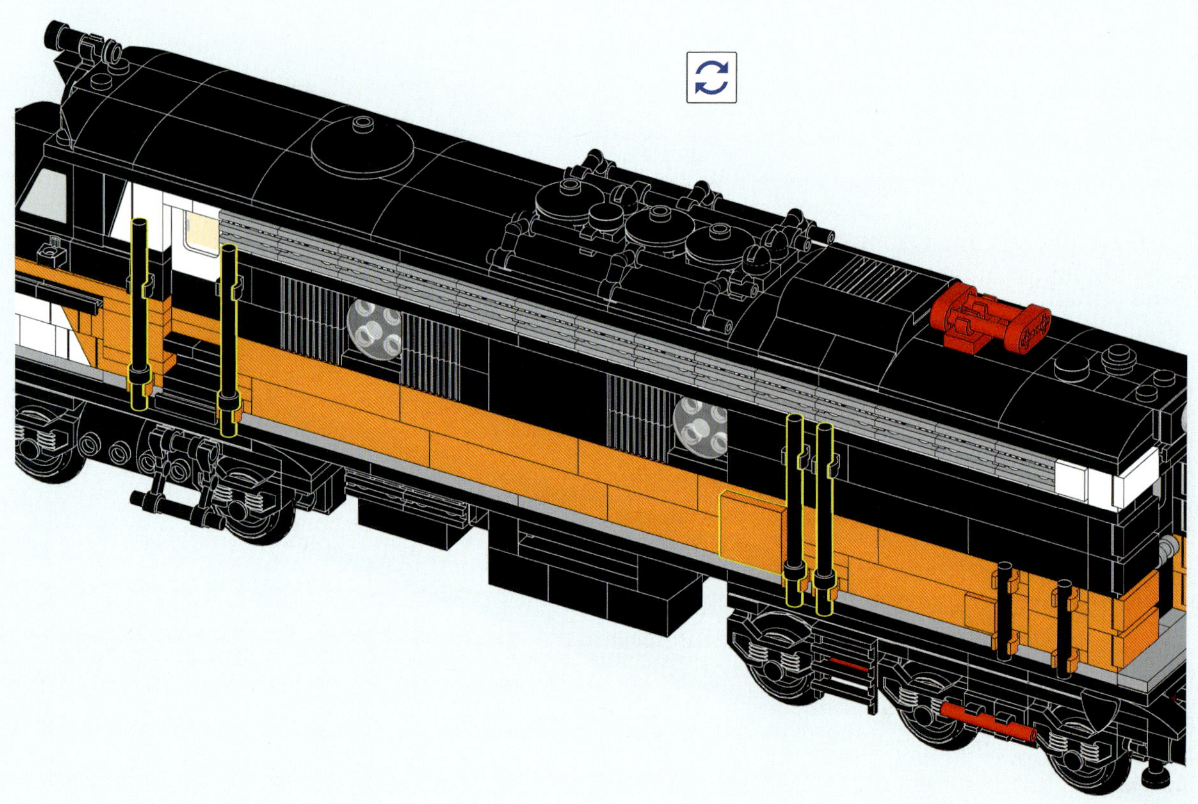

99

1x 4x

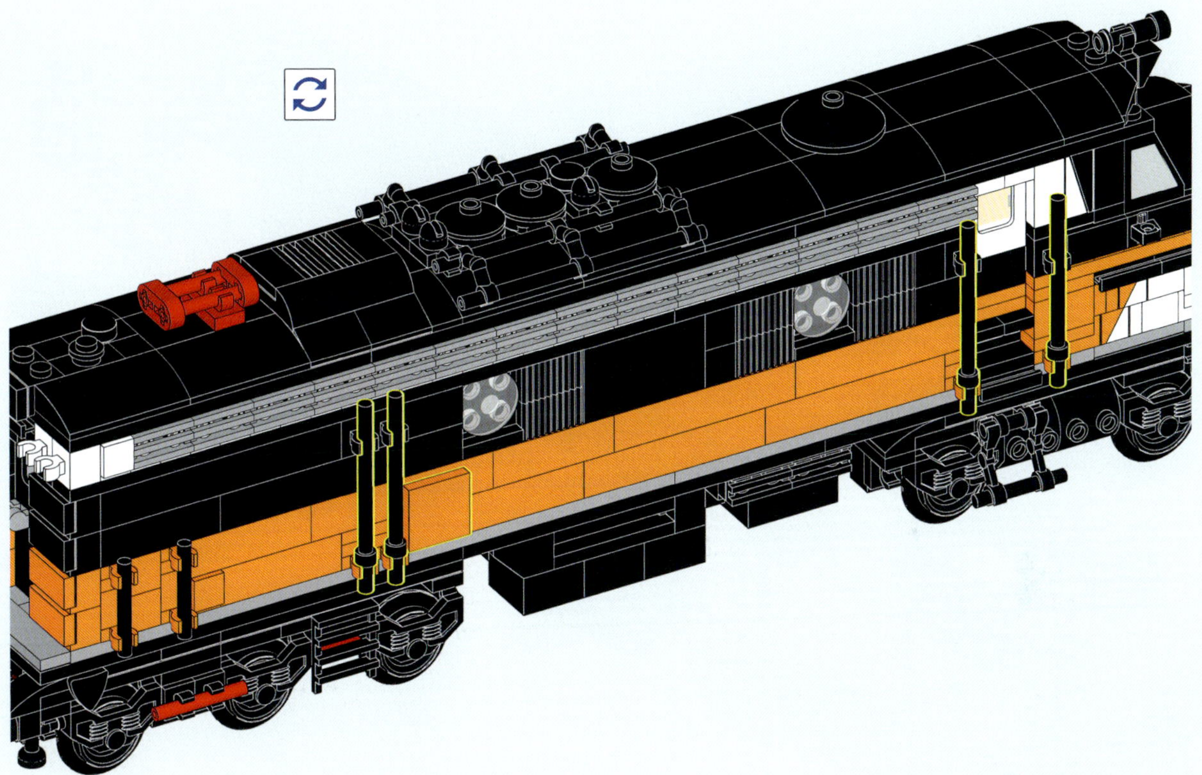

100

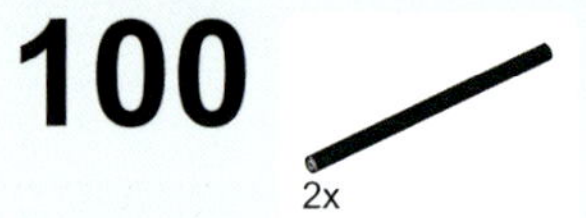

EMD FL9 DIESEL-ELEKTROLOK MATERIALLISTE

Teilenummer	Bezeichnung	Farbe	Menge
30377	Arm Mechanical, Battle Droid (Roboterarm)	Black	4
93609	Arm Skeleton, Bent with Clips (Horizontal Grip)) (Skelett-Arm)	Black	6
87994	Bar 3L (Bar Arrow) (Stab)	Black	6
63965	Bar 6L with Stop Ring (Stab)	Black	8
99781	Bracket 1×2 - 1×2 (Winkel, SNOT-Konverter)	Black	2
2436b	Bracket 1×2 - 1×4 with Rounded Corners (Winkel, SNOT-Konverter)	Black	4
44728	Bracket 1×2 - 2×2 (Winkel, SNOT-Konverter)	Black	1
3956	Bracket 2×2 - 2×2 with 2 Holes (Winkel, SNOT-Konverter)	Black	4
3005	Brick (Stein) 1×1	Black	6
3004	Brick (Stein) 1×2	Black	8
3010	Brick (Stein) 1×4	Black	2
3009	Brick (Stein) 1×6	Black	1
3008	Brick (Stein) 1×8	Black	8
3005	Brick (Stein) 2×2	Black	5
2357	Brick 2×2 Corner (Winkelstein)	Black	4
3002	Brick (Stein) 2×3	Black	2
6005	Brick, Arch 1×3×2 Curved Top (Halbbogenstein)	Black	2
30241b	Brick, Modified 1×1 with Clip Vertical (open O clip) - Hollow Stud (Stein mit Clip)	Black	8
4070	Brick, Modified 1×1 with Headlight (Lampenstein)	Black	14
32952	Brick, Modified 1×1×1 2/3 with Studs on 1 Side (Stein mit 2 Noppen an einer Seite)	Black	2
2877	Brick, Modified 1×2 with Grille (Flutes) (Riffelstein)	Black	12
11211	Brick, Modified 1×2 with Studs on 1 Side (Stein mit 2 Noppen an einer Seite)	Black	4
6091	Brick, Modified 1×2×1 1/3 with Curved Top (Waggondachkante 2×4)	Black	2
30414	Brick, Modified 1×4 with 4 Studs on 1 Side (Stein mit 4 Noppen an einer Seite)	Black	2
2653	Brick, Modified 1×4 with Groove (Stein mit Nut)	Black	2
30165	Brick, Modified 2×2 Curved Top with 2 Top Studs (abgerundeter Stein mit 2 Noppen)	Black	4
6081	Brick, Modified 2×4×1 1/3 with Curved Top (Waggondachkante 2×4)	Black	4
4740	Dish 2×2 Inverted (Radar) (Satellitenschüssel)	Black	3
43898	Dish 3×3 Inverted (Radar) (Satellitenschüssel)	Black	1
44300	Hinge Tile (Fliese) 1×3 Locking with 1 Finger on Top	Black	2
75c07	Hose, Rigid 3mm D. 7L / 5.6cm (Schlauch)	Black	2
75c08	Hose, Rigid 3mm D. 8L / 6.4cm (Schlauch)	Black	4
4592	Lever Small Base (Hebel-Basis, klein)	Black	3
64644	Minifigure, Utensil Telescope (Fernrohr)	Black	1
4865b	Panel (Paneel) 1×2×1 with Rounded Corners	Black	2

Teilenummer	Bezeichnung	Farbe	Menge
87552	Panel (Paneel) 1×2×2 with Side Supports - Hollow Studs	Black	1
14718	Panel (Paneel) 1×4×2 with Side Supports - Hollow Studs	Black	2
3024	Plate (Platte) 1×1	Black	9
4477	Plate (Platte) 1×10	Black	6
3023	Plate (Platte) 1×2	Black	11
3710	Plate (Platte) 1×4	Black	3
3666	Plate (Platte) 1×6	Black	7
2445	Plate (Platte) 2×12	Black	1
91988	Plate (Platte) 2×14	Black	1
3022	Plate (Platte) 2×2	Black	5
3021	Plate (Platte) 2×3	Black	1
3020	Plate (Platte) 2×4	Black	9
3795	Plate (Platte) 2×6	Black	5
3034	Plate (Platte) 2×8	Black	1
3033	Plate (Platte) 6×10	Black	1
3028	Plate (Platte) 6×12	Black	2
3456	Plate (Platte) 6×14	Black	3
61252	Plate, Modified 1×1 with Clip Horizontal (thick open O clip) (Platte mit Clip)	Black	6
4085d	Plate, Modified 1×1 with Clip Vertical - Type 4 (thick open O clip) (Platte mit Clip)	Black	1
15573	Plate, Modified 1×2 with 1 Stud with Groove and Bottom Stud Holder (Jumper)	Black	7
32028	Plate, Modified 1×2 with Door Rail (Platte mit Führungsschiene)	Black	9
2540	Plate, Modified 1×2 with Handle on Side - Free Ends (Platte mit Griff)	Black	2
4175	Plate, Modified 1×2 with Ladder (Leiter)	Black	2
87580	Plate, Modified 2×2 with Groove and 1 Stud in Center (Jumper)	Black	1
4073	Plate, Round 1×1 (Rundplatte)	Black	4
18980	Plate, Round Corner 2×6 Double (Platte mit abgerundeten Ecken)	Black	1
61409	Slope 18 2×1×2/3 with 4 Slots (Gitter-Dachstein)	Black	2
54200	Slope (Schrägstein) 30 1×1×2/3	Black	1
85984	Slope (Schrägstein) 30 1×2×2/3	Black	4
11477	Slope, Curved 2×1 (Rundschräge)	Black	8
15068	Slope, Curved 2×2 (Rundschräge)	Black	5
88930	Slope, Curved 2×4×2/3 with Bottom Tubes (Rundschräge)	Black	14
24309	Slope, Curved 3×2 (Rundschräge)	Black	2
3660	Slope, Inverted 45 2×2 (inverser Schrägstein)	Black	2
4599b	Tap 1×1 without Hole in Nozzle End (Hahn)	Black	2
3070b	Tile (Fliese) 1×1 with Groove (3070)	Black	4
3069b	Tile (Fliese) 1×2 with Groove	Black	13

Teilenummer	Bezeichnung	Farbe	Menge
2431	Tile (Fliese) 1×4	Black	4
6636	Tile (Fliese) 1×6	Black	4
4162	Tile (Fliese) 1×8	Black	4
3068b	Tile (Fliese) 2×2 with Groove	Black	2
87079	Tile (Fliese) 2×4	Black	6
15712	Tile, Modified 1×1 with Clip - Rounded Edges (Fliese mit Clip)	Black	10
35463	Tile (Fliese), Modified 1×1 with Tooth / Ear Vertical, Triangular	Black	2
2412b	Tile, Modified 1×2 Grille with Bottom Groove / Lip (Gitterfliese)	Black	18
98138	Tile, Round 1×1 (Rundfliese)	Black	2
25269	Tile, Round 1×1 Quarter (Viertelkreisfliese)	Black	1
18674	Tile, Round 2×2 with Open Stud (Rundfliese mit offener Noppe)	Black	4
64424c01	Train Buffer Beam with Sealed Magnets - Type 1 (Puffer mit Magnet)	Black	1
64415c01	Train Buffer Beam with Sealed Magnets and Plow (Puffer mit Magnet und Pflug)	Black	1
2878c02	Train Wheel RC Train, Holder with 2 Black Train Wheel RC Train and Chrome Silver Train Wheel RC Train, Metal Axle (2878 / 57878 / x1687) (Eisenbahnachse)	Black	5
3680	Turntable 2×2 Plate, Base (Drehteller, Unterteil)	Black	2
29120	Wedge 2×1 with Stud Notch Left (Keil, abgerundet, mit Aussparung links)	Black	2
29119	Wedge 2×1 with Stud Notch Right (Keil, abgerundet, mit Aussparung rechts)	Black	2
60032	Window 1×2×2 Plane, Single Hole Top and Bottom for Glass (Flugzeugfenster)	Black	1
6567c01	Windscreen 2×6×2 Train with Trans-Clear Glass (Windschutzscheibe)	Black	1
3023	Plate (Platte) 1×2	Blue	5
3710	Plate (Platte) 1×4	Blue	1
3022	Plate (Platte) 2×2	Blue	3
3004	Brick (Stein) 1×2	Dark Bluish Gray	2
3023	Plate (Platte) 1×2	Dark Bluish Gray	3
3021	Plate (Platte) 2×3	Dark Bluish Gray	2
3020	Plate (Platte) 2×4	Dark Bluish Gray	2
85861	Plate, Round (Rundplatte) 1×1 with Open Stud	Dark Red	8
30145	Brick (Stein) 2×2×3	Light Bluish Gray	1
22885	Brick, Modified 1×2×1 2/3 with Studs on 1 Side (SNOT-Konverter)	Light Bluish Gray	2
87552	Panel (Paneel) 1×2×2 with Side Supports - Hollow Studs	Light Bluish Gray	4
87544	Panel (Paneel) 1×2×3 with Side Supports - Hollow Studs	Light Bluish Gray	1
3024	Plate (Platte) 1×1	Light Bluish Gray	2
4477	Plate (Platte) 1×10	Light Bluish Gray	6
3023	Plate (Platte) 1×2	Light Bluish Gray	2
3795	Plate (Platte) 2×6	Light Bluish Gray	2
26047	Plate, Modified 1×1 Rounded with Handle (Rundplatte mit schmalem Griff)	Light Bluish Gray	1
15573	Plate, Modified 1×2 with 1 Stud with Groove and Bottom Stud Holder (Jumper)	Light Bluish Gray	2

Teilenummer	Bezeichnung	Farbe	Menge
3070b	Tile (Fliese) 1×1 with Groove (3070)	Light Bluish Gray	2
3069b	Tile (Fliese) 1×2 with Groove	Light Bluish Gray	1
63864	Tile (Fliese) 1×3	Light Bluish Gray	2
6636	Tile (Fliese) 1×6	Light Bluish Gray	1
2412b	Tile, Modified 1×2 Grille with Bottom Groove / Lip (Gitterfliese)	Light Bluish Gray	28
27925	Tile, Round Corner 2×2 Macaroni (Makkaronifliese)	Light Bluish Gray	2
3679	Turntable 2×2 Plate, Top (Drehteller, Oberteil)	Light Bluish Gray	2
99780	Bracket 1×2 - 1×2 Inverted (Winkel, SNOT-Konverter)	Orange	2
3005	Brick (Stein) 1×1	Orange	12
3010	Brick (Stein) 1×4	Orange	8
3009	Brick (Stein) 1×6	Orange	10
4070	Brick, Modified 1×1 with Headlight (Lampenstein)	Orange	20
87087	Brick, Modified 1×1 with Stud on 1 Side (Stein mit Noppe an einer Seite)	Orange	2
11211	Brick, Modified 1×2 with Studs on 1 Side (Stein mit 2 Noppen an einer Seite)	Orange	2
3024	Plate (Platte) 1×1	Orange	12
3023	Plate (Platte) 1×2	Orange	11
3666	Plate (Platte) 1×6	Orange	3
2420	Plate 2×2 Corner (Winkelplatte)	Orange	2
4085d	Plate, Modified 1×1 with Clip Vertical - Type 4 (thick open O clip) (Platte mit Clip)	Orange	16
54200	Slope (Schrägstein) 30 1×1×2/3	Orange	4
28192	Slope 45 2×1 with Cutout without Stud (Dachstein mit Ausschnitt)	Orange	2
3070b	Tile (Fliese) 1×1 with Groove (3070)	Orange	2
3069b	Tile (Fliese) 1×2 with Groove	Orange	4
3068b	Tile (Fliese) 2×2 with Groove	Orange	2
75c03	Hose, Rigid 3mm D. 3L / 2.4cm	Red	4
3021	Plate (Platte) 2×3	Red	2
3020	Plate (Platte) 2×4	Red	2
41677	Technic, Liftarm 1×2 Thin (Liftarm)	Red	2
15712	Tile, Modified 1×1 with Clip - Rounded Edges (Fliese mit Clip)	Red	2
2412b	Tile, Modified 1×2 Grille with Bottom Groove / Lip (Gitterfliese)	Red	2
4282	Plate (Platte) 2×16	Tan	2
99780	Bracket 1×2 - 1×2 Inverted (Winkel, SNOT-Konverter)	White	2
3005	Brick (Stein) 1×1	White	4
6005	Brick, Arch 1×3×2 Curved Top (Halbbogenstein)	White	4
30241b	Brick, Modified 1×1 with Clip Vertical (open O clip) - Hollow Stud (Stein mit Clip)	White	2
4070	Brick, Modified 1×1 with Headlight (Lampenstein)	White	60
87087	Brick, Modified 1×1 with Stud on 1 Side (Stein mit Noppe an einer Seite)	White	2

Teilenummer	Bezeichnung	Farbe	Menge
32952	Brick, Modified 1×1×1 2/3 with Studs on 1 Side (Stein mit 2 Noppen an einer Seite)	White	2
3024	Plate (Platte) 1×1	White	4
3023	Plate (Platte) 1×2	White	6
61409	Slope 18 2×1×2/3 with 4 Slots (Gitter-Dachstein)	White	2
54200	Slope (Schrägstein) 30 1×1×2/3	White	4
3070b	Tile (Fliese) 1×1 with Groove (3070)	White	2
3069b	Tile (Fliese) 1×2 with Groove	White	1
3068b	Tile (Fliese) 2×2 with Groove	White	1
60032	Window 1×2×2 Plane, Single Hole Top and Bottom for Glass (Flugzeugfenster)	White	2
3023	Plate (Platte) 1×2	Yellow	2
3710	Plate (Platte) 1×4	Yellow	1
4740	Dish 2×2 Inverted (Radar)	Trans-Clear	1
60601	Glass for Window 1×2×2 Flat Front (Fenstereinsatz)	Trans-Clear	3
2654	Plate, Round 2×2 with Rounded Bottom (Rundplatte, unten gewölbt)	Trans-Clear	4
98138	Tile, Round 1×1 (Rundfliese)	Trans-Clear	1

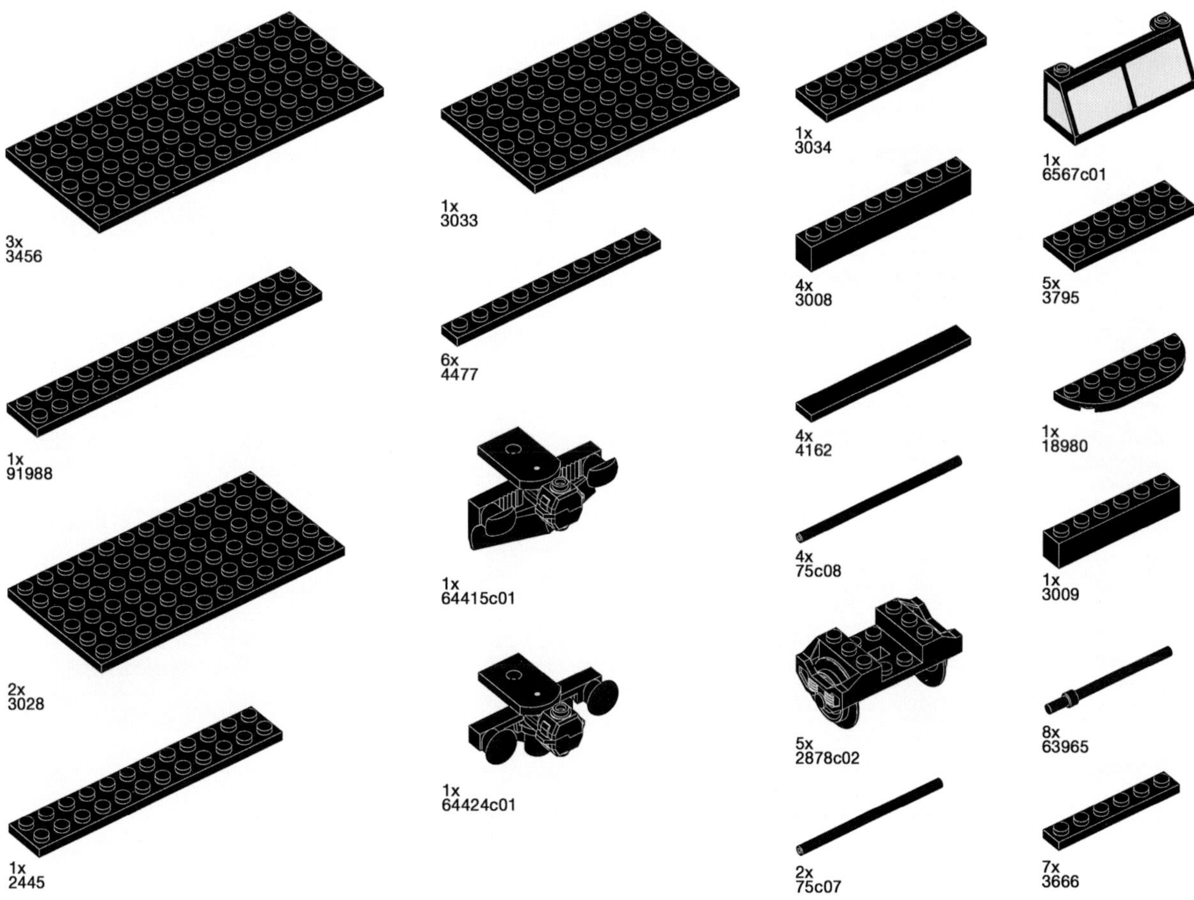

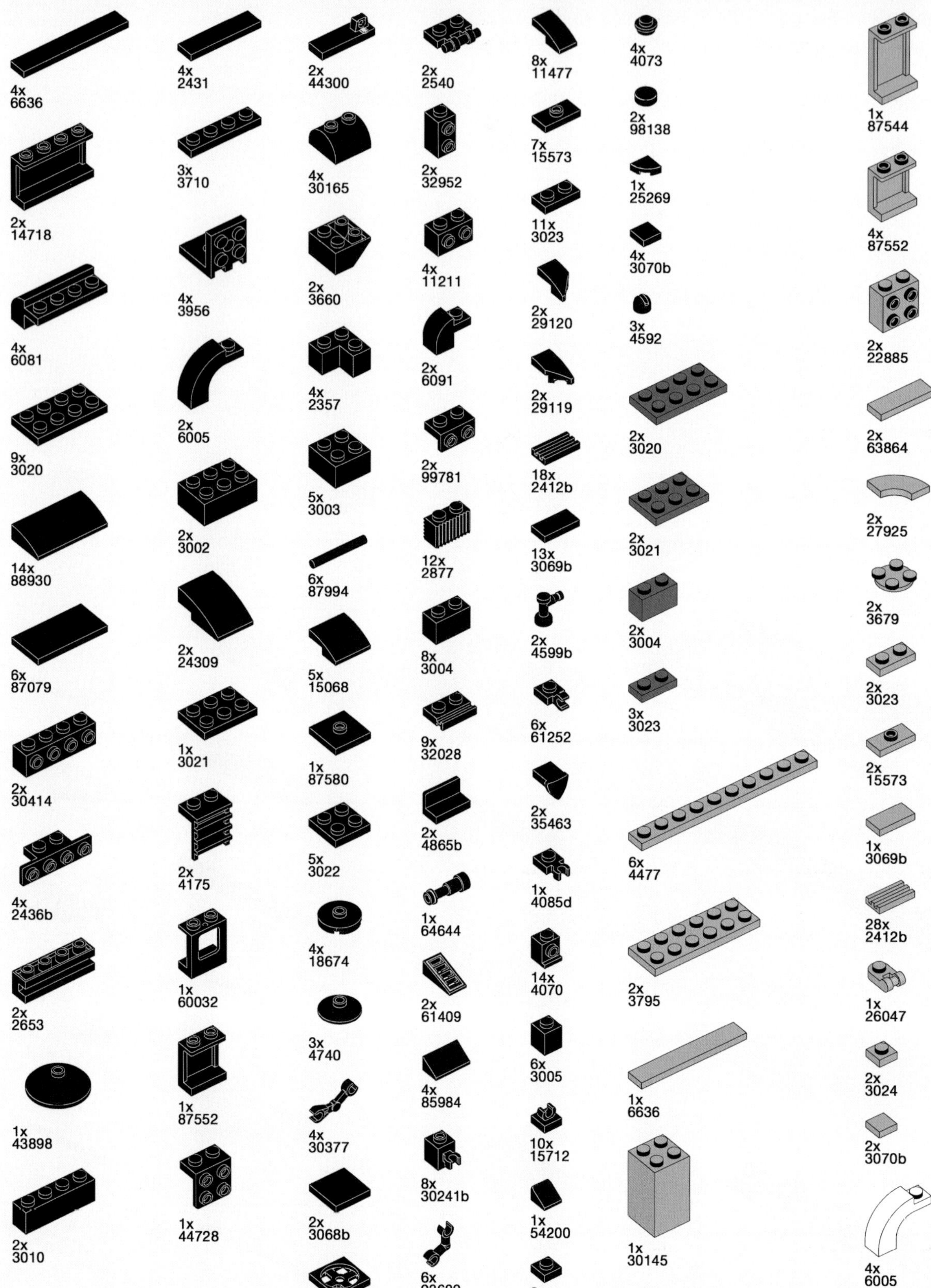

4x 6636
2x 14718
4x 6081
9x 3020
14x 88930
6x 87079
2x 30414
4x 2436b
2x 2653
1x 43898
2x 3010
4x 2431
3x 3710
4x 3956
2x 6005
2x 3002
2x 24309
1x 3021
2x 4175
1x 60032
1x 87552
1x 44728
2x 44300
4x 30165
2x 3660
4x 2357
5x 3003
6x 87994
5x 15068
1x 87580
5x 3022
4x 18674
3x 4740
4x 30377
2x 3068b
2x 3680
2x 2540
2x 32952
4x 11211
2x 6091
2x 99781
12x 2877
8x 3004
9x 32028
2x 4865b
1x 64644
2x 61409
4x 85984
8x 30241b
6x 93609
8x 11477
7x 15573
11x 3023
2x 29120
2x 29119
18x 2412b
13x 3069b
2x 4599b
6x 61252
2x 35463
1x 4085d
14x 4070
6x 3005
10x 15712
1x 54200
9x 3024
4x 4073
2x 98138
1x 25269
4x 3070b
3x 4592
2x 3020
2x 3021
2x 3004
3x 3023
6x 4477
2x 3795
1x 6636
1x 30145
1x 87544
4x 87552
2x 22885
2x 63864
2x 27925
2x 3679
2x 3023
2x 15573
1x 3069b
28x 2412b
1x 26047
2x 3024
2x 3070b
4x 6005

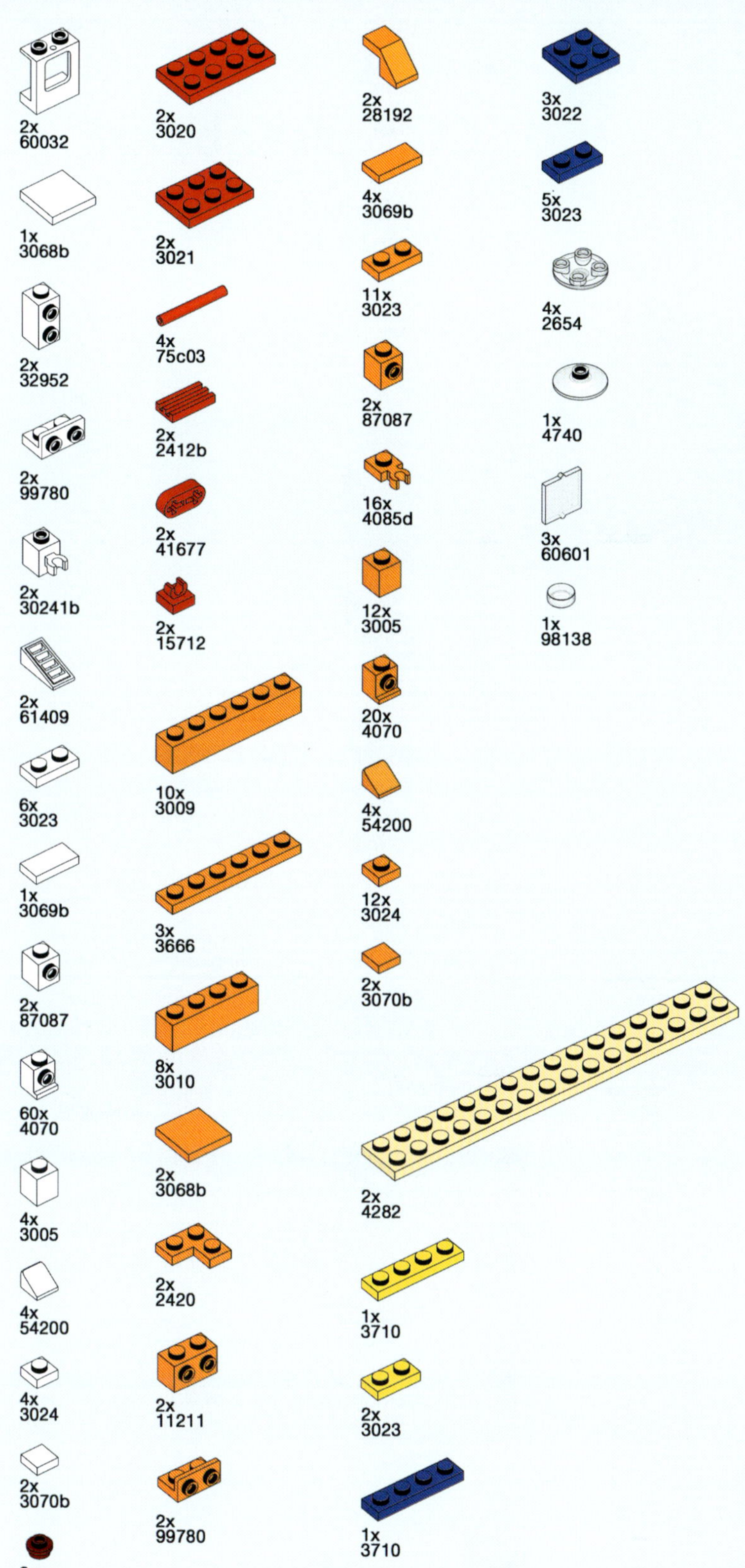
2x 60032
1x 3068b
2x 32952
2x 99780
2x 30241b
2x 61409
6x 3023
1x 3069b
2x 87087
60x 4070
4x 3005
4x 54200
4x 3024
2x 3070b
8x 85861
2x 3020
2x 3021
4x 75c03
2x 2412b
2x 41677
2x 15712
10x 3009
3x 3666
8x 3010
2x 3068b
2x 2420
2x 11211
2x 99780
2x 28192
4x 3069b
11x 3023
2x 87087
16x 4085d
12x 3005
20x 4070
4x 54200
12x 3024
2x 3070b
2x 4282
1x 3710
2x 3023
1x 3710
3x 3022
5x 3023
4x 2654
1x 4740
3x 60601
1x 98138

Holger Matthes

LEGO®-Eisenbahn

Konzepte und Techniken
für realistische Modelle

2., überarbeitete Auflage 2019
320 Seiten, Broschur
€ 26,90 (D)

ISBN:
Print 978-3-86490-641-1
PDF 978-3-96088-748-5
ePub 978-3-96088-749-2
mobi 978-3-96088-750-8

Die LEGO-Eisenbahn lässt seit 50 Jahren nicht nur Kinderherzen höher schlagen – auch Erwachsene entdecken ihre alte LEGO-Eisenbahn im Keller oder auf dem Dachboden wieder. Dieses Buch zeigt, wie selbst ältere Eisenbahnen mit dem aktuellen System betrieben werden können und wie anspruchsvolle und schöne Zugmodelle entstehen. Eine Einführung in LEGO-Bautechniken, die nicht nur auf die Welt von Zügen und Gleisen anwendbar ist, verleiht das nötige Hintergrundwissen für eigene Konstruktionen.

Holger Matthes stellt in dieser zweiten Auflage das Potenzial der neuen Motorengeneration Powered Up für den Bau von Eisenbahnmodellen vor. Die Hinweise auf die Angebote von Drittherstellern und Bezugsquellen wurden aktualisiert und erweitert. Der Leser kann außerdem hinter die Kulissen der Konstruktion eines Modells des ikonischen Trans Europ Express blicken.

Holger Matthes beschreibt die grundlegenden Konzepte des innovativen Bauens mit LEGO, zeigt aber auch die Grenzen, die LEGO in der Welt der Eisenbahn mit sich bringt.

Alle Modelle und Illustrationen sind eindrucksvoll in Farbe abgebildet. Abgerundet wird das Buch durch seine zahlreichen Bauanleitungen zum Selberbauen und Weiterentwickeln.